稀有难熔金属提取与提纯

宋建勋　何季麟　著

U0314835

北　京
冶 金 工 业 出 版 社
2023

内 容 提 要

本书在全面概述钛、锆、铪、钒、铌、钽、钼、钨、铼等稀有难熔金属的应用、资源和冶炼现状的基础上，着重介绍上述金属提取与提纯的技术现状及新思路、新方法，深入分析稀有难熔金属冶炼在基础理论和工艺技术上的共性关键问题。

本书可供从事稀有金属冶炼、材料领域的科研人员和技术人员阅读，也可作为高等院校冶金、材料类专业本科生、研究生的教学参考书。

图书在版编目（CIP）数据

稀有难熔金属提取与提纯／宋建勋，何季麟著．—北京：冶金工业出版社，2023.10

ISBN 978-7-5024-9548-0

Ⅰ.①稀… Ⅱ.①宋… ②何… Ⅲ.①难熔稀有金属—提取 ②难熔稀有金属—提纯 Ⅳ.TG146.4

中国国家版本馆 CIP 数据核字（2023）第 116861 号

稀有难熔金属提取与提纯

出版发行	冶金工业出版社	电 话	(010)64027926
地 址	北京市东城区嵩祝院北巷 39 号	邮 编	100009
网 址	www.mip1953.com	电子信箱	service@mip1953.com

责任编辑 郭雅欣 美术编辑 吕欣童 版式设计 孙跃红
责任校对 石 静 责任印制 禹 蕊
北京建宏印刷有限公司印刷
2023 年 10 月第 1 版，2023 年 10 月第 1 次印刷
710mm×1000mm 1/16；15.5 印张；303 千字；235 页
定价 96.00 元

投稿电话 (010)64027932 投稿信箱 tougao@cnmip.com.cn
营销中心电话 (010)64044283
冶金工业出版社天猫旗舰店 yjgycbs.tmall.com
（本书如有印装质量问题，本社营销中心负责退换）

序

关键金属是当今社会必需的、安全供应存在高风险的一类金属元素，关系国家安全，具有战略地位。稀有难熔金属作为关键金属的重要组成部分，在电子信息、国防军工及核产业等领域得到广泛应用。

2022 年 3 月，河南省支持建设中原关键金属实验室，致力于关键金属创新研究，建设关键金属领域顶尖实验室。稀有难熔金属的提取与纯化即是实验室的重要建设内容，相关研究立足冶金与分离学科前沿，以应用为导向，研发稀有难熔金属分离纯化共性技术。

稀有难熔金属的冶金理论、技术与产品在过去的一个世纪不断提升、丰富、完善，极大地助推了世界尤其是发达国家的工业化发展进程。稀有难熔金属与材料的核心技术包括金属超常富集与清洁提取加工、相似金属元素深度分离与纯化、二次资源金属提取与再生、功能与结构材料化技术优化与创新。

该书详述了钛、锆、铪、钒、铌、钽、钼、钨、铼等 9 种稀有难熔金属的市场及应用场景。从矿物处置到高纯稀有难熔金属，作者系统性凝练了稀有难熔金属提取与提纯技术。此外，稀有难熔金属与其共生金属元素物性高度相似、分离困难，如钽和铌、锆和铪、钨和钼等。作者对相似元素的分离技术也作专门章节叙述。基于作者团队的研究特色与基础，该书还重点介绍了稀有难熔金属熔盐电解分离纯化技术，探讨了稀有难熔金属二次资源或次级资源的处置技术，对资源高值化利用及实现国家"双碳"目标、解决环保问题具有一定的启发意义。

2022 年 10 月

前　言

稀有难熔金属是指ⅣB～ⅦB族中高熔点金属，主要包括钛、锆、铪、钒、铌、钽、钼、钨、铼等。其具有优异的耐高温性、耐腐蚀性、介电功能、光、磁、热和核功能，是支撑电子信息、国防军事与航空航天产业发展的核心材料。在信息与电子工业领域，高纯稀有难熔金属是超大规模集成电路、高端电子设备、高能激光及半导体工业不可或缺的关键材料。

随着芯片算力要求的提升，大规模或超大规模集成电路的阻挡层逐渐采用更高热稳定性、高导电性的钽、钨、钼、铌、铪等。在国防军事领域，战略导弹、无人机、军事卫星大量使用钨、铌、钽等。在航空航天领域，新一代高超声速飞行器、探月工程与火星探测所需的大推力火箭及姿/轨控发动机的前缘、翼/舵、喷管等关键热端部件大多为钨、铌、钼、钽、钛等高端合金。在核工业领域，反应堆的结构材料、热反射屏、核燃料包壳材料及热离子能量转换器发射极材料等关键材料均采用钨、钼、锆、铪等。

近年来，中国、美国、欧洲在厘定关键金属种类时，均将稀有难熔金属定义为关键金属。欧美发达国家把关键金属及其安全供应置于前所未有的高度，专门制定战略规划和策略措施，并强力实施推进。其中，欧盟自 2009 年起每 3 年进行一次关键原材料评估，发布欧盟关键原材料清单与战略报告；美国能源部 2010 年发布了关键材料战略报告，明确了关键金属材料清单及安全供应策略，并在 2013 年针对最关键金属的安全供应，专门创建了关键材料研究所。

基于当前国际政治经济与产业发展形势，发展高端制造、航空航天、新能源等是国家发展战略的高度需求。我国虽然是稀有难熔金属的资源与生产大国，但受限于冶金与材料化技术水平，不少稀有难熔金属资源无法经济有效利用，只能大量依赖进口。稀有难熔金属高端产品，尤其是国防军工、信息通信产业所需的稀有难熔金属高纯材料的供给存在着安全风险，被"卡脖子"的情况日趋严重，制约了我国相关行业与现代尖端科技的发展，影响国家安全。

　　为详尽分析与总结稀有难熔金属冶炼的共性关键问题，为科研和技术人员提供技术基础知识，本书在论述稀有难熔金属资源与冶金工艺发展现状的基础上，介绍了近年来发展起来的各种提取与提纯新技术。本书归纳总结了稀有难熔金属提取与提纯技术的最新成果，期望为科技工作者开展相关研究和技术开发提供参考。为同时满足各研究领域的读者对稀有难熔金属提取与提纯技术的需求，本书分述了9类稀有难熔金属提取与提纯技术。全书共分为10章，第1章从整体上介绍了稀有难熔金属的资源概况、应用领域及其提取与提纯技术；第2～10章分别系统论述了钛、锆、铪、钒、铌、钽、钼、钨、铼9种金属的提取与提纯工艺。本书编写过程参考了大量文献资料与最新发布的成果，并将重要参考资料列于每章正文之后，在此对相关文献作者表示衷心感谢。

　　成书过程中得到了何季麟院士、杨斌教授的大力支持与指导；郑州大学关键金属分离与纯化研究团队的老师和研究生分别为本书各章的部分内容进行了补充和校稿，具体为：李少龙（第3章、第10章）、苑锐（第5章）、白旭阳（第7章）、刘姗姗（第2章）、苏鲜伟（第4章）、宋芯（第6章）、张华魁（第8章）、孔瑞晶（第9章）、张宝康（第10章）；此外，郑州大学先进靶材料研究团队对本书的编写提供了帮助；本书的研究受到国家自然科学基金项目（51804277、52274356）、科技部重点研发计划（2021YFC2901600、2021YFC2902305）、稀有金属特种材料国家重点实验室开放基金（SKL2020K004）、河南省高等学校青年骨干教师培养计划（2019GGJS020）、河南省高校科技创新人才支持计划（23HASTIT009）及河南省自然科学基金（222300420545）的支持，在此一并表示感谢。

　　由于作者水平所限，书中不足之处，恳请批评指正。

作　者

2022 年 2 月

目　　录

1 绪 论

1.1 稀有难熔金属资源概况

稀有难熔金属是指稀有金属中熔点高的金属，包括钛、锆、铪、钒、铌、钽、钼、钨、铼等。

由表 1-1 可以发现[1]，钛的熔点最低，为 1660℃；钨的熔点最高，达到了 3407℃，钨的沸点更是达到了 5927℃。稀有难熔金属均是变价金属，即在不同的条件中存在多种化合价。如钒在不同状态下存在 9 种价态，即 -3 价、-2 价、-1 价、0 价、+1 价、+2 价、+3 价、+4 价和 +5 价。

表 1-1 难熔金属的原子质量、熔点、沸点及化合价

金属品种	熔点/℃	沸点/℃	化 合 价
钛	1660	3287	-1、0、+2、+3、+4
锆	2425	4377	0、+1、+2、+3、+4
铪	2230	4602	0、+1、+2、+3、+4
钒	1887	3380	-3、-2、-1、0、+1、+2、+3、+4、+5
铌	2468	4744	-1、0、+1、+2、+3、+4、+5
钽	2986	5425	0、+1、+5
钼	2617	5560	0、+2、+3、+4、+5、+6
钨	3407	5927	0、+1、+2、+3、+4、+6
铼	3180	5596	0、+4、+5、+6、+7

稀有难熔金属的相对原子质量与密度[2]如图 1-1 所示。可以发现，难熔金属中铼的密度最高为 21.04g/cm³，钛的密度最低为 4.54g/cm³，相差 4.63 倍，相对原子质量也相差了 3.89 倍。

稀有难熔金属的丰度和储量见表 1-2[1]。从表 1-2 数据可以发现，稀有难熔金属的全球储量序列为：钛、锆、钒、钼、铌、钨、铪、钽、铼，最大储量与最小储量之间相差 2000 万倍。

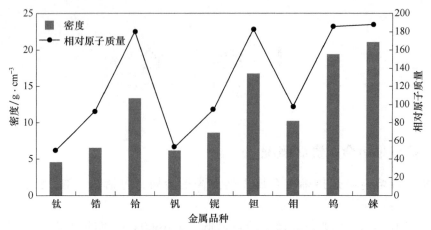

图 1-1 稀有难熔金属的相对原子质量与密度

表 1-2 稀有难熔金属资源状况

金属品种	丰度/%	世界探明储量/万吨	中国探明储量/万吨
钛	$6.1×10^{-1}$	248600①	20116.22④
锆	$2.5×10^{-2}$	6200②	370.15
铪	$4.0×10^{-4}$	110①	0.18
钒	$2.0×10^{-2}$	1500①	951.20④
铌	$3.2×10^{-5}$	534	35.20
钽	$2.4×10^{-5}$	29	3.50
钼	$1.0×10^{-3}$	1800③	373.61④
钨	$1.3×10^{-4}$	320②	190.00②
铼	$1.0×10^{-7}$	0.11①	0.02①

①2022 年美国地质调查局数据；
②2019 年美国地质调查局数据；
③2020 年美国地质调查局数据；
④中国矿产资源报告 2021。

1.1.1 钛资源及生产概况

钛元素在地球上的储量十分丰富，丰度为 0.61%，在地壳中排名第 9 位。

虽然钛元素并不稀有，但钛冶炼技术复杂、成本高，造成钛的应用并不广泛。自然界没有游离态的钛存在，常见形态是二氧化钛和钛酸盐。地壳中二氧化钛含量大于 1% 的钛矿物有 140 多种，其中最主要的矿物是钛铁矿（$FeTiO_3$）和金红石（TiO_2）。钛铁矿主要是 TiO_2 与 FeO、Fe_2O_3 形成的连续固溶体，占我国钛资源总储量的 98%，金红石仅占 2%。我国钛矿床的矿石工业类型比较齐全，既有原生矿也有次生矿。其中，原生钒钛磁铁矿为我国主要工业应用类型，约占世界的 60%。攀西地区的钒钛磁铁矿是一种世界知名的综合性矿床，是以含铁、钒、钛为主的共生磁性铁矿。

我国的钛资源居世界之首，储量约占全球钛储量的 48%，已开采储量约占全球的 64%，共有钛矿床 142 个，分布于 20 个省区，主要产地为四川、河北等地。其中，四川、河北、湖北、陕西和河南分别占 94.3%、3.3%、1.5%、0.5%、0.3%。我国钛资源分布如图 1-2 所示。

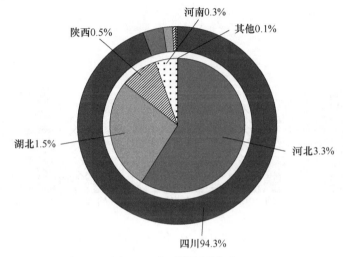

图 1-2　我国钛资源分布

2010~2022 年中国的海绵钛价格如图 1-3 所示[3-14]。从价格曲线可以看出，1 号海绵钛价格在 2011 年经历市场高点后，开始曲折下降，并在每吨 5 万元左右稳定了近 3 年时间，直至 2016 年出现价格反弹。目前，海绵钛价格约每吨 8 万元，对比 10 年的价格走势，当前的海绵钛价格处于高位。

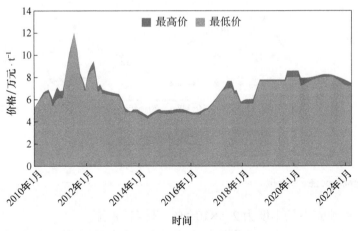

图 1-3　2010~2022 年中国 1 号海绵钛价格

图 1-4 为近 10 年中国海绵钛产量走势[4-14]。由图 1-4 可以看出，2010 年海绵钛产量为 8 万余吨，产能已出现过剩，造成 2011 年之后钛市场价格的持续下跌。此后，部分海绵钛产能开始退出，产量逐步下滑。与市场价格趋势一致的是：随着市场需求的提升和价格的提高，2016 年起海绵钛产量开始增大。到 2021 年底，我国海绵钛的产量达到 13.9 万吨，产能达到 18.1 万吨。

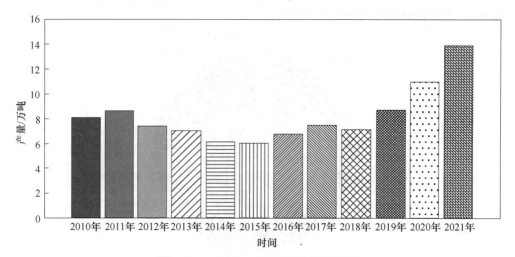

图 1-4 2010~2021 年中国海绵钛产量

2010~2021 年中国海绵钛进出口量如图 1-5 所示[4-14]。海关数据表明，随着中国市场对高端钛材需求大幅提升，自 2016 年开始海绵钛进口量持续走高。中国海绵钛价格偏高加之市场货源有所偏紧，出口量出现下滑。

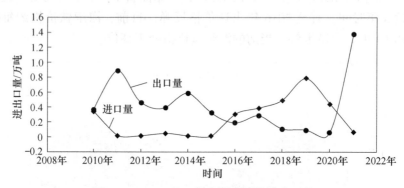

图 1-5 2010~2021 年中国海绵钛进出口量

1.1.2 锆资源及生产概况

锆元素在地壳中的丰度为 $2.5 \times 10^{-2}\%$，排名 18 位。

目前，用于工业生产的锆资源仅有锆英石和斜锆石两种。据美国地质调查局

2022 年统计，已探明世界金属锆资源量超 1400 万吨，其中澳大利亚和南非锆储量全球最大，分别占比 65.38% 和 17.95%。锆储量相对丰富的其他国家有：印度、莫桑比克和印尼。我国锆资源储量仅占世界储量的 8.33%，主要分布在内蒙古、海南、广东、山东、云南、广西等地，比例分别是 70.1%、18.9%、6.6%、2.6%、1.7%、0.1%，其分布情况如图 1-6 所示。

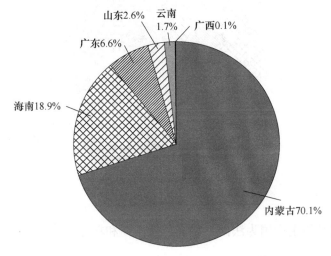

图 1-6　我国锆资源分布

2019 年中国海绵锆产量为 2940t，其中，670t 属于核级海绵锆。目前，金属锆市场处于供大于需的状态，受市场需求及产能扩张的影响，金属锆市场整体处于下行态势，产销量均有不同程度的下降[15]。中国和欧洲是金属锆的主要消费市场，中国锆的需求占全球市场的 53%。随着中国核电的快速发展，核级锆的需求逐年增加，中国金属锆的市场将会不断放大。

1.1.3　铪资源及生产概况

铪元素在地壳中的丰度为 $4.0 \times 10^{-4}\%$，排名 45 位。

铪与锆共生，所有含锆的矿物都含有铪元素。铪主要赋存在锆英石中，铪也可形成独立矿物铪石（$HfSiO_4$），其氧化铪（HfO_2）含量可达 69%~78%。工业用锆石中铪含量为 0.5%~2.0%，次生锆矿中的钹锆石中铪含量可高达 15%，变质锆石曲晶石中 HfO_2 含量在 5% 以上。除了与锆矿石共生外，铪常常与钪及钇族稀土元素伴生，故铪与锆比值高的矿物一般含有钪及钇族稀土元素，如钪钇石等。

目前，世界铪资源总量预计超过 110 万吨，铪资源储量丰富的国家有澳大利亚、南非、美国、巴西和印度。我国铪资源主要分布在内蒙古、海南、广东、山东、云南、广西等地，比例分别为 67.8%、15.6%、7.6%、5.7%、2.1%、1.0%，其分布情况如图 1-7 所示。

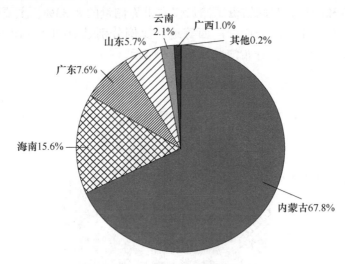

图 1-7 我国铪资源分布

世界金属铪的主产国为法国、美国、俄罗斯和乌克兰[16]。

1.1.4 钒资源及生产概况

钒元素在地壳中的丰度为 0.002%，排名 20 位。

含钒矿物主要有钒钛磁铁矿、钾钒铀矿、石油伴生矿。已探明的钒资源储量的 98% 赋存于钒钛磁铁矿中，五氧化二钒含量可达 1.8%。世界钒探明储量约 1500 万吨，主要分布在中国、南非和俄罗斯。中国蕴含 951.2 万吨钒资源储量，占全球总量的 63.4%，居世界第一。中国钒资源主要集中在四川攀枝花地区，湖南、广西、安徽等地也有钒资源的分布。四川、湖南、安徽、广西、湖北与甘肃钒资源所占比例分别为 54.4%、15.6%、10.0%、8.6%、6.1%、5.3%，分布如图 1-8 所示。

我国钒矿资源主要有两种形式，即钒钛磁铁矿和含钒页岩。页岩钒资源在中国储量丰富，属于低品位的含钒资源。页岩钒矿含钒量与非页岩钒矿含钒量相当，含钒页岩主要分布在湖南、广西、湖北等地。五氧化二钒含量大于 0.5% 的页岩储量为 7707.5 万吨。在目前技术下，五氧化二钒品位达到 0.8% 以上的页岩才具有工业开采价值，占页岩总储量的 20%~30%，其可开采储量大于钒钛磁铁矿，因此，以页岩为原料生产钒制品在我国具有良好的发展前景。

自 2007 年开始，中国成为世界上产钒第一大国。2021 年，我国金属钒产量为 7.3 万吨，占全球产量的 67.4%[17]。

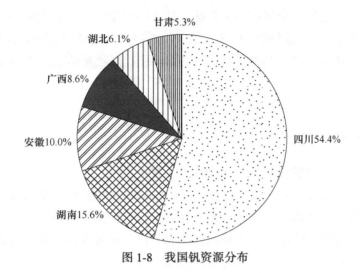

图 1-8　我国钒资源分布

1.1.5　铌资源及生产概况

铌元素在地壳中的丰度为 $3.2 \times 10^{-5}\%$，排名 33 位。

铌资源矿物主要有铌铁矿、烧绿石、黑稀金矿、褐钇铌矿、钽铁矿和钛铌钙铈矿。巴西的铌矿资源储量居世界首位，其次是中国。此外，加拿大、澳大利亚、埃塞俄比亚、尼日利亚、俄罗斯、美国等国也有分布。我国没有独立的铌矿山，铌矿床都属于多金属共生矿床，矿脉分散，钽铌矿物嵌布粒度细。主要分布在内蒙古、江西、广西、福建、广东和新疆等地，分别占 38.7%、36.9%、15.5%、3.9%、3.3%、1.3% 和 0.3%，其分布如图 1-9 所示。

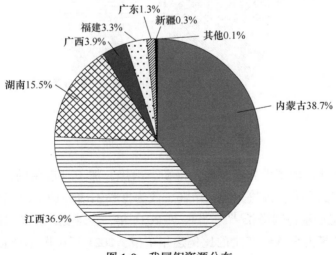

图 1-9　我国铌资源分布

巴西、中国是世界金属铌的主产国，其中巴西是世界上最大的铌生产国，而中国位于世界第二。我国铌工业发展始于 1956 年。到 20 世纪 80 年代末，钽铌金属生产能力达到 100t。1995 年以来，我国铌工业发展迅速，产能增加，生产技术得到大幅提升。随后，铌产品种类增多、品质提升，应用领域不断扩大。2000 年后，我国迅速成为铌的消费大国[16,18-19]。

1.1.6 钽资源及生产概况

钽元素在地壳中的丰度为 $2.4 \times 10^{-5}\%$，排名 53 位。

自然界中钽与铌共存。具有工业价值的钽矿物有钽铁矿、重钽铁矿、细晶石和黑稀金矿等。钽资源主要分布在澳大利亚、巴西等国。此外，随着钽的矿产资源日益减少和贫化，锡渣中的钽资源逐渐成了钽原料的重要来源。目前，二次钽资源的利用数量占钽原材料总供应量的 10%~20%。

中国钽矿资源分布在 13 个省区，依次为江西 25.8%、内蒙古 24.2%、广东22.6%，三省区合计占 72.6%，其次为湖南 8.6%、广西 5.9%、四川 5.3%、福建 5.1%、湖北 1.2%，五省区合计占 26.1%，以及新疆、河南、辽宁、黑龙江、山东等五省区合计占 1.3%，其分布如图 1-10 所示。

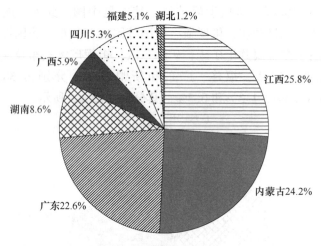

图 1-10 我国钽资源分布

中国钽工业形成了世界唯一的从采矿、冶炼、加工到应用的工业体系，高、中、低端钽产品全方位地进入国际市场，成为世界钽冶炼加工第三强国。2015~2019 年全球钽产量持续增长[16,18-19]，到 2021 年，全球钽产量为 2100t。与此同时，中国钽产量占全球钽产量的比例逐年下滑，2021 年中国钽产量占全球钽产量的 3.60%。

1.1.7 钼资源及生产概况

钼元素在地壳中的丰度约为 1.0×10^{-3}%，排名 55 位。

已发现的钼矿约有 20 种，其中最具工业价值的是辉钼矿，其次为钨钼钙矿、铁钼矿、彩钼铅矿、钼铜矿等。据美国地质调查局 2022 年发布的数据，全球钼金属资源量约 1200 万吨，其中，中国钼储量为 370 万吨，占全球总储量的 30.83%，位居世界第一，较 2021 年减少了 460 万吨，降幅为 55.42%；秘鲁为 240 万吨，占全球总储量的 20%，位居世界第三，较 2021 年增加了 10 万吨，增幅为 4.35%。中国钼资源主要分布于河南、内蒙古，资源储量占全国总量的 38%。其中河南省资源储量最大，占全国钼矿总储量 20%，其次是内蒙古占 18%。其他储量较多的省区还有河南、陕西、吉林、山东、河北，占比分别为 33%、15%、15%、8%、7%[20]，分布如图 1-11 所示。

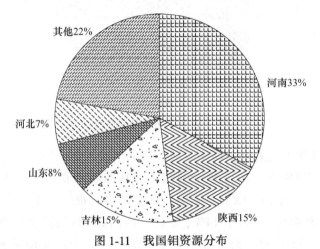

图 1-11 我国钼资源分布

不锈钢市场的持续攀升将带动全球钼消费量的增加。2019~2022 年，全球钼金属需求复合增长率预计为 2.6%，而全球主要钼生产企业逐渐受到品位下降的影响，预计产能增幅有限。2016 年以来，中国在供给侧结构性改革和保护性开采政策的双重影响下，钼市场总供给量得到有效控制。低效及高成本产能相继关停、减产，供给端产能过剩的情况逐步改善。

1.1.8 钨资源及生产概况

钨元素在地壳的丰度为 1.3×10^{-4}%，排名 19 位。

钨矿物和含钨矿物有 20 余种，主要分为黑钨矿族、白钨矿族及其他。具有经济开采价值的只有黑钨矿和白钨矿，其中，黑钨矿约占全球钨矿资源总量的 30%，白钨矿约占 70%。

根据美国地质调查局 2022 年发布的数据，全球金属钨资源储量约 380 万吨，我国钨资源储量为 180 万吨，占全球总产量的 47.37%，较 2021 年下降了 5.26%。中国钨资源主要分布于江西、湖南、河南、广西、福建、广东、甘肃、云南，比例分别为 36.5%、30.4%、10.6%、5.9%、5.2%、3.9%、3.8%、3.7%[21-23]，分布如图 1-12 所示。

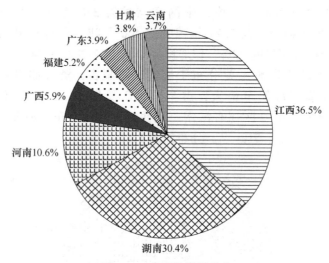

图 1-12　我国钨资源分布

全球钨消费呈增长趋势，增幅放缓。钨的消费主要受经济状况和工业活动的影响。受新冠疫情影响，2022 年中国汽车和其他制造业表现一般，导致中国钨消费量有限[21-23]。中国、欧洲、美国、日本是钨消费的主要经济体，2019 年钨消费比例依次为 48%、16%、14%、8%，合计占全球钨消费量的 86%，其中，中国钨消费量 4.73 万吨，消费量接近全球的一半。中国基础设施建设的发展、城市化进程的推进、矿业的发展壮大，以及世界制造中心的形成，促使中国渐渐发展成为钨消费大国。

1.1.9　铼资源及生产概况

铼元素在地壳中的丰度为 1.0×10^{-7}%，排名 75 位。

金属铼是世界上稀缺和重要的材料之一，多以微量伴生于钼、铜、铅、锌、铂、钽、铌、稀土等矿物中，很难单独利用。

具有经济价值的提铼原料为辉钼矿和铜精矿，其中辉钼矿为铼的主要来源。辉钼精矿中铼的含量在 0.001%~0.031%。但从斑岩铜矿选出的钼精矿含铼可达 0.16%。根据美国地质调查局 2022 年发布的数据，全球铼探明资源储量约为 2650t，主要分布在智利（49.05%）、美国（15.09%）、俄罗斯（11.69%）、中

国 (9.43%) 和哈萨克斯坦 (7.17%) 等国。其中，美国铼探明资源储量约为
500t。中国铼资源主要分布在陕西、黑龙江、河南、湖南、湖北、辽宁、广东、
贵州和江苏，其比例分别为 44.3%、31.6%、12.7%、3.0%、2.5%、2.2%、
1.5%、1.0%和1.0%，分布如图 1-13 所示。

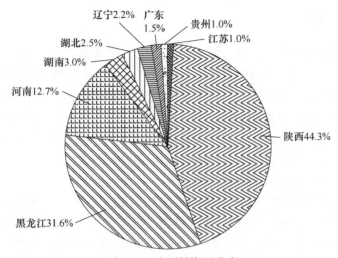

图 1-13　我国铼资源分布

2022 年全球铼产量约为 59.1t。其中，智利为铼的最大生产国，其产量为
26t，约占全球产量的 53%，其次为美国和波兰，产量分别为 7.9t 和 7.6t。美国
是全球最大的铼消费国[24]。中国的铼产量不高，每年 2.5~3.0t。但是，这种状
况正在改变，自 2016 年起中国的铼进口需求达到每年 4.5~5.0t，其中一部分用
于储备。

1.2　稀有难熔金属的应用

稀有难熔金属最大特点是熔点高，兼具耐高温、抗腐蚀、硬度大、导电和导
热性好等特殊性能，广泛应用于高技术产业及原子能、航空航天、武器等国防领
域，是国家战略性金属。

如在航空及航天技术中，密度小、高温强度大的钛材的应用，使制造宇宙飞
行器及马赫数较大的超音速飞机成为可能；以金属钽为基材制造的比容大、性能
稳定的优质电容器，是航空及航天设备中的重要电子元件；金属钒大量用于炼制
各种低合金钢，在钢铁中加入金属钒，能大大提高其强度和耐冲击性能；钨可用
于炼制高速切削用钢，还可应用于硬质合金等。

大规模集成电路的发展带动了计算机等电子、电器制品市场的迅速扩展，用
于集成电路制造的高纯难熔金属的市场需求量不断增长。高纯稀有难熔金属产业
支撑着一大批高新技术产业的发展，对国民经济的发展具有举足轻重的作用，成

为各个国家抢占未来经济发展制高点的重要领域。作为高新技术的战略金属，高纯、超高纯稀有难熔金属的制备、特性及应用在现代材料科学和工程领域中属于不断增长的新型领域。高强、高导、高纯金属需求量将会大幅增加，性能和质量要求越来越高，高纯金属的制备是一个国家科学技术发展水平的重要标志。

1.2.1 金属钛的应用

钛为带光泽的银白色金属，熔点为 1660℃，密度为 4.54g/cm³。

金属钛主要应用于高端需求领域。国际上，钛在航空领域占比 46%；国内应用呈现民用化和低端化的特征，其中传统化工用钛占比 45%，航空航天用钛占比仅为 18%，海洋工程和船舶用钛分别占比 4% 和 3%，医疗用钛占比 4%。随着我国军工现代化的推进，钛在高端军用装备上应用的逐步渗透将带动国内钛材需求结构的不断优化，高端钛的占比有望得到快速提升[2,25]。

金属钛的应用领域包括以下几种：

（1）航空航天领域。随着民用和军用飞机的升级换代，国内外飞机的单机用钛量逐步提升。截至 2022 年，全球商用飞机与民用飞机用钛量占比 56% 以上；军用飞机用钛量占比 20% 以上，新一代飞机材料的更新换代为航空用钛打开了市场空间。

（2）船舶与海洋工程领域。钛主要用于舰船、潜艇、载人深潜器等海洋装备中，也是其"海洋金属"称谓的来源。海洋工程装备制造业用钛主要体现在深海空间站和深潜器、潜艇等制造领域。

（3）医疗领域。由于金属钛与人体的生物相容性良好，在医疗应用领域主要作为牙齿、骨骼、关节等生物植入材料，属于民用高端产品。医疗器械和生物医用钛需求越来越高，常作为 3D 打印医疗植入器件的球形钛粉的原料，预计到 2025 年年需求量为 3500t。

（4）化工领域。基于金属钛较强的耐腐蚀性，主要应用于涉及"三酸两碱"（硝酸、硫酸、盐酸和氢氧化钠、碳酸钠）的化工领域。

（5）靶材领域。高纯度钛溅射靶材是指纯度大于 99.95% 的金属钛，应用于大规模集成电路、TFT 显示器和其他相关行业中沉积薄膜，其样式包括圆盘状、板状、柱状、阶梯状等。作为靶材料，高纯钛溅射靶材在半导体、信息等高新技术领域的用量越来越大，预计到 2025 年年需求量为 1500t。

此外，钛与氧等气体元素结合能力强，高纯钛也可应用于吸气材料。作为吸气材料，其碳、氧等杂质的含量极低，可使极限工作压强降低至 10^{-9}Pa。

1.2.2 金属锆的应用

锆为银色金属，熔点为 1850℃，密度为 6.5g/cm³。

锆的应用主要集中在其化合物上，包括硅酸锆和氯氧化锆等初级产品、二氧化锆。金属锆的形态主要是工业级海绵锆和核级海绵锆。仅有 3%~4% 的锆矿石被冶炼成海绵锆，再进一步加工成各种锆材[2,26]。金属锆主要应用于核能、石油化工、军工领域，具体如下：

（1）核能领域。由于具有热中子吸收截面小的特性（0.18×10^{-28} m²），锆拥有优异的核性能。核级锆应用于核动力航空母舰、核潜艇和民用发电反应堆的结构材料、铀燃料元件的包壳等。核级锆是国家重要的战略金属，与核工业的发展密切关联。

（2）石油化工领域。锆作为一种活性金属，在室温中就会形成氧化膜，这层氧化膜使锆及其合金具有优良的抗腐蚀性能。同时锆又具有良好的力学和传热性能，使它成为当今石油化工领域优异的耐蚀结构材料。

此外，金属锆还应用于军工、电子行业、管道阀门材料、特殊高强及高温合金材料、电真空和照明灯泡行业吸气剂等，也适用于合金添加剂及冶金脱氧剂、民用闪光焰火等。

1.2.3 金属铪的应用

铪为带光泽的银灰色金属，熔点为 2227℃，密度为 13.31g/cm³。

金属铪的一些物理化学性质与锆很相似，但其核性能与金属锆相比差异巨大。铪的热中子吸收截面高达 115×10^{-28} m²，是金属锆的 600 余倍。铪还具有耐高温、耐腐蚀和优良的力学性能，应用于抗酸碱的原子能工业中。从核安全性能出发，铪虽然稀少且价格昂贵，但作为核动力船舰（核潜艇、核航母等）反应堆的控制材料，几乎没有其他材料可以替代[2,27]。

金属铪主要应用于电子材料、原子能工业、化学、合金材料领域。

（1）电子材料领域。由于铪容易发射电子，因此可用作 X 射线管的阴极。此外，铪和钨或钼的合金也被用作高压放电管的电极。

（2）原子能工业。金属铪具有优良的焊接性能、加工性能、耐高温、抗腐蚀性能，是原子能工业的重要材料。铪的热中子吸收截面大，是较理想的中子吸收体，可作原子反应堆的控制棒和保护装置。

（3）化学领域。铪可作为很多充气系统的吸气剂，除去系统中存在的氧、氮等气体。此外，铪具有很强的抗挥发性，常用作液压油的添加剂，防止高危作业时液压油的挥发。

（4）合金材料领域。铪具有延展性、抗氧化性和耐高温等特性，是一种良好的合金材料，被应用到多种合金中。如含铪 10% 的铪铌合金可用作火箭喷嘴，含铪 2% 的钽钨合金可用作宇宙飞船的防护层材料。

1.2.4 金属钒的应用

钒为银白色金属，熔点为 1890℃，密度为 6.11g/cm³。

金属钒在各种实施环境下具有良好的物理和化学性能，如耐腐蚀、高硬度、高拉伸强度和高抗疲劳性。金属钒主要应用于航空航天、储氢装置、核工业、超导合金等许多领域，其中约 85% 的钒用于钢铁工业，即用于含钒铁基合金、钒碳、钒氮等；约 10% 的钒用于航空航天领域钛基合金的制备。

金属钒的具体应用领域如下：

（1）钢铁领域。钒铁是钒和铁组成的铁合金，是钢铁工业重要的合金添加剂。高钒钒铁还用作有色金属合金的添加剂。常用的钒铁有含钒 40%、60% 和 80% 三种。含钒钢具有强度高、韧性大、延展性强、耐磨性好等优良特性，被应用于机械、汽车、造船、铁路、航空、桥梁、电子技术、国防工业等行业，其用量约占钒消耗量的 85%，在钒的用途中占最大比重[2,28]。

（2）合金领域。钒在钛合金中可以作为稳定剂和强化剂，使钛合金具有很好的延展性和可塑性。约有 10% 的金属钒以钛-铝-钒合金的形式被用于飞机发动机、宇航船舱骨架、导弹、蒸汽轮机叶片、火箭发动机壳等方面。钒氮合金是一种新型合金添加剂，可以替代钒铁用于微合金化钢的生产，能提高钢的强度、韧性、延展性及抗热疲劳性等综合力学性能，并使钢具有良好的可焊性。

此外钒合金还应用于磁性材料、硬质合金、超导材料及核反应堆材料等领域。钒基合金用于核反应堆材料是基于其对快中子的俘获面积小、抗液体金属钠的腐蚀及具有良好的高温蠕变强度。钒合金具有高温机械强度，可抵抗辐射引起的膨胀、易脆问题，以及与氢、锂各种冷却剂的兼容性良好，用于热核反应堆的包套材料。美国、德国等国开发的 V-15Cr-5Ti 和 V-3Cr-1Si 具有较高的热导性和较低的膨胀系数，产生较低的热应力，这一性质可延长核反应堆壁的寿命，与碳钢壁相比，可取得较高的反应温度。

钒基固溶体作为贮氢材料有许多优点，如贮氢量大、贮氢密度高、吸放氢速度快、贮存和运输安全等。V-Ti-Cr+M、V-Ti-Fe+M 和 V-Ti-Ni+M 主要用于氢的贮存、运输和提纯，其中 M 是调节和强化其他功能的元素，如加入元素锆不仅有抗粉化作用，还有固氮和超导的性能。

1.2.5 金属铌的应用

铌为银白色金属，熔点为 2477℃，密度为 8.57g/cm³。

金属铌具有较高强度和良好的焊接性，同时室温塑性好，可制作出薄板或外形相对烦琐的零件，应用于超高音速飞机、卫星、航天飞行器、超低空火箭及导弹中。铌的热导率好、熔点高、耐腐蚀性好，并且中子俘获截面低，适合作为原子能反应堆的材料。铌也可以作为热防护材料或结构材料[2,29]。金属铌的应用领域如下：

（1）钢铁领域。85%～90%的铌以铌铁形式用于钢铁生产。0.03%～0.05%的铌在钢液中可使钢的屈服强度提高30%以上。铌还能通过诱导析出和控制冷却速度，实现析出物弥散分布，在较宽的范围内调整钢的韧性水平。因此，钢中加入铌不仅可以提高钢的强度，还可以提高钢的韧性、抗高温氧化性和耐蚀性，降低钢脆性转变温度，使钢具有良好的焊接性能和成型性能。

（2）合金领域。铌化合物和合金具有较高的超导转变温度，因而被广泛用于制造各种工业超导体，如超导发电机、加速器大功率磁体、超导磁储能器、核磁共振成像设备等。目前，最重要的超导体材料是铌-钛和铌-锡，被应用于医学诊断的磁振图像仪和核磁共振仪。铌可应用到照明行业，如铌锆合金可用于制作高效高强钠蒸气街灯的精密支架，具有高的热强性、优良的成型性和耐钠蒸气腐蚀的性能。

（3）化学工业。铌是优良的耐酸和耐液态金属腐蚀的材料，可用于制作蒸煮器、加热器、冷却器等。铌被应用于铸造行业，其主要作用是形成坚硬的碳化物和改变石墨片的形貌和尺寸，是制造汽车的汽缸盖、活塞环和刹车片等的主要材料。

（4）原子能工业。铌在原子能工业的主要用途包括核燃料的包套材料、核反应堆中热交换器的结构材料。

（5）其他用途。铌的熔点高，发射电子能力强，并具有较强的吸气能力，可用于制作电子管及其他电真空器件。铌有助于增加镜片透光性能，被应用到光学行业镜片的制造中。金属铌具有良好的抗生理腐蚀性和生物相容性，不会与人体里的各种液体物质发生作用，并且几乎不会损伤生物的机体组织，对于任何杀菌方法都能适应，被用于制造接骨板、骨螺钉、种植牙根、外科手术用具等。

高纯铌具有良好的热强性能、抗热性能和加工性能，主要应用于航空航天工业。如制造航空航天发动机的耐热部件、燃气轮机的叶片等。

1.2.6　金属钽的应用

钽是略带蓝色光泽的金属，熔点为2980℃，密度为16.68g/cm^3。

金属钽具有熔点高、蒸气压低、表面氧化膜介电常数大、冷加工性能好、化学稳定性高、抗液态金属腐蚀能力强等一系列优异性能。因此，钽在电子、冶金、化工、原子能、超导技术、航空航天、医疗卫生等高新技术领域有重要应用。

（1）电容器领域。世界上50%～70%的钽以钽粉和钽丝形式被用于制造电容器。钽电容的加工一般需要先把钽磨成微细粉，再与其他介质一起烧结。钽的表面形成致密稳定、介电强度高的无定型氧化膜，同时钽粉烧结块可以在很小的体积内获得很大的比表面积。因此，钽电容器具有电容量高、漏电流小、等效串联电阻低、高低温特性好、使用寿命长的优势，综合性能优异[2,30]。

（2）合金领域。钽与钢中间隙原子如 C、N 等具有极高的亲和力，而且和它们形成的化合物在高温下非常稳定。如钽含量从 0.027% 增加到 0.059% 时，合金的强度大幅度提高。此外，钽在铁基合金中的强化作用表现为固溶强化和析出强化，高钽含量合金可获得最佳的含钽碳化物的析出强化效果。

（3）医疗领域。金属钽具有优异的综合力学性能和抗疲劳特性，适用于人体承力部位的骨替代植入。钽在人的体液中是惰性的，不与人体里的各种液体物质发生作用，几乎不刺激生物的机体组织，同时适应任何杀菌方法。极佳的耐腐蚀性、延展性、生物相容性和骨整合性使其在医学领域有广泛应用。

1.2.7 金属钼的应用

钼为银白色金属，熔点为 2610℃，密度为 10.20g/cm³。

金属钼在钢铁工业中的应用约占金属钼总消耗量的 80%，其次是化工领域，约占 10%。此外，钼也被用于电气和电子技术、医药和农业等领域，约占总消耗量的 10%。

（1）钢铁工业领域。钼在钢铁领域的消费量最大，主要用于生产合金钢（约占钼在钢铁消耗总量的 43%）、不锈钢（约 23%）、工具钢（约 8%）、铸铁和轧辊（约 6%）。钼作为钢的合金元素具有以下优点：提高钢的强度和韧性，提高钢在酸碱溶液和液态金属中的抗腐蚀性，提高钢的耐磨性，改善钢的淬透性、焊接性和耐热性[2,31]。

（2）钼基合金领域。以钼为基体加入如钛、锆、铪、钨及稀土元素等构成钼基合金，这些合金元素不仅对钼合金起到固溶强化和保持低温塑性的作用，而且还能形成稳定的、弥散分布的碳化物相，提高合金的强度和再结晶温度。钼基合金因为具有良好的强度、机械稳定性、高延展性而被用于高发热元件、挤压模具、玻璃熔化炉电极、喷射涂层、航天器的零部件等。

（3）电子电气领域。钼具有良好的导电性和耐高温性，热膨胀系数与玻璃相近，被广泛用于制造螺旋灯丝的芯线、引出线及挂钩等部件。此外，钼丝也是理想的电火花线切割机床用电极丝，能切割各种钢材和硬质合金，其放电加工稳定，能有效提高模具精度。

1.2.8 金属钨的应用

钨为银白色金属，熔点为 3422℃，密度为 19.35g/cm³。

钨是耐热性最好的金属，同时其密度大、强度高、弹性模量好、膨胀系数小、蒸气压较低。在航空航天中，钨及其合金能制作火箭喷管，离子火箭发动机的喷气叶片、定位环、离子环、燃气舵和热燃气反应舱[2,32]。

由于钨的密度高、硬度高，因而成为制作高密度合金的理想材料。这些高密度合金按组成特性及用途分为 W-Ni-Fe、W-Ni-Cu、W-Co、W-WC-Cu、W-Ag 等主要系列，这类合金具有密度大、强度高、吸收射线能力强、导热系数大、热膨胀系数小、导电性能良好、可焊性和加工性良好等特性，被广泛应用在航天、航空、军事、石油钻井、电器仪表、医学等行业，如制造装甲、散热片、控制舵的平衡锤，以及诸如闸刀开关、断路器、点焊电极等的触头材料。

（1）钢铁领域。钨的硬度高，密度接近黄金，因而能够提高钢的强度、硬度和耐磨性，是一种重要的合金元素，被应用于各种钢材的生产中。常见的含钨钢材有高速钢，以及具有高的磁化强度和矫顽磁力的钨钴磁钢等，主要用于制造各种耐磨工具、断路器等。

（2）硬质合金领域。钨的碳化物具有高耐磨性和难熔性，其硬度接近金刚石，因而被用于硬质合金中。目前碳化钨基硬质合金是钨最大的消费领域，这种硬质合金是将碳化钨微米级粉末和金属黏合剂（如钴、镍、钼）在真空炉或氢气还原炉中烧结而成的粉末冶金制品。碳化钨基硬质合金大体上可分为碳化钨-钴、碳化钨-碳化钛-钴、碳化钨-碳化钛-碳化钽（铌）-钴及钢结硬质合金等四类，这些碳化钨基硬质合金主要用于制造切削工具、矿山工具和拉丝模等。

（3）耐磨合金领域。钨的熔点是所有金属中最高的，硬度也很高，因而被用来生产热强和耐磨合金，例如钨和铬、钴、碳的合金常用来生产航空发动机的活门、涡轮机叶轮等高强耐磨的零件。而钨和其他难熔金属（如钽、铌、钼、铼）的合金常用来生产航空火箭的喷管、发动机等高热强度的零件。

（4）电子领域。钨的可塑性强、蒸发速度小、熔点高、电子发射能力强，因而钨及其合金被应用于电子和电源工业。如钨丝的发光率高、使用寿命长，被应用于制造白炽灯、碘钨灯等的灯丝。钨丝可以用于制造电子振荡管的直热阴极和栅极，以及各种电子仪器中旁热阴极加热器。钨的特性使它成为 TIG 的焊接材料及其他类似的电极材料。

（5）其他领域。钨的热胀性与硅酸硼玻璃类似，被用于玻璃或金属密封。此外，钨也被应用在放射性医学上。

1.2.9 金属铼的应用

铼为银白色金属，熔点为3186℃，密度为21.04g/cm³。

金属铼没有脆性临界转变温度，在高温和极冷极热条件下均有很好的抗蠕变性能，适于超高温和强热震工作环境。此外，铼具有良好的塑性、力学性能、耐磨损、抗腐蚀性能，对大部分燃气能保持比较好的化学惰性。铼制造的发动机喷管在2200℃下能承受100000次热疲劳循环。铼及其合金被广泛应用到航空航天、电子工业、石油化工等领域。其中，高温合金为铼最大的消费领域，约占铼总消费量的80%，催化剂为铼的第二大消费领域。

由于铼能够同时提高钨、钼、镍、铬的强度和塑性，如添加少量的铼（3%~5%）能够使钨的再结晶起始温度升高300~500℃。因此，金属铼及合金主要用于航天元件、各种固体推进热敏元件、抗氧化涂层等，是现代喷气引擎叶片、涡轮盘等重要结构件的核心材料。铼钼合金在2000℃仍有高的机械强度，可用作超音速飞机及导弹的高温部件。金属铼抗热氢腐蚀、氢气渗透率低，铼管的最高工作温度可达2500℃，因此可用于制作太阳能火箭的热交换器件。利用化学气相沉积技术制备的铼铱合金可用于空间飞行器推进系统的零部件，如液体火箭发动机燃烧室的喷管；用于制造喷气发动机的燃烧室、涡轮叶片及排气喷嘴等的铼合金，可以延长设备使用寿命，同时提高发动机的综合性能。超耐热高温合金是铼的未来应用领域[2,33-34]。

1.3　稀有难熔金属的提取与提纯技术

1.3.1　稀有难熔金属的提取技术

由于熔点高及易热氧化的特性，稀有难熔金属的提炼相对困难。目前难熔金属的生产工艺主要方法有：热还原法，即从难熔金属氧化物、硫化物或者卤化物中还原熔炼制备金属；熔盐电解法，即以熔盐为电解质电解提取稀有金属的氧化物、氯化物、硫化物等。

1.3.1.1　热还原法

A　金属热还原法

金属热还原法是利用活泼金属的强还原性，还原获得金属或者合金的方法，是典型的置换反应[35]，反应方程如下：

$$MeX + M \longrightarrow Me + MX \tag{1-1}$$

式中，Me为难熔金属；M为金属还原剂。

在高温条件下，M置换Me化合物的反应吉布斯自由能小于零，且绝对值大于10kJ，则M可作为还原Me的还原剂。常见的还原剂有钠、镁、铝、钙及金属间化合物，可以还原的材料有稀有难熔金属氧化物、硫化物、卤化物等。

a　钙热还原法

钙热还原法是利用金属钙的强还原性制取稀有难熔金属的工艺。钙还原过程会放出大量的热，这些能量可以推进反应进程。冶炼原料可以是稀有金属卤化物、氧化物等。还原过程通常在密封钢容器内进行。例如，当原料为稀有金属氟化物时，则热还原产物为氟化钙。由于在还原温度下氟化钙蒸气压低，使反应过程进行得平稳，热量不易散失，金属容易聚集；氟化钙渣流动性好，便于与金属分离。

金属钙作为还原剂容易获取且较易提纯,因此,钙热还原工艺可以用作生产高纯金属的原料。例如,用金属钙还原二氧化钛制得的钛粉可用粉末冶金法加工成纯度高且致密的金属钛坯块或各种钛制品[36-37]。

Okabe 等人[38]基于钙热还原法于 2003 年提出了预成型还原法（preform reduction process, PRP），用于提取难熔金属。PRP 工艺主要包括三个步骤:预制金属氧化物原料、钙蒸气还原和稀有金属粉的回收。其优点是通过控制熔剂组成及预制品形状,能有效控制产物的形态;反应中避免了金属氧化物原料与还原剂和反应容器的直接接触,从而有效控制产物的纯度。另外,该工艺易于放大、使用的 $CaCl_2$ 量较少、实验设备简单、产物易于收集。但其缺点是反应时间较长、不能连续生产。

b　钠热还原法

钠热还原法是金属钠在氩气保护下进行还原制取金属的方法。例如,钠热还原四氯化钛制取海绵钛;钠还原金属氧化物制备金属粉末;钠还原锆、铪、铌、钽等氟酸钾盐制取锆、铪、铌、钽粉等。钠热还原法最典型的应用是制备电容器级钽粉,即在惰性气氛中用钠将氟钽酸钾还原成钽粉。所得金属钽粉的粒形复杂、比表面积大,适于作钽电解电容器的阳极材料,经过钽电子束熔炼、钽真空电弧熔炼或钽真空烧结法精炼,制成高纯钽锭或钽棒,再加工成各种钽材。

钠还原氟钽酸钾的主要反应为:

$$K_2TaF_7 + 5Na \rightleftharpoons Ta + 2KF + 5NaF \qquad (1-2)$$

钠还原工艺还用于金属钛的生产,即利用金属钠还原四氯化钛制取金属钛（Hunter 法）[39]。还原作业在高温、氩气保护下进行,还原产物经破碎、水浸除去氯化钠后获得海绵状金属钛。钠热还原四氯化钛制取海绵钛分一段钠还原法和二段钠还原法。一段钠还原法按质量比 $TiCl_4$：$Na \approx 2$：1 向反应罐内加入四氯化钛和液钠,一次还原成金属钛。物料可同时加入,也可将液钠预先加入罐内,再将四氯化钛按一定料速加入。加热反应罐,使作业温度为 650~850℃,罐内压力保持在 0.67~2.67kPa。还原作业结束前需将反应罐加热到 950℃并保温一段时间,将四氯化钛充分还原为金属钛。二段钠热还原过程分两段进行:第一段按 $TiCl_4$：$Na \approx 4$：1 向反应罐同时加入两种物料,反应生成的 $TiCl_2$ 和 NaCl 熔盐经加热压入另一反应罐中;第二段再加入与第一段同样数量的液钠使熔体中 $TiCl_4$ 还原为金属钛。二段钠热还原法的特点是:反应热分两步放出,温度较容易调节控制、产品质量较高、粒度较粗,但生产周期长、工艺较复杂。

c　镁热还原法

镁热还原法最典型的应用是海绵钛的生产,即克劳尔（Kroll）工艺[40]。镁热还原法生产稀有金属始于 1940 年,由卢森堡科学家 Kroll 研究成功,即利用镁作为还原剂还原四氯化钛制取海绵状金属钛。目前,该工艺是生产金属钛最主流的工艺技术。

此外，锆、铪等稀有难熔金属也是利用此种方法制备海绵态金属。还原作业一般在高温、惰性气氛中进行，还原产物主要采用真空蒸馏法分离出剩余的金属镁和氯化镁，获得海绵状金属。氯化镁可用于电解制取金属镁和氯气。所得的金属镁再次用于金属热还原过程，而氯气则用于制备稀有金属氯化物。

d　铝热还原法

铝热还原法是以铝粉与金属氧化物反应获得金属单质或合金的方法。铝热反应的原理是铝单质在高温条件下进行的一种氧化还原反应，体现出了铝的强还原性。由于氧化铝的生成焓极低，反应会放出巨大的热，甚至可以使生成的金属以熔融态出现。另外，反应放出大量热使铝熔化，反应在液相中进行使反应速率极快。铝热反应的剧烈程度由金属离子氧化性所决定。

当温度超过1250℃时，铝粉激烈氧化、燃烧放出大量热，温度可达3000℃以上。铝热反应非常迅速，作用时间短，又被称为自蔓延反应[41]。自蔓延反应的特点是利用外部提供必要的能量诱发放热化学反应体系局部发生化学反应，形成化学反应前沿。此后，化学反应在自身放出热量的支持下继续进行，表现为燃烧波蔓延至整个反应体系，最后合成所需要粉体或者固结体。其最突出的优点是工艺简单、过程时间短，可以最大限度地利用材料合成中的热量，节约能源，集金属制备和烧结等工艺于一体。

B　碳热还原法

碳热还原法即在高温下用碳还原金属氧化物制取金属的方法，其化学反应如下[42]：

$$MeO + C \longrightarrow Me + CO(g) \tag{1-3}$$

根据埃林汉姆（Ellingham）图中金属氧化物与碳反应的生成吉布斯自由能与温度的关系可以发现，金属氧化物的生成自由能变化 $\Delta G_{f(MeO)}$ 随温度的升高而逐渐增高，而一氧化碳的生成自由能 $\Delta G_{f(CO)}$ 随温度的升高而明显降低。当温度高于初始反应温度后，碳即可还原金属氧化物。从原理上分析，碳热法可分为直接还原和间接还原，即原料与碳还原反应和原料与一氧化碳还原反应。碳热法还原产物一般会受到碳源的污染。

C　硅热还原法

硅热还原法又称为真空硅热法或者电硅热法[43]，即在电炉内用硅作还原剂生产金属的方法。用硅还原稀有金属氧化物反应的化学式为：

$$2MeO + Si \Longrightarrow 2Me + SiO_2 \tag{1-4}$$

反应产生的二氧化硅会与被还原氧化物，特别是还原过程中产生的较低价的氧化物，如 TiO、VO 等形成反应渣，使还原产物减少。二氧化硅含量高的反应渣黏度大，对冶金过程不利，并使炉渣与合金分离差。一般需要添加石灰，组成

CaO-SiO$_2$ 系炉渣。

硅热还原法的特点是：（1）金属相与渣相在熔融状态下进行还原反应，限制了其在高熔点稀有金属制取中的应用；（2）冶炼热量除来自硅还原产生的反应热外，可以利用从电炉排放的液态硅合金的显热补充热量，以减少冷态硅合金在加热过程的烧损；（3）反应过程无气相物产生，整体热损失较小。

D 氢还原法

氢还原法包括氢气还原法和金属–氢还原法。氢气还原法是化学气相沉积/合成法（CVD 或 CVS）中的一种。利用气相还原所制备的粉末具有纯度高、粒度细、粒径可控等优点，而且工艺简单连续、流程短、效率高、易于实现工业化生产。金属–氢还原法是以氢化镁等为还原剂还原稀有难熔金属氧化物或卤化物的方法。

a 氢气还原法

氢气还原法制取超细微粉末是基于均相反应的原理。一般以易蒸发的卤化物（或其他化合物）为原料，在一定温度下用还原性气体还原卤化物蒸气来制取相应的超细微粉末[44]。以钼粉的制备为例，氢气还原法是以钼酸铵为原料，通过焙烧、两段还原成钼粉。在反应中氢气作为还原剂，所制备的钼粉纯度较高，其粒径一般在微米级。该方法可以通过改变反应气体浓度、反应温度、反应产物在加热带的停留时间及冷却速率等控制参数来灵活控制粉末产物的粒度。

b 氢气辅助还原法

犹他大学方志刚等人提出了氢化镁（MgH$_2$）还原含钛矿物的氢辅助还原工艺[45-46]。即在熔盐介质中利用 MgH$_2$ 还原二氧化钛制备 TiH$_2$，再利用湿法纯化 TiH$_2$ 以制备金属钛，其反应原理为：

$$TiO_2 + 2MgH_2 === TiH_2 + 2MgO + H_2(g) \qquad (1-5)$$

根据式（1-5），使用 MgH$_2$ 与钛渣反应形成 TiH$_2$ 时，钛与渣中的其余化合物进行化学分离。之所以选择性地制备 TiH$_2$，是为了避免还原的金属钛与其他金属形成合金造成分离难的问题。此外，相比金属镁，MgH$_2$ 的独特之处在于当氢气压力等于或低于 1atm（101325Pa）时，MgH$_2$ 会在 300～400℃ 之间脱氢。金属镁在低于其熔点的温度下具有异常高的蒸气压。因此，当反应在大约 500℃ 和 101325Pa 的氢气压力下进行，气相 Mg 的大量存在可以显著改善反应动力学。

此外，CaH$_2$ 也可作为还原剂，将二氧化钛还原为钛或 TiH$_2$。报道称，由于 CaH$_2$ 需要更高的温度才会脱氢，且钙的熔点高、蒸气压较低，CaH$_2$ 的使用不会减少炉渣的产生量[47]。上述方法为稀有难熔金属的提取提供了参考。

1.3.1.2 熔盐电解法

由于难熔金属具有极高的熔点，基于铝电解技术熔盐电解制备难熔金属的方法难以实现工业化应用。稀有难熔金属在电解后以固体颗粒的形式弥散在电解质中，影响了电解质的性能，渣金分离困难，且产物不易收集。另外，由于难熔金属都属于过渡族金属，具有多种价态。多价态离子在电解过程存在歧化反应，造成电解效率较低[1]。

研究学者提出了诸如 FFC 剑桥工艺、SOM 工艺、OS 工艺、USTB 工艺等，以期突破难熔金属的提取技术。

A 熔盐电脱氧工艺

熔盐电脱氧工艺是指以稀有难熔金属氧化物为阴极实施电解并原位收集金属的方法。电解中，氧离子在阴极实现与稀有难熔金属的剥离并扩散到阳极，发生氧化反应；而在阴极上，则可以收集粉状或块状金属。根据不同研究团队对电解过程的诠释或改进，又可分为 FFC 剑桥工艺、SOM 工艺及 OS 工艺。

FFC 剑桥工艺是 2000 年由剑桥大学 Fray 等人提出的基于二氧化钛直接电解提取金属钛的方法[48]。该方法以熔融 $CaCl_2$ 为电解质，将二氧化钛压制成形作为阴极，石墨为阳极，在 800 ~ 1000℃、外加电压为 2.8 ~ 3.2V 的条件下进行电解。当电流通过时，二氧化钛阴极的氧逐渐离子化形成氧离子，在外加电场的作用下，氧离子迁移至阳极与碳发生氧化反应，以 CO_2 或 CO 析出；而阴极的二氧化钛由于失氧被还原成金属钛。

FFC 剑桥工艺因其流程短、理论成本低、生产周期短，引起世界范围内的关注。它是一种由金属氧化物到金属的一步法工艺，适用于常见的稀有难熔金属的电化学提取，如 $W^{[49]}$、$Mo^{[50]}$、$Ta^{[51]}$、$Nb^{[52]}$、$Zr^{[53]}$、$Hf^{[54]}$ 等金属及合金制备。基于此思路，原位电脱氧工艺可应用于月壤冶金，即以月壤中的氧化物为阴极原料，在电解的作用下阳极析出氧气，阴极获得金属。这样既实现了金属的制取，又获得了人类生存所必需的氧气。

FFC 剑桥工艺存在的问题有：

(1) 电流效率低。由于使用石墨作阳极，石墨的烧蚀使电解过程副作用加剧，甚至导致电流短路；

(2) 传质速率低。由于电位不易控制且受到限制，较低的电解电压造成电解反应速率低[1]。

基于以上问题，美国波士顿大学 Pal 提出了 SOM 工艺，即利用固态透氧膜圈定阳极以减少碳影响的绿色工艺[55]。固体透氧膜是一种固体电解质，在一定温度条件下仅能使氧离子通过，而氯化钙中的氯离子和钙离子均不能通过透氧膜，因而有效地将熔盐与阳极隔离。当在阴、阳两极加上所需的电解电压后，金属氧化物在阴极发生脱氧反应，形成氧离子。由于固体透氧膜对阴离子的选择性，只有氧离子在电场作用下迁移透过并在阳极发生氧化反应。固体透氧膜使阴、阳极有效隔离，降低了电极极化，并且在电解过程中只允许氧离子迁移至阳极反应，因此，电解过程熔盐电解质不会分解，使得 SOM 法电解电压可以高于 FFC 电解电压。高的电解电压加快了整个电解反应进程速率，提高了电流效率。同时电解过程有潜力实现阳极直接生成氧气，使整个电解过程绿色化。上海大学鲁雄刚、邹星礼等人发展并深入研究了 SOM 工艺[1]。

OS 工艺由 Ono 和 Suzuki 于 2002 年首次提出，其主要特点是用电解得到的金属钙还原二氧化钛为金属钛[56]。在 $CaO-CaCl_2$ 熔盐中，以石墨坩埚为阳极，不锈钢为阴极，二氧化钛粉末直接放入阴极篮中进行恒流电解。采用的电压高于氧化钙的分解电压，低于氯化钙的分解电压。因此，OS 工艺是 Ca^{2+} 首先在阴极上电化学还原为金属钙，O^{2-} 在碳阳极上生成 CO 或 CO_2。由于二氧化钛和钙的密度差异，两者并不直接接触，二氧化钛被溶解在熔盐中的电解金属钙还原为金属钛。相比较 FFC 工艺，OS 工艺同样以二氧化钛为原料，以石墨为阳极制备金属钛粉，反应过程见式（1-6）和式（1-7）。

$$Ca^{2+} + 2e = Ca \tag{1-6}$$

$$2Ca + TiO_2 = Ti + 2CaO \tag{1-7}$$

FFC 剑桥工艺、SOM 工艺及 OS 工艺等熔盐电脱氧工艺的提出对熔盐电解法提取难熔金属具有深远而重大的意义，具体体现在以下两个方面。（1）降低了电解质选择的苛刻条件，打破了金属氧化物须在熔盐中具有较大溶解度和熔盐电解质的熔点须高于产物金属的熔点的限制；（2）熔盐电脱氧工艺缩短了生产流程，降低了成本，相对 Kroll 工艺过程对环境友好；（3）原位电脱氧工艺通过电解氧化物制备金属，降低了原料的要求[1]。

B　USTB 工艺

USTB 工艺是由北京科技大学大学朱鸿民、焦树强等人提出的一种利用可溶性钛碳氧固溶体为阳极电解制备稀有金属的方法[57-58]。以钛为例，熔盐电解可溶性钛化合物阳极的研究可追溯到 20 世纪 50 年代，即在熔融盐中采用导电性 TiC 为阳极进行电解。阳极中的钛以钛离子形态溶解进入熔盐，然后在阴极电沉积获得金属钛。然而，随着电解的进行，TiC 溶解产生的阳极剩碳的脱落造成阴、阳极短路，导致电解过程无法连续稳定进行。当以 TiC 和 TiO 为原料，在高温下合成 Ti-C-O，并以其为阳极进行熔盐电解，同样发现有钛离子的电化学溶解，并且阳极同时会有碳氧化合物气体产生。然而早期研究只是对实验现象进行了简单描述，没有对电解机理进行系统深入的研究。

基于可溶性阳极思路，开展钛冶炼研究的主要单位有美国的 MER 公司和北京科技大学，并分别命名为 MER 工艺和 USTB 工艺。两者的电解过程具有类似之处，但是在可溶性阳极的制备及认识上有着明确的不同。MER 工艺仅停留于"简单复合"阶段，没有明确说明复合阳极的具体成分，仅以 Ti_xO_y/C 表述为钛低价氧化物和碳的混合物；相比之下，USTB 法严格控制 TiO_2 和 C 的比例，即将碳或碳化钛和二氧化钛粉末按化学反应计量比混合压制成型，进一步烧结或熔铸制成具有金属导电性的 $TiC_{0.5}O_{0.5}$ 固溶体阳极。然后，以碱金属或碱土金属氯化物为熔盐电解质，在一定温度下进行电解，钛以低价离子形式溶解进入熔盐，并在阴极电沉积为金属钛，阳极所含碳、氧则形成 CO/CO_2 气体排出。USTB 法可获得高纯度的金属钛粉，阴极电流效率可高达89%。

　　基于此思路，其他难熔金属也可以通过制备金属的碳化物、碳氧化物甚至碳氧氮化合物并作为可溶性阳极实施电解制备高纯度的难熔稀有金属。如郑州大学电化学冶金团队分别利用电化学法和烧结法制备了金属碳氧、金属碳氮氧等可溶性阳极，并以此为原料熔盐电解提取了高纯度的稀有金属[59-60]。可溶性阳极电解精炼法为提取其他稀有难熔金属提供了技术参考。

1.3.2　稀有难熔金属的提纯技术

　　高纯难熔金属独特而优异的力学性能、物理性能使其成为世界各国日益重视的战略金属材料。难熔金属中杂质的存在影响并决定着材料的各项性能，从而制约了稀有难熔金属在高端材料领域的应用。因此，以基础理论为依据分析、讨论高纯难熔金属的提纯意义重大。

　　金属中的杂质从广义上讲，包括化学杂质（元素）和物理杂质（晶体缺陷）。一般只有当金属材料纯度极高时，物理杂质的概念才有意义。因此，生产上一般以化学杂质的含量作为评价金属材料纯度的标准，即以主金属材料减去杂质总含量的百分数表示。随着提纯技术和检测水平的提高，金属材料的纯度在不断提高，对于难熔金属材料达99.9999%(6N) 以上属于超高纯。

　　气体杂质元素 C、N、O、H 等对难熔金属的塑脆转变温度影响较大。低熔点金属杂质元素 Pb、Bi、Sn 和非金属杂质元素 P、S 在金属凝固时聚集在晶界（或亚晶界）生成局部易熔和脆性层，从而削弱晶间键合强度，使金属产生热脆性和冷脆性。稀有难熔金属中的杂质元素见表 1-3[61]。

表 1-3　稀有难熔金属中的杂质元素

分　类	元　素　种　类
间隙元素	O、C、N、H 等
非金属元素	S、P、Si、B、Cl 等
低熔点金属元素	Al、Mg、Pb、Bi、Sn、Na、Ca、Cr、Fe、Co、Ni 等
高熔点金属元素	W、Ta、Hf、Nb、Mo 等

　　难熔金属的提纯技术很多，主要包括化学提纯和物理提纯两大类。化学提纯是建立在化学或电化学反应的基础上从基材中去除杂质的一类方法。物理提纯的基础是利用被提纯金属和杂质原子（或微粒）间相互作用不同实施分离。

1.3.2.1 电化学提纯

难熔金属的电化学精炼一般选择熔盐电解精炼的方法[62]。熔盐主要包括碱金属或碱土金属卤化物。熔盐是离子熔体，有较高的电导率和较大的电化学窗口，可提供较好的动力学条件。电解中使用的熔盐电解质一般具有较低的熔点，适当的黏度、密度、表面张力，足够高的电导率，以及低的挥发性和不溶解被电解出来的金属等性质。为了达到这些要求，常常使用由几种盐类组成的混合物。

提纯的金属源除了纯度不高的难熔金属外，还包括难熔金属化合物，如碳化物、氮化物等，其作为可溶性阳极进行电化学提纯。电解精炼的基本原理是纯度不高的金属作为阳极，在电流的作用下发生电化学溶解，继而扩散到阴极发生电化学沉积，获得高纯金属。

电解精炼过程见式（1-8）~式（1-10）：

阳极反应：
$$Me + ne === Me^{n+} \tag{1-8}$$

阴极反应：
$$Me^{n+} + ne === Me' \tag{1-9}$$

总反应：
$$Me \longrightarrow Me' \tag{1-10}$$

式中，Me 为粗金属；Me' 为精炼后的纯金属。

由能斯特方程式（1-11）和式（1-12）可以计算金属与杂质离子由活度不同带来的吉布斯自由能变及电位差。

$$\Delta G^{\Theta} = -RT\ln \frac{a_{pure}}{a_{impure}} \tag{1-11}$$

$$E_{cell}^{\Theta} = -\frac{RT}{nF}\ln \frac{a_{pure}}{a_{impure}} \tag{1-12}$$

式中，F 为法拉第常数；T 为温度；a 为活度，对于纯金属，$a_{pure} \approx 1$。

基于杂质离子在熔盐中与难熔金属离子电极电位的差别，可以将杂质大致分为两类：一类是惰性元素（电解电位较负），另一类是活性元素（电解电位较正）。活性的杂质元素很容易在阳极氧化并溶解在电解质中。在电解质中随着这些杂质向阴极沉积物的转移，电解质和阴极之间达到化学平衡。此外，杂质的积累限制了电解质的使用寿命或换盐率。

比难熔金属更加惰性的杂质金属在电解过程不发生电化学溶解，因此富集在阳极中。惰性杂质在电解质中富集后也有可能沉积在阴极。对于非金属杂质，如氧、碳和氮等通常不参与电解精炼过程。但是，如果施加在阳极和阴极之间的电压超过这些化合物的分解电位时，这些氧化态、碳化态或者氮化态的杂质将发生可溶性阳极电化学溶解，与难熔金属电极电位接近的杂质金属会在阴极上沉积。可以通过络合剂与杂质离子发生络合反应，以扩大其电位差防止它们共沉积。

1.3.2.2 化学纯化法

化学纯化法的工艺原理是利用杂质元素化学稳定性差异除杂。稀有难熔金属的净化反应以固态或气态进行。气相净化过程通常基于循环化学反应，其中杂质金属与气相反应以形成中间体。在中间体分解的条件下，使该化合物分解再次形成金属。金属本体净化程度取决于许多与化学物质相关的因素及所涉及的元素和化合物的物理性质。

典型的化学纯化工艺是基于碘化物合成与分解的精炼工艺，也称作碘化法。利用碘化法提纯一般包括形成金属碘化物和金属碘化物的热分解两个步骤。在碘存在的条件下将粗金属加热到一定温度，碘与金属形成挥发性碘化物。碘化物蒸气在特定条件下再次分解并形成金属和碘。释放的碘扩散回到粗金属再次参与反应，而金属在热丝上以水晶棒的形式生长并得到纯化。该工艺已用于钛、锆、铪、铌、钒、铬等金属的提纯。

1.3.2.3 电子束区域熔炼法

电子束区域熔炼法是一种通过重新分布杂质以净化金属的技术。区域熔炼技术的实施一般在高真空环境，原料棒被熔化的狭小区域借助表面张力保持在同一料棒的中间，并在同一方向上沿轴向缓慢移动。熔区内部杂质元素根据分配系数在固体和液体中进行重新分布，从而实现难熔金属的提纯。过程包括杂质的区域分离，气体的析出和杂质的蒸发等。因此，金属的提纯主要取决于熔炼工艺参数（包括真空度、原料纯度、熔炼速度、搅拌速度等）、区域长度（如杆的长度）、通过次数和金属与杂质的分配系数等。而分配系数值取决于熔化金属的浓度、温度、区域移动的速度等[63]。

区域熔炼一般是感应加热或电子轰击加热。该技术的优点是真空环境、加热效率高、温度梯度易于控制、不受坩埚材料污染，但同时表面张力对活性杂质和温度梯度的高敏感性又使得所能制备的高纯难熔金属尺寸规格受到很大限制。

在电子束区域熔炼过程中，间隙元素 O、C、N、H 等杂质通过高温真空脱气形式去除；非金属和低熔点杂质元素 S、P、K、Sn、Bi、Na、Ca、Zn、Pb 等通过真空蒸发而去除；其他金属杂质元素主要通过区域分离效应而被去除。在纯化过程，元素的去除存在多种方式共同作用的结果[63-65]。

1.3.2.4 等离子电弧熔炼法

等离子电弧熔炼法的原理是利用等离子体电弧获得等离子体，它具有高导电性、热容量和导热性，温度通常为 8000~12000℃。基于等离子体的超高温和炉内气氛可控性实现难熔金属的精炼。

等离子弧熔炼难熔金属时，熔体中杂质元素主要通过化学反应生成高挥发性化合物而被去除。此外还通过真空蒸发和区域分离效应去除，C、Si 将以氧化物形式被去除，H、N、O 通过脱气形式被去除。等离子电弧熔炼能使绝大部分杂质元素浓度能降低 2~4 个数量级。其中，等离子电弧熔炼法能实现杂质元素 C 的有效去除，主要取决于熔体的高温以及低温等离子体中杂质元素与形成等离子的气体元素之间高的化学反应速率。

等离子电弧熔炼法的优点是加热源能量密度高、原料规格形式多样，可制备高纯难熔金属棒材、板材和管材，但设备系统复杂、成本昂贵。

1.3.2.5 电迁移法

电迁移法提纯原理是在外电场作用和高温条件下，杂质原子朝负极或朝正极方向迁移。当大量直流电通过液态或固态粗金属时，杂质组分原子发生相对电迁移，杂质浓度出现再分配，而区熔法是利用在液相和固相间的分配来分凝杂质。在电迁移中，杂质的再分配发生在一个相中，使浓度分布曲线偏移。电迁移法从金属相中除去杂质是在原相中被取代，并不改变键的总数和影响熵变。因此对杂质有很高的亲和力的金属可以用电迁移方法来处理。

电迁移法提纯适合熔点高、蒸气压低而杂质又能快速迁移的金属。由于常见的金属杂质，如铁、铝、硅等迁移性不佳，因此不宜利用该方法净化此类元素含量高的原料。

1.3.2.6 真空脱气法

真空脱气可有效脱除气态杂质，如氢气、氧气和氮气等，是难熔金属除杂的常用方法。脱气过程中，杂质首先扩散到金属表层，然后聚集在表层活性灶内，与其他元素结合生成氢、氮或一氧化碳而被除去。杂质的去除服从西华特（Sievert）平方根定律，气体脱除程度取决于气体的蒸气压。

脱氧：金属脱氧主要通过生成可挥发性氧化物或低价氧化物来完成。

脱氮：氮原子首先扩散到金属表层活性灶，在该处形成氮的化学吸附层，然后以氮分子形式解吸。氮在金属体内扩散是速率制约的过程。对于钛、锆、铪和钒，无法通过高温真空处理净化除氮。

脱氢：可以通过真空脱气直接从难熔金属中除去氢。

脱碳：真空脱气除碳的前提是金属表面必须有吸附氧或氧化物。金属中的碳扩散到表面与氧原子结合生成 CO 被脱除。

1.3.2.7 真空蒸馏法

真空蒸馏是分离和提纯化合物的一种重要方法。真空蒸馏法是利用蒸馏物各组分某些物理特性的差异而进行的分离方法。与真空脱气相似，真空蒸馏分离效率的高低与杂质的蒸气压有较大的关系。尤其适用于高沸点物质与在常压蒸馏时未达到沸点就已受热分解物质的分离和提纯。真空蒸馏与真空脱气的区别是，真空蒸馏一般针对金属杂质的脱除。限制蒸馏速度的因素包括热量与质量传递速率、蒸发量等。如去除海绵钛或海绵锆中的金属镁，一般采用真空蒸馏的方法，可将镁含量降低到 0.005% 以下。

1.3.2.8　外吸气法

利用界面化学活性的差异去除金属中间隙杂质的方法称为外吸气法。利用吸气法的前提是难熔金属固体比吸气固体或液体甚至气体的化学活性弱。例如在富氧的条件下可去除铌、钽中的碳。

碱土金属可作为吸气材料且应用于绝氧环境。待提纯金属在高温下直接与碱土金属接触，此时已经扩散到金属表面的氧与作为吸气剂的碱土金属反应生成更为稳定的氧化物，随后再用化学或机械方法除去。此外，其他活泼金属也可作为吸气剂用于难熔金属的提纯。

高纯、超高纯难熔金属的制备一般需要组合的方式实现，如电解精炼与等离子电弧熔炼相结合、碘化法与真空蒸馏结合。各种提纯工艺的组合可利用各方法的优势，实现金属的分级纯化。

参 考 文 献

[1] 鲁雄刚，邹星礼. 熔盐电解制备难熔金属及合金的回顾与展望 [J]. 自然杂志，2013，35 (2)：97-104.

[2] 乔芝郁. 稀有金属手册 [M]. 北京：冶金工业出版社，1992.

[3] 王向东，逯福生，贾翃，等. 2009 年中国钛工业发展报告 [J]. 钛工业进展，2010，27 (3)：1-7.

[4] 王向东，逯福生，贾翃，等. 2010 年中国钛工业发展报告 [J]. 钛工业进展，2011，28 (4)：1-6.

[5] 王向东，逯福生，贾翃，等. 2011 年中国钛工业发展报告 [J]. 钛工业进展，2012，29 (2)：1-6

[6] 王向东，逯福生，贾翃，等. 2012 年中国钛工业发展报告 [J]. 钛工业进展，2013，30 (2)：1-6.

[7] 王向东，逯福生，贾翃，等. 2013 年中国钛工业发展报告 [J]. 钛工业进展，2014， (3)：1-6.

[8] 钛锆铪分会. 2014 年中国钛工业发展报告 [J]. 钛工业进展，2015(2)：1-6.

[9] 贾翃，逯福生，郝斌. 2015 年中国钛工业发展报告 [J]. 钛工业进展，2016，33(2)：1-6.

[10] 贾翃，逯福生，郝斌. 2016 年中国钛工业发展报告 [J]. 钛工业进展，2017，34(2)：1-7.

[11] 贾翃, 逯福生, 郝斌. 2017年中国钛工业发展报告 [J]. 钛工业进展, 2018, 35(2): 1-7.

[12] 贾翃, 逯福生, 郝斌. 2018年中国钛工业发展报告 [J]. 钛工业进展, 2019, 36(3): 42-48.

[13] 贾翃, 逯福生, 郝斌. 2019年中国钛工业发展报告 [J]. 钛工业进展, 2020, 37(3): 33-39.

[14] 安仲生, 陈岩, 赵巍. 2021年中国钛工业发展报告 [J]. 钛工业进展, 2022, 39(4): 34-43.

[15] 逯冉. 我国锆工业发展浅析 [J]. 中国金属通报, 2019(12): 3-5.

[16] 王汝成, 车旭东, 邬斌, 等. 中国铌钽锆铪资源 [J]. 科学通报, 2020, 65(33): 3763-3777.

[17] 陈东辉. 钒产业2021年年度评价 [J]. 河北冶金, 2022, 12: 19-30.

[18] 邓攀, 陈玉明, 叶锦华, 等. 全球铌钽资源分布概况及产业发展形势分析 [J]. 中国矿业, 2019, 28(4): 63-68.

[19] 吕建玲. 钽铌资源现状及我国钽铌工业的发展 [J]. 环球市场信息导报, 2013, 499(16): 13.

[20] 朱欣然. 国内外钽资源供需形势分析 [J]. 矿产保护与利用, 2020, 1: 172-178.

[21] 赵中伟, 孙丰龙, 杨金洪, 等. 我国钨资源、技术和产业发展现状与展望 [J]. 中国有色金属学报, 2019, 9: 1902-1916.

[22] 于泽全. 中国钨行业现状分析及建议 [J]. 国土资源情报, 2020, 10: 55-60.

[23] 王京, 王寿成, 唐萍芝. 十种主要有色金属资源供需形势分析 [M]. 北京: 地质出版社, 2018.

[24] 齐笑晨, 杨淑敏, 梁坤豪, 等. 矿产资源和二次资源中铼的提取与回收技术 [J]. 化工时刊, 2022, 4: 19-24.

[25] 王向东, 郝斌, 逯福生, 等. 钛的基本性质、应用及我国钛工业概况 [J]. 钛工业进展, 2004, 1: 6-10.

[26] 李献军, 夏峰, 文志刚, 等. 工业锆产品的性能及应用 [J]. 金属世界, 2009, 6: 100-104.

[27] 邓孝纯, 李慧, 张汉鑫, 等. 铪的应用及金属铪的制备工艺 [J]. 稀有金属与硬质合金, 2019, 47(3): 62-65.

[28] 任学佑. 金属钒的应用现状及市场前景 [J]. 世界有色金属, 2004, 2: 34-36.

[29] 郭青蔚. 铌在钢铁工业中的应用 [J]. 稀有金属快报, 2005, 3: 31-34.

[30] 胡忠武, 李中奎, 张廷杰, 等. 钽及钽合金的新发展和应用 [J]. 稀有金属与硬质合金, 2003, 3: 34-36, 48.

[31] 张惠. 钼的应用及市场研究 [J]. 中国钼业, 2013, 37(2): 11-15.

[32] 刘希星. 国内钨及钨合金的研究新进展 [J]. 世界有色金属, 2019, 15: 142-144.

[33] 郑欣, 白润, 王东辉, 等. 航天航空用难熔金属材料的研究进展 [J]. 稀有金属材料与工程, 2011, 40(10): 1871-1875.

[34] 阳喜元, 袁晓俭, 胡望宇. 难熔金属热学性能的研究现状 [J]. 稀有金属材料与工程, 2005, 34(9): 1349-1351.

[35] 玉日泉. 金属热还原法制备锂离子电池纳米硅材料的研究进展 [J]. 材料导报, 2021, 35(3): 3041-3049.

[36] 柳亚斌, 李运刚, 张快, 等. 难熔金属氧化物直接制备难熔金属的研究现状 [J]. 电镀与精饰, 2012, 34(10): 14-19.

[37] 贾金刚, 徐宝强, 徐敏, 等. 真空钙热还原二氧化钛制备钛粉的研究 [J]. 钢铁钒钛, 2013, 34(2): 1-6.

[38] Okabe T H, Oda T, Mitsuda Y. Titanium powder by preform reduction process(PRP) [J]. Journal of Alloys Compounds, 2004, 364(1/2): 156-163.

[39] Hunter M A. Metallic titanium[J]. Journal of the American Chemical Society, 1910, 32: 330-336.

[40] Kroll W. The production of ductile titanium[J]. Transaction Electrochemical Society, 1940, 78: 35-47.

[41] 刘海, 马朝辉, 黄景存, 等. 铝热自蔓延还原氧化铪实验研究 [J]. 原子能科学技术, 2020, 54(4): 671-677.

[42] 万贺利, 徐宝强, 戴永年, 等. 钙热还原二氧化钛的钛粉制备及其中间产物 $CaTiO_3$ 的成因 [J]. 中国有色金属学报, 2012, 22: 2075-2081.

[43] 李萌芮. 纯相 ZrB_2 粉体的硅热还原法制备 [D]. 武汉: 武汉科技大学, 2020.

[44] 武洲, 冯鹏发, 李晶, 等. MoO_2 氢还原机理探索 [J]. 中国钼业, 2011, 35(5): 42-45.

[45] Fang Z, Middlemas S, Guo J, et al. A new energy-efficient chemical pathway for extracting Ti metal from Ti minerals [J]. Journal of the American Chemical Society, 2013, 135: 18248-18251.

[46] Zhang Y, Fang Z Z, Xia Y, et al. A novel chemical pathway for energy efficient production of Ti metal from upgraded titanium slag[J]. Chemical Engineering Journal, 2016, 286: 517-527.

[47] Xia Y, Fang Z Z, Sun P, et al. The effect of molten salt on oxygen removal from titanium and its alloys using calcium[J]. Journal of Materials Science, 2017, 52(7): 4120-4128.

[48] Chen G, Fray D J, Farthing T. FFC direct electrochemical reduction of titanium dioxide to titanium in molten calcium chloride[J]. Nature, 2000, 407: 361-363.

[49] 冯乃祥, 刘希诚, 孙阳. 用熔盐电解法制备超细钨粉 [J]. 材料研报, 2001, 15(4): 459-462.

[50] Li G, Wang D, Jin X, et al. Electrolysis of solid MoS_2 in molten $CaCl_2$ for Mo extraction without CO_2 emission[J]. Electrochemistry Communications, 2007, 9(8): 1951-1957.

[51] 胡小锋, 许茜. $CaCl_2$-NaCl 熔盐电脱氧法制备金属 Ta[J]. 金属学报, 2006, 3: 285-289.

[52] Yan X, Fray D. Production of niobium powder by direct electrochemical reduction of solid Nb_2O_5 in a eutectic $CaCl_2$-NaCl melt[J]. Metallurgical and Materials Transactions B, 2002, 33B: 685-693.

[53] Mohandas K, Fray D. Electrochemical deoxidation of solid zirconium dioxide in molten calcium chloride[J]. Metallurgical and Materials Transactions B, 2009, 40: 685-699.

[54] Abdelkader A, Fray D. Electrodeoxidation of hafnium dioxide and niobia doped hafnium dioxide in molten calcium chloride[J]. Electrochimica Acta, 2012, 64: 10-16.

[55] Pal U, Woolley D, Kenney G. Emerging SOM technology for the green synthesis of metals from oxides[J]. JOM, 2001, 53(10): 32-35.

[56] Ono K, Suzuki R O. A new concept for producingTi sponge: calciothermic reduction[J]. JOM, 2002, 54: 59-61.

[57] Jiao S, Zhu H. Novel metallurgical process for titanium production[J]. Journal of Materials Research, 2006, 21(9): 2172-2175.

[58] 焦树强, 王明涌. 钛电解提取与精炼[M]. 北京: 冶金工业出版社, 2020.

[59] Li S, Che Y, Song J, et al. Low-pollution process for electrolytic preparing of zirconium metal from a consumable zirconiumoxycarbide anode[J]. Metallurgical and Materials Transaction B, 2021, 52: 3276-3287.

[60] Li S, Che Y, Song J, et al. Preparation of zirconium metal through electrolysis of zirconium oxycarbonitride anode[J]. Separation and Purification Technology, 2021, 274: 2021118803.

[61] 莫畏, 董鸿超, 吴享南. 钛冶炼[M]. 北京: 冶金工业出版社, 2011.

[62] Suri A K, Gupta C K, Tekin A. Purification of refractory metals[J]. Mineral Processing and Extractive Metallurgy Review, 2001, 22(1): 139-163.

[63] 胡忠武, 张文, 殷涛, 等. 若干难熔金属提纯的新技术[J]. 稀有金属材料与工程, 2014, 43(10): 2549-2555.

[64] 胡忠武, 李中奎, 殷涛, 等. Mo-Nb合金单晶的高温力学性能[J]. 稀有金属, 2010, 34(1): 48-52.

[65] Zee R, Xiao Z, Chin B, et al. Processing of single crystals for high temperature applications[J]. Journal of Materials Processing Technology, 2001, 113: 75-80.

2　金属钛的提取和提纯

2.1　金属钛的提取

2.1.1　钛矿石的冶炼

自然界中没有游离态的钛存在。钛的化学性质非常活泼，对氧的亲和力很大，总是和氧结合在一起，以二氧化钛或钛酸盐的形式存在。钛铁矿（$FeTiO_3$）和金红石（TiO_2）是主要的钛矿石[1]，其中钛铁矿占我国钛资源总储量的98%，而金红石仅占2%。钛铁矿主要是 TiO_2 与 FeO、Fe_2O_3 形成的连续固溶体，钛铁矿分为岩矿和砂矿，经选矿工艺后成为钛精矿[2]。钛精矿的化学组成见表2-1。

表 2-1　钛精矿的化学组成

组　成	TiO_2	FeO	Fe_2O_3	CaO	MgO	SiO_2	Al_2O_3	MnO	V_2O_5	S	P
含量（质量分数）/%	49.85	35.50	9.58	0.24	0.99	0.86	2.00	0.75	0.20	0.02	0.02

钛精矿经过氯化处理或者富集处理可以得到 TiO_2 和 $TiCl_4$，这些产品是制备金属钛的前驱体，制备方法如图2-1所示。

2.1.1.1　TiO_2 的富集

钛精矿富集处理可以得到钛渣或人造金红石。富集处理可以减少其他原料的消耗，降低生产成本、简化工艺过程。处理过程大致可以分为以干法为主和以湿法为主两大类。干法主要包括电炉熔炼法和选择性氯化法；湿法主要包括还原锈蚀法和酸浸法。电炉熔炼法制取的产品为钛渣，而其他方法制取的产品为人造金红石，钛渣或人造金红石主要成分为 TiO_2。

A　电炉熔炼法

电炉熔炼法的工艺流程是以固体无烟煤为还原剂，与钛精矿均匀混合制球，加入高温电炉内（1600~1800℃）进行还原熔炼，得到金属铁和液态的钛渣。根据铁和钛渣的密度、磁性差别，使钛氧化物与铁分离，从而得到含72%~95% TiO_2 的钛渣。电炉熔炼法是一种成熟的方法，主要优点是工艺简单、产生的"三废"较少、副产品金属铁可以直接应用、电炉煤气可以回收利用，是一种高

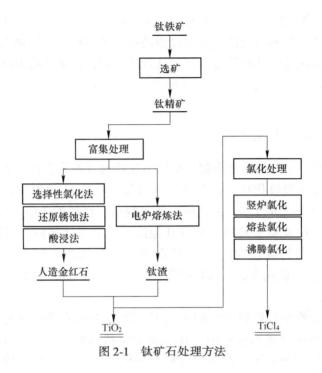

图 2-1 钛矿石处理方法

效的冶炼方法；其不足之处是分离除铁及除去非铁杂质能力差、耗电量大。

B 选择性氯化法

选择性氯化法生产人造金红石的原理是利用钛铁精矿中各组分在氯化过程中热力学性质上的差异，将一些组分有选择性地氯化。在 850~950℃ 温度下，以及还原剂碳存在的情况时，精矿中各组分与 Cl_2 作用顺序为：$CaO > MnO > FeO > V_2O_5 > MgO > Fe_2O_3 > TiO_2 > Al_2O_3 > SiO_2$，因此可以通过控制配碳量（或预氧化）使 FeO 转变成 Fe_2O_3，氯化时可使位于 TiO_2 前的那些组分优先氯化，并使铁以 $FeCl_3$ 形式挥发出来。而 Ca、Mg、Mn 等的氧化物则分别转变为 $CaCl_2$、$MgCl_2$、$MnCl_2$ 等氯化物形式，它们难以挥发，残留在没有被氯化的 TiO_2 中，但能够通过水洗分离除去，从而得到人造金红石产品。

C 还原锈蚀法

还原锈蚀法是以煤为还原剂和燃料，在锈蚀过程消耗少量盐酸（或 NH_4Cl），产生的赤泥和废水接近中性，较易处理，在澳大利亚获得了重要的应用。但该法仅适宜处理高品位的砂矿，以含 TiO_2 大于 54% 的砂矿为原料可制得含 TiO_2 大于 92% 的人造金红石。还原锈蚀法得到的金红石粒度均匀且颜色稳定，能耗较低，是一种污染小、成本低的方法。

D 酸浸法

酸浸法是以硫酸或盐酸浸出钛矿，去除杂质铁和部分 CaO、MgO、MnO、

Al_2O_3 等，获得含 TiO_2 90% ~ 96% 的高品级人造金红石的方法，该方法适合处理各种类型的矿物。盐酸浸出法可实现盐酸的再生循环利用，但缺点是对设备腐蚀严重。硫酸浸出法适宜处理品位较高的钛铁矿，因含铁副产品为硫酸亚铁，且稀硫酸浸出能力较差。酸浸法由于产生的"三废"量大，流程复杂，因而限制了它的应用。

2.1.1.2　$TiCl_4$ 的生产

在一定条件下，绝大多数金属、金属氧化物或其他化合物均能与化学活性很强的氯反应生成金属氯化物，这个反应称为氯化。$TiCl_4$ 的生产是通过在氯化炉内对钛渣或者金红石进行加碳氯化的方法实现的。得到的 $TiCl_4$ 挥发性高、熔点低、易被还原，在常温下易溶于水或其他溶剂。基于这些特点可以实现钛的分离、富集、提取与精炼。$TiCl_4$ 是生产金属钛及其化合物的重要中间体，目前 $TiCl_4$ 有三种主要的氯化方法：竖炉氯化、熔盐氯化和沸腾氯化。

A　竖炉氯化

竖炉氯化是指将富钛料和石油焦磨细，之后加黏结剂混匀制团并经焦化制成的团块料堆放在竖式氯化炉中，在呈固定层状态时与氯气作用制取 $TiCl_4$ 的方法。其设备结构不复杂、操作较简单，适用于各种含钛物料的氯化。主要缺点是原料要预先制成团块，团块料的制备包括配料、混合、压团、干燥和焦化，使得工艺大大复杂化。此外，氯化不能靠反应产生的热量进行，要靠电供热。生产过程不连续、炉产能不大、生产率不高、手工排渣劳动强度大、劳动条件较差等。

B　熔盐氯化

熔盐氯化是将磨细的富钛物料和石油焦悬浮在熔盐介质中，在氯气作用下生成 $TiCl_4$。富钛物料的熔盐氯化是在气/固/液三相体系中进行的，反应过程复杂。反应产物 $TiCl_4$ 和沸点较低的组分及非冷凝性气体以气态从熔盐中逸出进入冷凝分离系统；高沸点氯化物则残留在熔盐中，使熔盐组成及其物理化学性质逐渐发生变化。它的主要优点是适合处理高钙镁和二氧化钛品位低的钛渣。缺点是大量的废熔盐回收处理困难，炉衬材料由于受高温熔盐的浸蚀寿命较短。

C　沸腾氯化

沸腾氯化是我国生产 $TiCl_4$ 的主要方法，它采用细颗粒富钛物料和石油焦的混合料在沸腾炉内与氯气处于流态化的状态下进行氯化反应，流态化技术是在钛生产中应用的新工艺。沸腾氯化利用流动流体的作用将固体颗粒悬浮起来，而使固体颗粒具有某些流体表现的特征，因而强化了气-固或液-固间的接触。由于固体和气体处于激烈的相对运动中，因此传质、传热良好，有利于反应的进行，同时省去了制团、焦化工序，操作简单连续。

2.1.2 金属钛的提取

钛矿石冶炼后，得到纯度更高的钛化合物，若进一步得到金属钛，仍需要通过不同方法对这些钛化合物进行还原。目前，研究开发的钛冶炼技术可以分为热还原法和电解法两类。热还原法包括镁热还原法（Kroll 法）、钠热还原法（Hunter 法）、钙热还原法及铝热还原法等；电解法包括电脱氧法、含钛阳极电解法和直接电解法等。

2.1.2.1 热还原法

A 金属热还原法

金属热还原法是使用比钛活泼的金属作为还原剂，在高温条件下与 TiO_2 或者 $TiCl_4$ 反应得到金属钛的方法。通过 HSC 7.0 计算了常见还原剂与 TiO_2 或者 $TiCl_4$ 发生反应的吉布斯自由能变，其随温度的变化曲线如图2-2所示。其中，金属 Mg、Ca、Al 等可还原氧化钛，Al、K、Ca、Na、Mg 等可还原氯化钛。根据还原剂种类的不同，金属热还原法可以分为镁热还原法、钠热还原法、铝热还原法和钙热还原法。

a 镁热还原法

1940 年卢森堡科学家克劳尔（W. J. Kroll）开发了镁热还原工艺，即克劳尔（Kroll）法。1948 年 Kroll 法开始应用于规模化工业生产，经过多年的改进与发展，此工艺基本成熟[3]，是目前制备海绵钛最成功、最主要的方法。Kroll 法制备金属钛的工艺流程如图2-3所示。

Kroll 法工艺过程可以分为三个阶段：首先将钛矿物进行富集获得富钛矿，然后通过氯化、提纯获得纯 $TiCl_4$；随后在 800~900℃ 的氩气氛围下，以一定的流速将液体 $TiCl_4$ 注入钢制容器中，与金属还原剂 Mg 发生反应，生成金属钛及副产物 $MgCl_2$，还原产物中残留金属 Mg 及少量 $TiCl_3$ 和 $TiCl_2$；将还原产物在 1000℃下真空（0.1~1.0Pa）蒸馏，除去剩余的氯化物和未反应完的金属镁，即可获得海绵状金属钛；最后，氯化镁经熔盐电解产生 Cl_2 和 Mg，Cl_2 可再用于钛氧化物的氯化工序，而 Mg 则用于还原工序，实现 Cl_2 与还原剂 Mg 的循环利用，反应式为：

氯化： $$TiO_2 + 2C + 2Cl_2 =\!=\!= TiCl_4 + 2CO \qquad (2-1)$$

还原镁： $$TiCl_4 + 2Mg =\!=\!= Ti + 2MgCl_2 \qquad (2-2)$$

电解： $$MgCl_2 =\!=\!= Mg + Cl_2 \qquad (2-3)$$

Kroll 法生产海绵钛时，在获得金属钛之前，原料 TiO_2 经选择性氯化及粗 $TiCl_4$ 精馏提纯处理，可以有效地除去含钛化合物中许多金属杂质，获得高纯度的 $TiCl_4$，而且金属还原剂 Mg 和 Cl_2 可以通过 $MgCl_2$ 熔盐电解实现循环利用。然

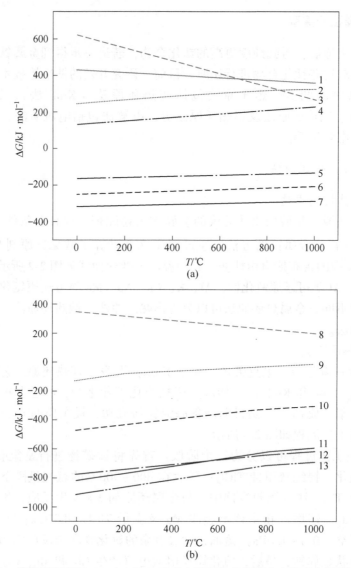

图 2-2 常用还原剂与 TiO_2(a) 和 $TiCl_4$(b) 反应的吉布斯自由能变与温度关系

1—$TiO_2+2H_2(g)= Ti+2H_2O(g)$；2—$TiO_2+4K = Ti+2K_2O$；3—$TiO_2+2C = Ti+2CO(g)$；

4—$TiO_2+4Na = Ti+2Na_2O$；5—$3TiO_2+4Al = 3Ti+2Al_2O_3$；6—$TiO_2+2Mg = Ti+2MgO$；

7—$TiO_2+2Ca = Ti+2CaO$；8—$TiCl_4(g)+2H_2(g)= Ti+4HCl(g)$；9—$3TiCl_4(g)+4Al = 3Ti+4AlCl_3$；

10—$TiCl_4(g)+2Mg = Ti+2MgCl_2$；11—$TiCl_4(g)+4Na = Ti+4NaCl$；

12—$TiCl_4(g)+2Ca = Ti+2CaCl_2$；13—$TiCl_4(g)+4K = Ti+4KCl$

而用 Mg 还原 $TiCl_4$ 和真空蒸馏（$Mg+MgCl_2$）均为费时较长的间歇操作，具有生产成本高、工艺烦琐、生产周期长、污染大等缺点。

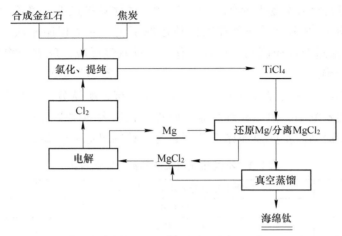

图 2-3 Kroll 法制备金属钛的流程

Ahmadi 等人[4] 提出：Kroll 法生产过程中可以使用中低等级的原料，制备 $TiCl_4$ 的成本可以通过钛铁矿中的 TiN 低温氯化或通过回收聚对苯二甲酸乙二醇酯来降低，进而提高生产效率。

Kasparov 等人[5] 对 Kroll 法进行了改进（ADMA 法），ADMA 法的特点在于将镁热还原和氢化过程相整合，其技术关键在于在还原、相分离、冷却等工序中引入氢气，以降低钛粉的生产成本和能耗。工艺流程为：在 830~880℃ 下、H_2-Ar 气氛中（H_2 分压 5%~10%）用液态镁还原 $TiCl_4$，形成中心具有开放空腔的金属钛块；还原后，将预热至 980~1020℃ 的 H_2 引入反应器中。注入热氢气有利于反应器温度均匀，易于在 850~980℃ 及 26~266Pa 条件下完成 $Mg/MgCl_2$ 与钛的真空分离；蒸馏完成后使冷 H_2 在反应器中流通，实现金属钛可控吸氢，并使钛金属本体的温度降至 600℃ 以下。当温度降至 450~600℃ 时，将多孔钛块在 H_2 气氛中保温 20~70min 使钛完全氢化；向反应器中通入冷惰性气体排净反应器中氢气，并使温度降至 150~200℃；取出多孔氢化钛，破碎并磨至所需尺寸。

为实现 Kroll 法的连续化生产，澳大利亚的 CSIRO 提出 TiRO 法[6]，主要包括两个步骤：还原和蒸馏分离。用金属镁粉在流化床中还原 $TiCl_4$，严格控制流化床温度在镁熔点（650℃）与 $MgCl_2$ 熔点（714℃）之间。还原产物在镁颗粒周边不断沉积，形成由 80%（质量分数）$MgCl_2$ 和 20%Ti 组成的大球形颗粒，直径约 1.5μm 的钛颗粒分散在连续相 $MgCl_2$ 中。还原后，在 750~850℃、压力低于 20Pa 的条件下进行连续真空蒸馏，获得类球形产物，其在蒸馏过程中烧结成较大的团聚体。产物金属钛为多孔结构，氧含量控制较困难。

Vuuren 等人[7] 提出了两步连续镁热还原的 CSIR-Ti 法。$TiCl_4$ 被 Ti 或 Mg 部分预还原形成含 $TiCl_2$ 的 $MgCl_2$ 熔融盐，$TiCl_2$ 被分散于 MgCl 熔融盐中的金属 Mg 进一步还原成金属钛。还原后部分产物用于 $TiCl_4$ 预还原，剩余部分从反应器中分离出来，进行沉降分层和蒸馏处理。所制金属钛颗粒过细，氧含量难控制。

Hansen 等人[8]提出了一种连续镁热还原工艺——气相还原法。该法用氩气将液态 $TiCl_4$ 输送至反应区与金属镁气化产生镁蒸气反应，反应产物为 Ti、$MgCl_2$ 及残留的 Mg 颗粒。这些产物被氩气气流带入静电除尘装置而与氩气分离，最后被收集，经真空蒸馏或湿法浸出将 Mg 和 $MgCl_2$ 与金属钛分离。最终所制的金属钛颗粒在亚微米范围，但颗粒细小难以收集，且较大的比表面积导致表面氧含量高，总氧含量提高。不同热还原工艺制备金属钛的对比见表 2-2。

表 2-2　不同热还原工艺制备金属钛对比

方　法	产物主要杂质含量（质量分数）/%	参考文献
Kroll 法	$O \approx 0.06$	[3]
TiRO 法	$O \geqslant 0.3$、$Cl < 0.03$	[6]
CSIR-Ti 法	$Cl < 5 \times 10^{-4}$、$N < 50 \times 10^{-4}$、$O > 0.2$	[7]
气相还原法	低 Mg 和 Cl 含量，$O \geqslant 0.82$	[8]

b　钠热还原法

钠热还原法简称钠法，是最早用来研究制取金属钛的方法。1887 年 Nilson 和 Petterson 用 Na 还原 $TiCl_4$ 制得钛，纯度为 94.7%。1910 年美国科学家 Hunter 等人将 Na 与 $TiCl_4$ 在钢制真空坩埚中反应，第一次获得纯度为 99.9% 的金属钛，故钠热还原法又称亨特（Hunter）法[9]。Hunter 法以钠为还原剂，其基本原理与 Kroll 法相似，即在惰性气氛中 Na 将 $TiCl_4$ 还原为 $TiCl_2$ 后，再进一步还原为金属钛。但该方法也不能实现连续化生产，Hunter 法的工艺流程如图 2-4 所示。

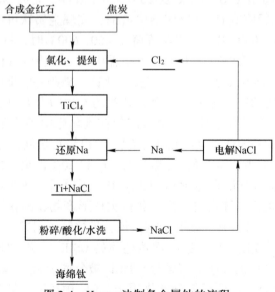

图 2-4　Hunter 法制备金属钛的流程

首先对含钛矿石进行高温氯化处理，使 TiO_2 以高价离子的形式转化为液态 $TiCl_4$，消除钛与空气中的氧、氮发生反应的可能性。然后，将 $TiCl_4$ 和熔融金属 Na 加入反应器中（或将 $TiCl_4$ 逐渐加入盛有熔融 Na 的反应器中），温度控制在 850℃ 以上以保证 Na 和产物 NaCl 在反应过程中均为熔融态。$TiCl_4$ 与 Na 接触时，金属钛在熔池表面开始结晶并沉降。待反应完成后，将金属钛和 NaCl 的混合物从反应器中取出，在室温下破碎至粉状，研磨后进行浸出、洗涤、干燥，得到金属钛。主要反应如下：

氯化： $$TiO_2 + 2C + 2Cl_2 \rightleftharpoons TiCl_4 + 2CO \qquad (2\text{-}4)$$

钠还原： $$TiCl_4 + 4Na \rightleftharpoons Ti + 4NaCl \qquad (2\text{-}5)$$

电解： $$4NaCl \rightleftharpoons 4Na + 2Cl_2 \qquad (2\text{-}6)$$

Armstrong 法又称 Armstrong 钠热还原法[10]，可视为 Hunter 法的一种改进，是连续钠热还原 $TiCl_4$ 的方法。与 Hunter 法不同的是，其将 $TiCl_4$ 气体喷射入流动的金属钠液中，反应在喷嘴出口处立即发生，生成的钛粉被流动的钠液冷却和携带，钛、钠和氯化钠经过滤、蒸馏、洗涤得以分离，获得钛粉产品。

Armstrong 法的工艺流程为：将熔融 Na 泵入反应器与气态 $TiCl_4$ 相遇并连续反应，生成的金属钛和 NaCl 被流动的熔融 Na 带出反应区；产物中未参与反应的熔融 Na 经高温过滤、蒸馏分离返回，产物经水洗等获得金属钛，产品为具有微孔的小海绵状。与 Hunter 法相比，Armstrong 法解决了不能连续化生产的难题，曾备受关注并获得大量投资，但其氧含量进一步降低及成本问题还需关注。

Chen 等人[11] 采用该法制备的金属钛质量分数为：O $0.12\% \sim 0.23\%$、N $0.009\% \sim 0.026\%$、C 0.013%、Fe 0.012%。在 Armstrong 法的生产装置中，如果于 $TiCl_4$ 气体中同时注入其他金属的氯化物，则可以制得钛合金粉。Chen 等人将 Armstrong 法应用于 Ti-6Al-4V 合金粉末的制备并取得了良好的效果。

c 钙热还原法

OS 法生产钛工艺原理是在装有 $CaCl_2$ 熔盐的同一个容器中实现 CaO 的电解与 TiO_2 的钙热还原。副产的 CaO 在 $CaCl_2$ 熔盐中进行电解重新获得金属还原剂 Ca，这是一种可连续生产海绵钛的节能工艺[12-13]。

以石墨为阳极，纯钛或不锈钢为阴极，用熔融的 $CaCl_2$ 与金属 Ca 组成反应介质，TiO_2 粉末从反应槽上部加入，在阴极附近被金属 Ca 还原成金属钛并生成 CaO。OS 法认为金属 Ca 先溶解于 $CaCl_2$ 熔盐介质中，再与 TiO_2 发生还原反应：

$$2Ca + TiO_2 \rightleftharpoons Ti + 2CaO \qquad (2\text{-}7)$$

生成的 CaO 在 $CaCl_2$ 熔盐中具有较大的溶解度，因此 $CaCl_2$-CaO-Ca 三元体系为均相溶液。当在两电极之间施加 3.0V 电压（高于 CaO 的分解电压而又低于 $CaCl_2$ 的分解电压），电解 CaO 可得到所需要的金属还原剂 Ca：

$$2CaO \rightleftharpoons 2Ca + O_2 \qquad (2-8)$$

经电解、还原后，海绵钛颗粒沉积于电解槽的底部，被间断取出。OS 法的理论电耗约为 Kroll 工艺中 $MgCl_2$ 电解制 Mg 的一半。与 Kroll 法相比，OS 法的优点在于 TiO_2 不需要经过氯化工序处理而直接用于金属热还原，而且式（2-7）和式（2-8）是在同一反应器内同时进行，能实现连续化生产；其缺点在于还原产物 Ti 沉积在反应槽底部，需要定期进行分离，而且产物与熔盐介质的分离也比较困难。

Park 等人[14]发现金属热还原过程中不仅发生传质控制的化学反应，还伴有电子转移的电化学反应，从而提出了导电体介入还原法（electronically mediated reaction，EMR）。EMR 法是基于熔盐化学和电化学原理的热化学还原法，原料 TiO_2 和还原剂放入 $CaCl_2$ 熔盐介质中，但两者并不直接接触，升温后仍可检测到还原反应发生。TiO_2 被还原剂金属合金释放的电子还原，由于两者不直接接触，因此产物钛不被污染。利用导电的熔盐介质通过可控原位沉积反应可获得纯度 99.5% 的金属钛粉末，为连续化生产金属钛或钛粉提供了一条新思路，但生成的金属钛与熔盐分离较困难，且整个工艺过程较复杂。

杨斌团队[15]将粒径小于 150μm 的二氧化钛和不同造孔剂（石墨、淀粉和柠檬酸）粉末按不同比例混合均匀，加压成型，并烧结至设定温度后保温 3h，得到多孔钛氧化物烧结体。在真空度为 5~20Pa，反应温度为 1000℃ 的条件下，多孔钛氧化物与钙蒸气进行充分还原反应，10h 后即可得到具有一定孔结构的金属钛。随着造孔剂含量的增加，多孔 TiO_2 的孔隙率也随之增加，所得多孔钛表面孔增多，结构更加疏松；不同种类造孔剂制备出的多孔 TiO_2 的孔隙率大小不同（柠檬酸>淀粉>石墨）；烧结温度在 800~1100℃ 时，样品的孔隙率先增大后减小；淀粉为造孔剂时，孔分布更加均匀。

Okabe 等人[16]提出了预成型还原（PRP）法。Okabe 等人认为气态金属还原 TiO_2 能大大减少反应物对目标产物的污染，但在试验中却发现金属钙蒸气还原 TiO_2 粉末时存在许多问题，如当 TiO_2 粉量大时，下层的物料难以被还原完全，而且衬底对产物的污染也较为严重。因此，他们提出了 PRP 工艺，即先将 TiO_2 粉末、助焊剂（$CaCl_2$、CaO）、黏结剂（火棉胶）等混合预制成一定的形状，于 800℃ 下烧结成型，然后置于不锈钢容器内于 800~900℃ 用金属钙蒸气进行热还原反应，得到的金属钛留在反应后的预制品中，通过浸出和真空干燥可以得到钛含量为 99% 的钛粉。该工艺的优点是反应物与产物不直接进行物理混合，因此易于分离，有利于提高产物的纯度，而且通过控制预制品的形状和助焊剂的比例可以得到粒径均匀的钛粉；但该方法是间歇性操作、还原率低、成本高，尚处于实验室研究阶段。

万贺利[17]在 PRP 法的基础上进行了工艺改造，在密闭体系中用钙蒸气还原 TiO_2 制备钛粉，得到了纯度高于 97% 的金属钛粉。该法与 PRP 法技术原理相同，操作上将 $CaCl_2$ 与 TiO_2 混合压块后直接还原，不进行常压烧结，采用自制反应器，无需气体保护焊，不用海绵钛吸附密闭体系中的氮和氧，操作过程简化。

d 铝热还原法

铝作还原剂，在高温高真空条件下，可将 TiO_2 还原为金属钛。反应见式 (2-9)，但还原过程中生成的钛会与铝生成稳定的金属间化合物（$TiAl_3$ 和 $TiAl$），并且会生成低价氧化钛（Ti_2O_3、TiO）与 Al_2O_3 形成固溶体，TiO_2 不易完全还原。因此，工业生产中尚未采用铝热还原法生产纯钛，用来生产 Ti-Al 合金时，产品中氧含量高达 4%~6%。

$$3TiO_2 + 4Al \Longrightarrow 3Ti + 2Al_2O_3 \tag{2-9}$$

金属钛也可通过热化学还原钛酸盐制得，以氟钛酸盐（K_2TiF_6）为主。早在 1907 年有学者提出了铝热还原 K_2TiF_6，并制得了含钛 9.4% 的 Ti-Al 合金。此后 Jonas 等人[18]采用该方法制得了钛含量 0.1%~95% 的钛铝合金。王武育[19]研究了以 K_2TiF_6 为含钛原料经铝热还原制取金属钛。他们先以氢氟酸（HF）浸出偏钛酸（H_2TiO_3），再用 KOH 进行中和来制取中间原料 K_2TiF_6，然后以铝锌合金为还原剂（其中锌为载体），采用类似于 Kroll 工艺的还原—蒸馏工艺制备得到 Ti 含量为 97% 的海绵钛。陈学敏等人[20]则以铝锌合金和铝镁合金为还原剂对 K_2TiF_6 进行热还原，所得海绵钛的 Ti 含量分别为 98.67% 和 99.2%。与氯化法相比，氟钛酸盐法制取金属钛的工艺较为简单，而且氟盐中的钛不易被氧等杂质污染，但所得产品纯度不够高，杂质分离工序尚需进一步研究和改进。

B 非金属热还原法

a 氢气还原法

在 750~1000℃ 的氢气流中，TiO_2 与氢气反应生成 Ti_2O_3，而在 2000℃ 的高压（13~15MPa）氢气中反应会生成 TiO。氢气还原生成金属钛的反应是可逆反应，见式 (2-10)，只有在高温且过量氢气不断通入移去生成的水蒸气的条件下，反应才向着生成金属钛的方向进行。

$$TiO_2 + 2H_2 \Longrightarrow Ti + 2H_2O \tag{2-10}$$

一般将 TiO_2 粉末加入等离子流中，在高温下变为液滴，氢等离子与它对流接触，把 TiO_2 还原为金属钛液滴，冷却收集到固体金属钛。用纯 TiO_2 为原料，以氢气和氩气作为工作循环气体，在 3000℃ 左右的等离子中进行小型实验，制备出纯度为 99.8% 的金属钛。

b 氢化物还原法

犹他大学方志刚等人提出了氢化镁（MgH_2）还原含钛矿物的氢辅助还原工

艺。即在熔盐介质中利用 MgH_2 还原二氧化钛制备 TiH_2，再利用湿法纯化 TiH_2 以制备金属钛，其反应原理为：

$$TiO_2 + 2MgH_2 \rightleftharpoons TiH_2 + 2MgO + H_2(g) \qquad (2-11)$$

根据式（2-11），使用 MgH_2 与钛渣反应形成 TiH_2 时，钛与渣中的其余化合物可进行化学分离。之所以选择性制备 TiH_2，是为了避免还原的金属钛与其他金属形成合金造成分离难的问题。此外，相比金属镁，MgH_2 的独特之处在于当氢气压力不大于 1atm（101325Pa）时，MgH_2 会在 300~400℃ 之间脱氢。金属镁在低于其熔点的温度下具有异常高的蒸气压。因此，当反应在大约 500℃ 和 101325Pa 的氢气压力下进行时，气相 Mg 的大量存在可以显著改善反应动力学。

Borok[21] 提出用金属氢化物直接还原 TiO_2 的金属氢化物还原（metal hydride reduction，MHR）法。MHR 法是在 1100~1200℃ 下用 CaH_2 还原 TiO_2 得到钛粉，其反应为：

$$TiO_2 + 2CaH_2 \rightleftharpoons Ti + 2CaO + 2H_2(g) \qquad (2-12)$$

MHR 法缩短了提取钛的工艺流程，产物为粉末钛。因不用 $TiCl_4$ 作中间产物，故钛粉末中无氯化物杂质并且氧含量可低至 0.1%。钛粉中氢含量比较高（0.4%），但通过真空烧结及退火处理很容易将氢含量降至 0.001%。CaH_2 活性较高，极易与空气中的氧和水发生反应而变质。

c　碳热还原法

以 TiO_2 为原料，真空碳热还原制备 Ti 的可行性一直被广泛研究，其基本反应见式（2-13）：

$$TiO_2 + C \rightleftharpoons Ti(s) + CO_2(g) \qquad (2-13)$$

杨斌团队的研究结果表明[22]，当体系压力为 10Pa，还原温度低于 1400℃ 条件下，还原产物主要为 TiC、TiO 及 Ti_2O_3，并没有金属钛生成。随着温度的继续升高，TiO_2 发生由 $TiO_2 \rightarrow Ti_3O_5 \rightarrow Ti_2O_3 \rightarrow TiO(TiC)$ 的还原过程。东北大学冯乃祥等人[23] 对碳热还原 TiO_2 工艺进行了低温段（低于 1200℃）的实验研究。结果表明碳热还原 TiO_2 在低于 1200℃ 时不能产生金属 Ti，还原产物为一系列钛的低价氧化物，提高还原温度，可获得 TiO 结晶。随着还原温度、保温时间及还原剂配比的升高，还原过程中 TiO_2 遵循逐级还原理论，反应过程为 $TiO_2 \rightarrow Ti_6O_{11} \rightarrow Ti_4O_7 \rightarrow Ti_3O_5 \rightarrow Ti_2O_3 \rightarrow TiO$。

2.1.2.2　电解法

A　电脱氧法

FFC 剑桥法[24-27] 是一种直接从 TiO_2 中电解提取金属钛的方法，具有绿色、低成本、短流程等特点。FFC 法以 TiO_2 为阴极，石墨为阳极电解制取金属钛，实现了金属钛的短流程电解制备。该方法的电解质是 $CaCl_2$，其电解反应如下：

阳极反应： $$C + xO^{2-} \longrightarrow CO_x + 2e \tag{2-14}$$

阴极反应： $$TiO_2 + 4e \longrightarrow Ti + 2O^{2-} \tag{2-15}$$

总反应式： $$xTiO_2 + 2C \longrightarrow xTi + 2CO_x \tag{2-16}$$

FFC 法优点在于直接使用 TiO_2 为原料，缩短了工艺流程，且无污染性气体产生。FFC 法提出后，立即引起世界冶金、材料研究者及产业界的普遍关注，并将该法扩展用于钒、铬、硅等其他金属和半金属的制备。其缺点主要是电流效率低，原因在于作为阳极的石墨与氧离子结合生成了碳氧化物，碳氧化物的电解造成了电流损耗。基于 FFC 法原理，翟玉春等人[28]以石墨固定的 TiO_2 粉末为阴极，石墨棒为阳极，于 800℃ 的 NaCl-CaCl$_2$ 混合熔盐中电解制备了金属钛。电化学研究结果表明 TiO_2 的电化学还原分 4 步：$TiO_2 \rightarrow Ti_3O_5$、$Ti_3O_5 \rightarrow Ti_2O_3$、$CaTi_2O_4 \rightarrow TiO$ 和 $TiO \rightarrow Ti$，前两步都伴随 $CaTiO_3$ 与 $CaTi_2O_4$ 的自发形成。

有研究者发现低成本的 TiO_2 前驱体有助于降低 FFC 工艺的商业应用成本。从廉价的 TiO_2 原料（包括二氧化钛粉尘、偏钛酸和富钛渣）中获得钛，在 900℃ 的熔融 $CaCl_2$ 中通过恒压电解（2.9~3.1V），成功地将前驱体的多孔颗粒（直径约 20mm，厚度 2.0~3.0mm）还原为钛金属或合金。电流效率取决于电解时间和球团厚度。电流效率随电解时间的延长而降低，对于 2mm 厚的 TiO_2 颗粒，电流效率从电解前 5h 的 40% 降低到 12h 的 20%。

卢姣[29]以 FFC 法为基础，在 TiO_2 粉末中掺入 TiO 粉末，经混匀、压制成型、烧结得到阴极（分别用铜篮、钼篮、钛篮作为阴极载体）。将 $CaCl_2$ 熔盐在 900℃、3.2V 的条件下预电解 2h 后，把制备好的阴极置入熔盐，在氩气保护条件下于 3.2V 时电解一定时间即可得到金属钛。TiO 的掺入提高了阴极片的电导率，缩短电解过程，有利于电解还原进行。研究发现：当掺入 TiO 量约为 9% 时，电解还原效果最好。

武汉大学团队采用 FFC 法，在 950℃ 的氯化钙熔盐中，3.0V 恒电压电解 TiO_2-Al_2O_3-C 制备了层状结构的 Ti_2AlC 和 Ti_3AlC_2 化合物。作为提钛原料的 TiO_2，通常是从含钛渣中分离制取。钛渣实质上也是一种多金属氧化物，上海大学团队直接以钛渣为原料，通过电脱氧工艺制备了 Ti_3SiC_2。

电解池参数影响电流效率。研究表明，降低电解池内电场强度可大大提高电解池的电流效率。高背景电流主要由电解池的电导率引起。改进后的电解槽避免了阴极的污染，大大减少了阳极的耗量，有效提高了样品的脱氧性能。FFC 法采用绝缘或导电性差的 TiO_2 为阴极，电化学还原反应仅能在三相界线处进行。电化学极化和离子-电子传输的有效控制对 FFC 工艺极为关键。显著影响电化学还原效果的因素包括电解温度、电解电压、电解时间及固态 TiO_2 阴极的孔隙结构等。

(1) 电解温度。对于电解过程,增加温度可降低电化学极化、加快反应速度。同时,电解质黏度降低,导电性增大,离子传输加快,有利于降低电耗,提高电解电流效率。另外,电解温度的选取还需要考虑熔盐电解质的熔点及其稳定性。目前,FFC 工艺基本采用 $CaCl_2$ 作为熔盐电解质,其熔点为 772℃。为了使熔盐具有良好的导电性、低的黏度和快速的离子传输,通常需要在高于熔点数十度的温度下进行电解。FFC 工艺的电解温度范围一般为 800~950℃。尽管该温度远低于 $CaCl_2$ 的沸点,但由于 $CaCl_2$ 具有高的蒸气压,随温度升高,$CaCl_2$ 熔盐将发生明显的挥发,从而堵塞反应器气体出口,腐蚀电解设备。同时,为避免氧污染金属钛产物或加速熔盐挥发,FFC 电解过程不能在空气或真空条件下进行。

(2) 电解电压。对于 FFC 工艺,通常是采用两电极恒电压电解。电压必须达到某一临界值才能将金属氧化物电化学还原为金属钛,并且电压越高,电解速率越快,金属钛还原度越大。然而,电压过高又会造成熔盐电解质分解。也就是说,FFC 法电解钛的电压必须低于采用的熔盐电解质的理论分解电压。

(3) 电解时间。电解时间是一个重要的参数,特别是对电解产物的含氧量有显著影响。例如:对于活泼性较低的 Cr 和 Fe,1~3g 的金属氧化物,电解时间通常低于 10h。然而,对于活泼性较高的 Ti,电解时间需要明显延长。由于存在较高的背景电流,长时间电解将降低电流效率。例如:对于 1~2g 的固态 Cr_2O_3,950℃和 2.8V 下,电解 6h,氧含量可降低至 0.2%,并且电流效率高于 75%。然而,对于相似的 TiO_2 固态阴极,长时间电解时电流效率降到 15% 以下。因此,为了提高电解速率,缩短电解时间可提高金属化率,对调节金属/氧化物摩尔体积比和阴极结构十分关键。

(4) 孔隙率。在固态 TiO_2 电脱氧过程中,氧离子在固态阴极中的扩散速度是控制步骤。因此,提高氧化物的孔隙率可以增大三相界线,从而加速氧离子扩散,提高氧化物还原速度。在 TiO_2 成型过程中,添加造孔剂(如炭粉、CaO、NH_4HVO_3 等)、减小成型压力或者降低烧结温度均可使固态阴极孔隙率提高。如以 NH_4HVO_3 为造孔剂,可达到最佳的孔隙率范围为 60%~70%,通过两步槽压电解法,可以电解获得氧含量低于 0.2% 的金属钛。另外,减小 TiO_2 固体片厚度,可以缩短氧离子扩散距离,也是提高电解速率和效率的有效手段。然而,厚度降低或孔隙率过大,TiO_2 的真实质量减小,会造成生产效率降低。

SOM 法是从金属氧化物中提取金属的一种绿色环保的方法[30]。其原理为:将含钛氧化物矿溶于熔点低、TiO_x 溶解度大的熔盐体系,熔盐电解质体系可由 MCl_m-MF_m-TiO_x(M 可以为 Na、Ca、K 等)组成。控制参与电解反应的带电离子,使得参与电解反应的是 TiO_x 而不是其他物质。鲁雄刚团队[31]将 SOM 技术用于从钛氧化物中电解提取海绵钛和钛铁合金。其将钛氧化物溶解在 1200~

1400℃ 的 $CaCl_2$-CaF_2 熔盐中，以表面覆盖氧渗透膜的多孔金属陶瓷为阳极，石墨为阴极，可传导氧离子的固体透氧膜把阳极和熔盐电解质隔离，电解时在阳极通入氢气，发生反应如下：

阳极：
$$O^{2-} + 2H^+ \Longrightarrow H_2O \qquad\qquad (2\text{-}17)$$

阴极：
$$Ti^{n+} + ne \Longrightarrow Ti \qquad\qquad (2\text{-}18)$$

SOM 法的优点在于所用原料可以是 TiO_x，有利于对矿产资源的综合利用。而且在阳极通入氢气，产物为氧气和水蒸气，不污染环境，其缺点是透氧膜在高温熔盐中使用寿命短，需要经常更换，并且多孔金属陶瓷涂层的制备尚需进一步研究和优化。

B 可溶阳极电解法

USTB 法是一种可溶性阳极制备金属钛的新工艺[32-33]，其机理如下：

阳极反应：
$$TiC_xO_y - ne \longrightarrow Ti^{n+} + xCO + (y - x)/2O_2 \qquad (2\text{-}19)$$

阴极反应：
$$Ti^{n+} + ne \longrightarrow Ti \qquad\qquad (2\text{-}20)$$

USTB 法严格控制 TiO_2 和 C 的比例，即将碳或碳化钛和二氧化钛粉末按化学反应计量比混合压制成型，进一步烧结或熔铸制成具有金属导电性的 $TiC_{0.5}O_{0.5}$ 固溶体阳极。其中，$x:y$ 严格控制在 $1:1$，即钛碳氧可看作 TiC 和 TiO 的固溶体。然后，以碱金属或碱土金属氯化物为熔盐电解质，在一定温度下进行电解，钛以低价离子形式溶解进入熔盐中，并在阴极电沉积为金属钛，阳极所含碳、氧则形成 CO 或 CO_2 气体排出。USTB 法可获得高纯度的金属钛粉，达到国家一级标准，并且阴极电流效率可高达 89%。USTB 法突出的优点是电解过程可以连续进行、没有阳极泥产生、工艺简单、成本低、无污染。目前，USTB 法已实现了半工业化生产，在未来有望实现规模化工业应用。

在 USTB 法钛冶炼过程中，阴极钛产物结构和电流效率是电解过程调节的两个重要方面。金属钛纯度与阴极沉积物的结构形貌（如颗粒尺寸、致密性等）密切相关。一般来说，细小的颗粒容易造成阴极产品中氧含量较高；阴极沉积物颗粒尺寸大、结构致密，可降低熔盐夹杂率和杂质含量。同时，在电解后产物清洗等后续处理中，引入杂质的概率大大降低。因此，如何调节获得大颗粒、致密沉积钛是 USTB 电解工艺获得高质量钛产品的关键和难题。另一方面，为了提高电解速率和效率，降低电耗和提高产量，要求具有高的电沉积电流效率。

美国材料与电化学研究公司（Materials and Electrochemistry Research Co., Ltd.）提出了阳极溶解电解还原法制取金属钛（简称 MER 法）。该工艺将金红石与碳粉烧结成型作为可溶性阳极，以碳钢作为阴极，在 800℃ 的 NaCl-KCl 熔盐中进行电解制取金属钛。这两种工艺都是采用可溶性阳极电解还原制取金属钛，不同的是，MER 工艺的可溶性阳极为二氧化钛或钛的低价氧化物。

C 直接电解法

熔盐电解法制备金属钛的技术研发工作已经开展了很多年。鉴于熔盐电解工艺在冶炼金属铝产业中的大规模应用，许多钛冶金学家开始借鉴该思路研究钛的新冶炼工艺，这使得熔盐电解制取金属钛的研究有了较快的发展。同时，在熔盐体系下研究钛离子的电化学行为等也得到了迅猛开展及推进。在各种新型冶炼工艺中，熔盐电解制取金属钛被认为是最有可能替代传统镁热还原法的工艺。

早在 20 世纪 60 年代，研究人员尝试对钛酸盐进行电解。相关研究以石墨为阳极，不锈钢为阴极，在 650~710℃ 的 $NaCl$-KCl-K_2TiF_6 熔盐体系中电解得到金属钛。该研究认为氟钛酸盐的电解还原分为两步：第一步是 Ti^{4+} 还原为 Ti^{3+}，第二步是 Ti^{3+} 还原为金属钛。

$$K_2TiF_6 + NaCl =\!=\!= K_2NaTiF_6 + 1/2Cl_2 \tag{2-21}$$
$$K_2NaTiF_6 + 5NaCl =\!=\!= Ti + 6NaF + 2KCl + 3/2Cl_2 \tag{2-22}$$

Lantelme 等人[34]的电化学研究结果也表明 KCl-$NaCl$-NaF 熔盐中，K_2TiF_6 的电化学还原分为 $Ti^{4+}+e \rightarrow Ti^{3+}$ 和 $Ti^{3+}+3e \rightarrow Ti$ 两步。美国的道屋·豪迈特钛公司（Dow Homet Titanium Co., Ltd.）为避免低价钛离子在阳极放电，采用装有涂钴隔膜的隔膜电解槽进行 $TiCl_4$ 熔盐电解试验，其电流效率达到 77%。北京科技大学设计的一种篮筐式电解槽，可提高 $TiCl_4$ 的加料速度，使电流效率达到 73.5%[35]

邱淑贞等人[36]在 1050℃ 下研究了 Na_3AlF_6-0.5%TiO_2 熔盐中钛在石墨电极上的沉积。研究表明钛是一步沉积过程，即 $Ti^{4+} \rightarrow Ti$。Devyatkin 等人[37]在 1027℃ 的 Na_3AlF_6-Al_2O_3-TiO_2 熔体中研究了钛在 Pt 电极上的沉积过程：$Ti^{4+} \rightarrow Ti^{3+} \rightarrow Ti$。Qin 等人[38]采用循环伏安法和计时电流法研究了 1050℃ 下 Na_3AlF_6-TiO_2 熔盐中 Ti^{4+} 在石墨电极和铝电极上的还原机理，表明 Ti^{4+} 在石墨电极上的还原是两步可逆过程，即 $Ti^{4+} \rightarrow Ti^{2+} \rightarrow Ti$；相比之下，由于欠电位沉积，$Ti^{4+}$ 在铝电极上的还原是一步过程，即 $Ti^{4+} \rightarrow Ti$。Sun 等人[39]通过循环伏安法和计时电流法发现：在 Na_3AlF_6-AlF_3-TiO_2 熔体中，Ti^{4+} 在钨电极上的电化学还原是两步过程，即 $Ti^{4+} \rightarrow Ti^{2+} \rightarrow Ti$。

Chassaing 等人[40]研究了在 700℃ 时 $TiCl_3$ 在熔融 $LiCl$-$CsCl$-$LiCl$-KCl 熔盐中的电化学行为。研究以 $Ag/AgCl$ 作为参比电极，镍丝作为工作电极。结果表明，Ti^{3+} 还原包括两个步骤：$Ti^{3+} \rightarrow Ti^{2+} \rightarrow Ti$，即 Ti^{3+} 首先在 -1.6V 下还原为 Ti^{2+}，Ti^{2+} 在 -2.1V 下还原为金属钛。Ferry 等人[41]通过脉冲技术和交流阻抗测量研究了 Ti^{2+} 在 $LiCl$-KCl 共晶熔体中的电化学行为。得出 $Ti^{3+} \rightarrow Ti^{2+}$ 是准可逆的，而 $Ti^{2+} \rightarrow Ti$ 是不可逆的。Chen 等人[42]以 $Ag/AgCl$ 作为参比电极、铂丝作为工作电极研究了 K_2TiF_6 在 700℃ 下 $NaCl$-KCl 熔体中的电化学性质。结果表明，Ti^{4+} 的还

原过程为：$Ti^{4+} \rightarrow Ti^{3+} \rightarrow Ti^{2+} \rightarrow Ti$。Lantelme 等人[43-44]研究了 NaCl-KCl 熔体中 $TiCl_4$ 在钨电极上的还原，得出了类似的结果。

宁晓辉等人[45]利用循环伏安法、计时电位法和方波伏安法研究了 $TiCl_2$ 在 750℃NaCl-KCl 熔体中的电化学行为。结果表明，Ti^{2+} 在钨丝上的还原是单步骤扩散控制的过程，在 900℃的 $CaCl_2$-5.0%$TiCl_2$ 熔体中可电解产生 0.24%氧含量的金属钛[46]。循环伏安法、计时电位法和方波伏安法的研究结果证明，在玻璃碳电极上还原 Ti^{2+} 也是一个单步骤扩散控制的过程。此外，在不同电流密度（0.1~0.9A/cm²）下，钛沉积的阴极电流效率在 23.74%~64.40%之间。焦树强等人[47]采用循环伏安法、计时电位法和方波伏安法研究了 $TiCl_3$ 在 750℃下 NaCl-2%CsCl 熔体中的电化学行为。结果表明，Ti^{3+} 在钨丝上的还原是一个不可逆的两步扩散控制过程：$Ti^{3+} \rightarrow Ti^{2+} \rightarrow Ti$，$Ti^{3+}$ 在 750℃时的扩散系数为 10.8×10^{-5} cm²/s。采用恒流电解法在 NaCl-2%CsCl-$TiCl_3$ 体系中得到了金属钛。不同熔盐体系中钛离子还原机理见表 2-3。

表 2-3　不同熔盐研究还原机理对比

熔　盐	工作电极	还原机理	参考文献
Na_3AlF_6-TiO_2	石墨棒	$Ti^{4+} \rightarrow Ti$	[36]
Na_3AlF_6-$CaTiO_3$	Pt	$Ti^{4+} \rightarrow Ti$	[37]
Na_3AlF_6-Al_2O_3-TiO_2	Pt	$Ti^{4+} \rightarrow Ti^{3+} \rightarrow Ti$	[37]
Na_3AlF_6-TiO_2	Al	$Ti^{4+} \rightarrow Ti^{2+} \rightarrow Ti$ $Ti^{4+} \rightarrow Ti$	[38]
Na_3AlF_6-AlF_3-TiO_2	W	$Ti^{4+} \rightarrow Ti^{2+} \rightarrow Ti$	[39]
LiCl、CsCl、LiCl-KCl-$TiCl_3$	Ni	$Ti^{3+} \rightarrow Ti^{2+} \rightarrow Ti$	[40]
LiCl-KCl-$TiCl_3$	W	$Ti^{3+} \rightarrow Ti^{2+} \rightarrow Ti$	[41]
NaCl-KCl-K_2TiF_6	Pt	$Ti^{4+} \rightarrow Ti^{3+} \rightarrow Ti^{2+} \rightarrow Ti$	[42]
NaCl-KCl-$TiCl_4$	W	$Ti^{4+} \rightarrow Ti^{3+} \rightarrow Ti^{2+} \rightarrow Ti$	[43, 44]
NaCl-KCl-$TiCl_2$	W	$Ti^{2+} \rightarrow Ti$	[45]
$CaCl_2$-5%$TiCl_2$	石墨棒	$Ti^{2+} \rightarrow Ti$	[46]
NaCl-CsCl-$TiCl_3$	W	$Ti^{3+} \rightarrow Ti^{2+} \rightarrow Ti$	[47]

2.2　金属钛的提纯

高纯钛通常指纯度在 99.95%（3N5）以上的金属钛，但经过上述制备方法得到的钛纯度一般在 99%左右，含有较高的 O、N、C 等金属杂质。若进一步除杂得到高纯度的金属钛，需要对钛进行提纯精炼处理。高纯钛的提纯方法分为化学提纯和物理提纯两大类，使用化学提纯方法时会结合物理提纯方法。常用到的高纯钛提纯方法有电解精炼法、碘化法、电子束熔炼法、区域熔炼法、光激励精炼法和离子迁移法等。

2.2.1　熔盐电解精炼法

钛的熔盐电解精炼研究的历史较长，始于 20 世纪 60 年代。其基本原理是利用钛和杂质之间的电位差，导致其在阳极、熔盐和阴极产物中发生不同的转化迁移行为，从而达到钛精炼提纯的目的。以可溶性的粗金属钛为阳极，电解过程中，溶出电位比钛高的杂质将留在阳极上，溶出电位比钛低的杂质将溶入电解质中，Ti^{3+} 和 Ti^{2+} 在阴极上还原经过 $Ti^{3+} \rightarrow Ti^{2+} \rightarrow Ti$ 或 $Ti^{2+} \rightarrow Ti$ 的反应过程，并在阴极上沉积粉状或枝晶状高纯钛。

钛的熔盐电解精炼以碱金属或碱土金属卤化物为熔盐电解质。选择熔盐作为电解质有很多独特的优点：（1）熔盐具有良好的导电性能，作为电解质时可以减小电能的欧姆损失；（2）使用温度较高、电解质中离子迁移速度快、电化学反应迅速，可在较高电流密度下进行电解；（3）具有较宽的电化学窗口，适于电位较负的钛离子电化学还原。熔盐电解常用的卤化物熔盐化合物有 NaCl、KCl、LiCl、$MgCl_2$、$CaCl_2$ 等。然而，单组分熔盐熔点高，需要的电解温度也相应较高。因此，在实际电解精炼过程，一般采用含低价钛离子（$TiCl_2$ 和 $TiCl_3$）的复合氯化物熔盐，如 NaCl-KCl、LiCl-KCl、NaCl-KCl-$MgCl_2$ 等，以降低电解温度，节省能耗。通常钛熔盐电解精炼温度控制在 500~1000℃。

为找到电解法制取钛的最佳条件，以粗钛为阳极，LiCl-KCl、NaCl-$TiCl_2$ 或 NaCl-K_2TiF_6 为电解质，在密闭电解槽中电解沉积钛晶体。在 850℃ 下，钛离子浓度为 5% 的 NaCl 熔盐中，对含杂质 O、N、H、Fe（分别为 0.91%、0.42%、0.016% 和 0.38%）的钛废料进行电解精炼，得到了纯度较高的金属钛。日本研究人员发明了一种可连续熔盐电解精炼高纯钛工艺，电解过程中可通过阳极加料窗口不断加入粗海绵钛，然后由 $TiCl_4$ 加料管通入定量的 $TiCl_4$ 实现连续电解。Chassaing 等人[48]研究了不同的熔盐对 Ti 析出电位的影响，表明电解质中不同的阳离子强烈地影响钛的析出电位。Polyakova 等人[49]对 NaCl-KCl-K_2TiF_6 熔盐中电解钛的基本原理进行了研究，并制取了高纯钛。

宋建勋等人[50-51]通过控制氟离子的加入量调配电解质成分发现，当氟钛比例控制在 2.0~8.0 之间，以海绵钛、废钛靶等为原料电解精炼高纯钛，电解的电流效率可达 85%，产品稳定在 99.995% 级以上；设计电解质中碱金属或碱土金属氯化物的比例，在以 LiCl、$MgCl_2$ 为主体的熔盐中电解精炼高纯钛可降低能耗 7%~10%，产品达到 99.995% 级以上。同时，提出了基于离子络合的亚稳态高温熔盐电解精炼高纯钛的方法。在亚稳态高温熔盐中，钛离子以络合离子的形式存在，亚稳态络合离子的存在可以减小钛离子歧化反应造成的电耗损失。在亚稳态熔盐中电解精炼得到高纯钛，其纯度可以实现 99.995% ~ 99.999% 的要求，电解效率大于 90%。

焦树强等人[52]在温度为 900℃，阴极电流密度为 0.05 ~ 0.80A/cm² 的条件下，以海绵钛为阳极，纯钛板为阴极，钛离子质量分数为 3% ~ 8% 的 CaCl₂-TiCl₂ 熔盐作电解质，电解制备了高纯钛。同时，研究了阴极电流密度和钛离子质量分数对阴极电流效率和产物中杂质含量的影响，确定了最佳精炼条件为：阴极电流密度为 0.50A/cm²、钛离子质量分数为 6%、电解温度为 900℃。原料钛的纯度约为 98.65%，经优化条件电解后钛的纯度可提高至 99.95%。

袁铁锤等人[53-54]以海绵钛为原料，在 NaCl-KCl-TiClₓ 熔盐中电精炼制备高纯钛粉，并研究了电解过程中钛的价态、杂质含量和电结晶类型。在电解前期、中期和后期，钛的价态主要为 +4 价、+3 价和 +2 价。电解过程中杂质 Si、Cr、Mn、Al 的含量变化不大，Fe、Cu、Ni 的含量明显降低，而 O、N、H 的含量明显增加。提高电解温度、延长电解时间可增大钛颗粒尺寸。电沉积的钛不是单晶，而是含有许多纳米结构的晶粒和亚晶粒，晶粒尺寸为 100 ~ 500nm。此外，电解温度、加料温度、可溶钛浓度及阴极电流密度等都对阴极产品杂质含量有影响：在较高温度下加料并电解可获得杂质含量低的产品，通过控制钛浓度和阴极电流密度可获得不同形貌和纯度的阴极产品。

2.2.2 碘化法

碘化法是生产高纯钛的方法之一，其发展经历了传统碘化法和新碘化法两个阶段。碘化法利用碘能够与钛反应但几乎不溶于钛的特性，钛在低温区和高温区与卤化剂发生可逆反应，而杂质元素在该温度区间不参与卤化反应或者分解反应，从而达到杂质分离的目的。

传统碘化法把纯度较低的钛原料（粗钛）与单质碘一起充填于密闭容器中，在一定温度下发生碘化反应，生成 TiI₄，再把 TiI₄ 通入加热的钛细丝上进行热分解反应，析出高纯钛，游离的碘再扩散到碘化反应区，继续进行反应。反应机理如下：

$$Ti(粗) + 2I_2 \longrightarrow TiI_4 \qquad (200 ~ 400℃) \qquad (2-23)$$

$$TiI_4 \longrightarrow Ti(高纯度) + 2I_2 \qquad (1300 ~ 1500℃) \qquad (2-24)$$

传统碘化法可以生产出高纯钛，在工业生产中有着重要的地位。但是，传统碘化法存在以下问题：（1）分解反应通过 TiI₄ 和 I₂ 的相互扩散进行，扩散速度低、钛析出速度慢、反应速度慢（仅约 0.01μg/s）、副反应严重，易产生 TiI₃ 和 TiI₂，阻碍了钛的析出，降低了反应速度和生产率；（2）由于是通电加热，沉积层导致电加热丝电阻变化，致使温度控制困难，甚至导致加热丝熔断；（3）反应在密闭、高温条件下进行，容易受到来自反应容器的污染。

新碘化法一次操作可得到 200kg 以上的产品，产出纯度达到 99.9999% 级的高纯钛。其基本原理是将气化的 TiI_4 通入反应容器内把粗钛还原成低级的 TiI_2，TiI_2 再在沉积表面被加热分解，同时除去过剩的碘化物，使反应连续进行，最后析出高纯钛。反应机理如下：

$$Ti(粗) + TiI_4 \longrightarrow 2TiI_2 \qquad (700 \sim 900℃) \qquad (2-25)$$

$$2TiI_2 \longrightarrow Ti(高纯度) + TiI_4 \qquad (1100 \sim 1300℃) \qquad (2-26)$$

与传统碘化法相比，新的碘化法降低了分解温度（约 200℃），使工艺变得简单。此外，新的碘化法还有以下优点：（1）以钛管代替了钛丝作为高纯钛的析出表面，大大提高了生产效率；（2）采用间接加热方式，不受沉积速度的影响，有利于温度控制；（3）粗钛压制成块，容器可以放入更多钛原料；（4）容器与反应气体接触的部分采用 Au、Pt、Ta 镀层，相比 Mo 镀层具有更高的耐腐蚀性能和良好的抗破裂能力；（5）减少了杂质元素的污染。

近年来，碘化法在提高生产效率方面取了一些新进展。研究发现将碘化法的合成反应和分解反应在两个不同反应容器内分开进行，可以大大提高反应速度和生产效率，同时减少了杂质元素的污染，制得的高纯钛杂质含量极低。研究人员从热力学角度分析了碘化法制备高纯钛，采用计算机监控与采样，提高了生产效率，利用 99.5% 的粗钛生产出了 99.999% 的高纯钛。

以工业海绵钛为原料，对碘化法提纯过程中的主要参数，包括原料温度和 K 值对沉积速率的影响规律进行了研究。研究人员发现当母丝温度和 K（$K = UI^{1/3}$）值分别控制在 600℃、80h 时，沉积速率较快。在此参数条件下进行了多批次生产试验，得到了可锻性高纯金属钛结晶棒产品，纯度达到 99.99% 以上。

2.2.3 电子束熔炼法

电子束熔炼法（EBM）以电子束为加热源，在高电压下，电子从阴极发出经阳极加速后形成电子束，在电磁聚焦透镜和偏转磁场的作用下轰击原料，电子的动能转变成热能使原料熔化，还可以熔化各种高熔点金属。电子束精炼时，对于蒸气压比基体元素高的杂质，通过将其汽化，蒸发去除；对于密度比基体大或熔点比基体高的杂质元素，则被浓缩沉积到冷床底部的凝壳中去除。

电子束熔炼法的优点是：（1）可对熔炼材料和熔池表面同时加热，同时进行脱气、精炼；（2）采用水冷坩埚，原料与炉材的反应和污染少；（3）电子束易控制，熔炼速度和能量可任意选择，并且提纯效果好，对一般的低熔点金属元素以及非金属元素都可去除。缺点是 Fe、Ni、O 等去除效果不佳，而且重金属必须在电子束熔炼前用熔盐电解法或碘化法除去。

在电子束熔炼钛时，利用钛与杂质蒸气压的差异达到精炼目的，真空度要求为 $6.5×10^{-3}$Pa 以下。高真空有利于去除金属钛中的低熔点挥发性金属杂质，蒸气压比钛高的杂质可通过蒸发有效去除。经一次电子束熔炼后，钠从 0.0145% 降至 $3×10^{-6}$%，钾从 0.024% 降至 $4×10^{-6}$%，镉从 0.00064% 降至 0.00014%。氧经电子束熔炼后几乎不减少，因此氧和重金属必须在电子束熔炼前用熔盐电解法或碘化法除去。美国 Honeywell International 公司在电子束熔炼炉制造方面处于世界领先地位，其制造的 300kW 电子束熔炼炉能够生产出 99.9999%（6N）级的超高纯钛。

2.2.4 区域熔炼法

区域熔炼法原理是利用杂质在金属凝固态和熔融态的溶解度差别，使杂质析出或改变其分布而得到高纯金属。操作过程是先在原材料一端建立熔区，熔区由一端缓慢移向另一端，使杂质元素分布在局部小区域内，反复操作此过程，可以得到纯度很高的金属。采用此方法生产高纯钛的最大优点是没有来自容器的污染，干扰因素少。然而，由于熔区是利用表面张力维持，大直径难以支撑，目前产品直径一般不大于 20mm，因此生产效率低。目前，西北有色金属研究院提供的普通高纯钛产品均采用此方法。

2.2.5 光激励精炼法

光激励精炼法是目前所有精炼技术中最先进的方法。其原理是在真空室内用电子束轰击待提纯金属使其挥发，再利用激光照射金属蒸气使其选择性离子化，并将金属离子捕获在电极上形成金属层，从而达到提纯分离的目的。光激励精制法存在的主要问题是许多原子的激励离子化波长还不清楚，但是波长可调激光的出现为光激励精制法的发展创造了有利条件。日本已将光激励法列为金属提纯的最重要技术，被认为是一种变革性方法，有望成为提纯钛最有效的技术路径。

2.2.6 离子迁移法

离子迁移法是利用间隙杂质元素的迁移率远大于构成晶格的金属原子的迁移率的原理。在超高真空或惰性气氛下，将直流电通过棒状金属试样，使金属处于炙热状态，在外加电场的作用下引起金属晶格内杂质元素发生顺序迁移，从而实现提纯的目的。该方法可把 O、N、H、C 含量降低到极低值。如日本利用离子迁移法把 N、O 含量降至 0.01%，美国达到了 0.001%。在离子迁移法操作过程中，通常需要将数百安培每平方厘米的大电流通过长度 100~200mm、直径 3~5mm 的钛棒，使金属钛加热到 $(0.6~0.9)T_m$（T_m 为钛熔点），并保持数天，真空度需达到 10^{-8}Pa。该方法的缺点是控制条件苛刻、精炼时间长、耗能大和产率低。

综上所述，为克服传统单一方法除去杂质元素种类有限和重复污染的问题，采用联合法和多阶段熔炼法可达到更好的除杂效果。联合法应用较多的是熔盐电解—电子束熔炼法、电子束熔炼—区域熔炼法、区域熔炼—高真空退火法等。熔盐电解—电子束熔炼法将熔盐电解法除 Fe、Cr、N 元素容易和电子束熔炼法易于去除 K、Na 和气体元素的特点相结合，可以生产出 99.9999%（6N）级高纯钛。电子束熔炼—区域熔炼法可除去大量气体杂质元素，区域熔炼前进行电子束熔炼可以减少区域熔炼的次数，提高生产效率。区域熔炼—高真空退火法可进一步除去 O、N 等气体元素。采用亨特法和熔盐电解法，结合碘化法或电子束熔炼法可以生产出 99.99999%（7N）级的超高纯钛。

高纯钛的制备将向两个方面发展：（1）采用联合法和多阶段熔炼法制取高纯钛，以克服传统单一方法除去杂质元素种类有限的问题，达到更好的除杂效果；（2）开发新的制备方法，以克服旧工艺的复杂性，提高生产效率，降低生产成本。

参 考 文 献

[1] 黄兰粉，夏玉红. 钛冶金技术 [M]. 北京：冶金工业出版社，2015.

[2] 邹建新，彭富昌. 钒钛概论 [M]. 北京：冶金工业出版社，2015.

[3] Kroll W. The production of ductile titanium[J]. Transactions Electrochemical Society, 1940, 78 (35): 35-47.

[4] Ahmadi E, Fauzi A, Hussin H, et al. Synthesis of titanium oxycarbonitride by carbothermal reduction and nitridation of ilmenite with recycling of polyethylene terephthalate (PET) [J]. International Journal of Minerals, Metallurgy and Materials, 2017, 24(4): 444-454.

[5] Kasparov S, Klevtsov A, Cheprasov A. Semi-continuous magnesium hydrogen reduction process for manufacturing of hydrogenated, purified titanium powder: US 8007562 B2[P].

[6] Doblin C, Chryss A, Monch A. Titanium powder from the TiROTM process[J]. Key Engineering Materials, 2012, 520: 95-100.

[7] Vuuren D, Oosthuizen S, Heydenrych M D. Titanium production via metallothermic reduction of $TiCl_4$ in molten salt: problems and products [J]. Journal of the Southern African Institute of Mining and Metallurgy, 2011, 111: 141-148.

[8] Hansen D, Gerdemann S. Producing titanium powder by continuous vapor-phase reduction[J]. The Journal of the Minerals, Metals Materials Society, 1998, 50(11): 56-58.

[9] Hunter M. Metallic titanium[J]. Journal of the American Chemical Society, 1910, 32(3): 330-336.

[10] Armstrong D, Borys S, Anderson R, et al. Method and apparatus for contorolling the size of powder produced by the armstrong process: US 5779761[P].

[11] Chen W, Yamamoto Y, Peter W H. Investigation of pressing and sintering processes of CP-Ti powder made by armstrong process[J]. Key Engineering Materials, 2010, 436: 123-130.

[12] Ono K, Suzuki R O. A new concept for producing Ti sponge: Calciothermic reduction[J]. JOM, 2002, 54(2): 59-61.

[13] Suzuki R O. Calciothermic reduction of TiO_2 and in situ electrolysis of CaO in the molten $CaCl_2$ [J]. Journal of Physics and Chemistry of Solids, 2005(2/3/4): 461-465.

[14] Ono K, Suzuki R. A new concept for producingTi sponge: calciothermic reduction[J]. JOM, 2002, 2: 59-61.

[15] 雷现军, 徐宝强, 杨斌, 等. 多孔二氧化钛制备及其钙热还原的研究 [J]. 真空科学与技术学报, 2017, 37(3): 332-340.

[16] Okabe T H, Takashi O, Yoshitaka M. Titanium powder production by preform reduction process (PRP)[J]. Journal of Alloys and Compounds, 2004, 364: 156-163.

[17] 万贺利. 钙热还原 TiO_2 法制备金属钛粉的实验研究 [D]. 昆明: 昆明理工大学, 2012.

[18] Jonas K. Cyclic process for the manufacture of titanium-aluminum alloys and regeneration of intermediates thereof: US 2837426[P].

[19] 王武育. 氟盐铝热还原法制取海绵钛的研究 [J]. 稀有金属, 1996, 20(3): 169-171.

[20] 陈学敏, 杨军, 周志. 一种氟钛酸钾铝热还原制备海绵钛的方法: 中国, 102534263A [P]. 2012.

[21] Suchkov A, Borok B, Rodnyi M. Some questions concerning obtaining titanium by molten media electrolysis using soluble anodes[J]. Soviet Metal Technology, 2001, 4(2): 61-66.

[22] 森维, 徐宝强, 杨斌. 真空碳热还原法制备碳化钛粉末 [J]. 中国有色金属学报, 2011, 21(1): 185-190.

[23] 赵坤, 王耀武, 陈昇, 等. TiO_2 真空碳热反应及可溶性 TiO 阳极电解过程研究 [J]. 真空科学与技术学报, 2015, 6: 678-684.

[24] Froes F. The production of low-cost titanium powders[J]. JOM, 1998, 50(9): 41-44.

[25] Chen G, Fray D, Farthing T. Direct electrochemical reduction of titanium dioxide to titanium in molten calcium chloride[J]. Nature, 2000, 407: 361-364.

[26] Fray D, Farthing T, Chen G. Removal of oxygen from metal oxides and solid solutions by electrolysis in a fused salt, 1999[P]. WD, 9964638.

[27] Fray D. Emerging molten salt technologies for metals production[J]. JOM, 2001, 53(10): 27-31.

[28] 廖先杰, 翟玉春, 谢宏伟, 等. 低温熔盐电解法制备金属 Ti 及其动力学 [J]. 材料研究学报, 2012, 26(6): 590-596.

[29] 卢姣. FFC 法阴极 TiO_2 中掺入 TiO 制备 Ti 的研究 [D]. 重庆: 重庆大学, 2016.

[30] Pal U, Woolley D, Kenney G. Emerging SOM technology for the green synthesis of metals from oxides[J]. JOM, 2001, 5(10): 32-35.

[31] 赵志国, 鲁雄刚, 丁伟中, 等. 利用固体透氧膜提取海绵钛的新技术 [J]. 上海金属, 2005, 27(2): 40-43.

[32] Jiao S, Zhu H. Novel metallurgical process for titanium production [J]. Journal of Materials Research, 21(9): 2172-2175.

[33] 朱鸿民, 焦树强, 顾学范. 一氧化钛/碳化钛可溶性固溶体阳极电解生产纯钛的方法: 中国, ZL200510011684.6[P].

[34] Lantelme F, Barhoun A, Zahidi E, et al. Titanium, boron and titanium diboride deposition in alkali fluorochloride melts[J]. Plasmas & Ions, 1999, 2(3): 133-143.

[35] Gu X, Tian Q, The research of improving the efficiency of current of titanium tetrachloride melting salt electrolytic method to extract metal titanium[J]. Journal of Beijing University of Science and Technology, 1982, 3(1): 122-126

[36] 杨绮琴, 段淑贞. 熔盐电化学的新进展[J]. 电化学, 2001, 1: 1-17.

[37] Devyatkin S, Kaptay G, Poignet J, et al. Chemical and electrochemical behaviour of titanium oxide and complexes in cryolite-alumina melts[J]. High Temperature Material Processes, 1998, 2(4): 497-506.

[38] 杨昇, 秦臻, 栗万仲, 等. 冰晶石系电解质中钛的还原过程研究 [J]. 电化学, 2006, 7: 47-51.

[39] 孙海斌, 左秀荣, 仲志国, 等. Na_3AlF_6-AlF_3 熔盐中 Ti(Ⅳ) 的阴极还原机理 [J]. 电化学, 2008, 14(1): 104-107.

[40] Chassaing E, Basile F, Lorthioir G. Study of Ti(Ⅲ) solutions in various molten alkali chlorides [J]. Journal of Applied Electrochemistry, 1981, 11(2): 187-191.

[41] Ferry D, Picard G. Impedance spectroscopy of the Ti(Ⅳ)/Ti(Ⅲ) redox couple in the molten LiCl-KCl eutectic melt at 470℃ [J]. Journal of Applied Electrochemistry, 1990, 20(1): 125-131.

[42] Chen G, Okido M, Okie T. Electrochemical studies of titanium ions(Ti^{4+}) in equimolar KCl-NaCl molten salts with 1 wt% K_2TiF_6[J]. Electrochimica Acta, 1987, 32(11): 1637-1642.

[43] Lantelme F, Kuroda K, Barhoun A. Electrochemical and thermodynamic properties of titanium chloride solutions in various alkali chloride mixtures[J]. Electrochimica Acta, 1998, 44(2/3): 421-431.

[44] Lantelme F, Salmi A. Electrochemistry of titanium in NaCl-KCl mixtures and influence of dissolved fluoride ions [J]. Journal of the Electrochemical Society, 1995, 142(10): 3451-3456.

[45] Ning X H, Sheim H, Ren H. Preparation of titanium deposit in chloride melts[J]. Metallurgical & Materials Transactions B, 2011, 42(6): 1181-1187.

[46] Kang M, Song J, Zhu H, et al. Cathodic deposition process of the titanium in $CaCl_2$-$TiCl_2$ molten salt[J]. Metallurgical and Materials Transactions B, 2015, 46: 162-168.

[47] Song Y, Jiao S, Hu L, et al. The cathodic behavior of Ti(Ⅲ) ion in a NaCl-2CsCl melt[J]. Metallurgical and Materials Transactions B, 2016, 47(1): 804-810.

[48] Chassaing E, Basile F, Lorthioir G. Electrochemical behavior of the titanium chlorides in various alkali chloride baths[J]. Journal of the Less Common Metals, 1979, 68(2): 153-158.

[49] Polyakova L, Stangrit P, Polyakov E. Electrochemical study of titanium in chloride-fluoride melts[J]. Electrochimica Acta, 1986, 31(2): 159-161.

[50] 宋建勋, 舒永春, 何季麟. 基于络合离子的亚稳态高温熔盐电解精炼高纯钛的方法: 中国, ZL201810505606.9[P]. 2018-05-24.

[51] 宋建勋, 舒永春, 何季麟. 基于调配阳离子的亚稳态高温熔盐电解精炼高纯钛的方法: 中国, ZL201810505595.4[P]. 2018-05-24.

[52] 姜民浩，宋建勋，张龙，等. $CaCl_2$-$TiCl_2$ 熔盐体系中制备高纯钛 [J]. 电镀与涂饰，2014，23：1008-1011.

[53] Weng Q，Li R，Yuan T. Valence states，impurities andel-ectrocrystallization behaviors during molten salt electrorefining for preparation of high-purity titanium powder from sponge titanium [J]. Transactions of Nonferrous Metals Society of China，2014，24(2)：553-560.

[54] 袁铁锤，周志辉，李健. 电解法制备高纯钛的研究 [J]. 湖南有色金属，2010，26(5)：28-30.

3　金属锆的提取与提纯

3.1　金属锆的提取

3.1.1　锆矿石的分解

自然界中没有以单质形式存在的锆的矿石，通常是以与氧、硅结合的锆英砂，以及与氧结合的斜锆石形式存在，其中以锆英砂为主。锆英砂具有金属光泽和较高的折射率，属四方晶系，密度为 $4.6 \sim 4.7 \mathrm{g/cm^3}$，莫氏硬度在 $7 \sim 8$ 级之间。锆英砂主要成分是 ZrO_2 和 SiO_2，也会含少量的 Fe_2O_3、CaO 和 Al_2O_3 等杂质，其熔点会随着杂质含量的不同在 $2190 \sim 2420 \text{℃}$ 之间波动。纯的锆英砂无色，但是由于杂质的存在，经常会呈现出褐色或者棕色。锆英砂的化学性质较稳定，对酸及熔融金属具有较强的抗蚀能力，在高温下可以与一些碱性物质或者在氯气环境中与焦炭反应，随后进行一系列湿法过程得到常见的 ZrO_2、$ZrOCl_2$、$ZrCl_4$ 或者 K_2ZrF_4 等产品。通常，这些产品是制备金属锆的前驱体，下面对其主要的制备方法进行简单的介绍。

3.1.1.1　ZrO_2 的制备

ZrO_2 的制备方法有氢氧化钠或碳酸钠分解法、碳酸钙分解法、直接热分解法、氯化—溶解法等。其中，氢氧化钠或碳酸钠分解法是最常用的方法，其原料是锆英砂，制备工艺流程如图 3-1 所示。NaOH 分解温度一般为 $600 \sim 750 \text{℃}$，$ZrSiO_4$ 的分解率高；Na_2CO_3 分解温度在 1050℃ 左右，分解率较前者低。碱分解法易于连续生产并且适用于大规模工业生产。表 3-1 总结了锆英砂碱分解法制备 ZrO_2 各个步骤的工艺条件[1]。

表 3-1　锆英砂碱分解工艺条件实例

工艺步骤	工 艺 条 件	备 注
分解	$ZrSiO_4$∶NaOH = 1∶1.3(质量比)；$700 \sim 750 \text{℃}$；1.5h	分解率98%
	$ZrSiO_4$∶NaOH = 1∶1.1(质量比)；650℃；$1 \sim 2$h	分解率90%
	$ZrSiO_4$∶NaOH = 1∶3～1∶4(物质的量比)； $600 \sim 700 \text{℃}$；$2 \sim 3$h	分解率95%
	$ZrSiO_4$∶Na_2CO_3 = 1∶1.1(质量比)；1050℃；2h	分解率90%

工艺步骤	工 艺 条 件	备 注
水洗	固液比碱熔料：水 = 1:5	水洗、碱熔 Na_2CO_3、Na_2ZrSiO_5、$ZrO(OH)_2$、Fe_2O_3、Na_2TiO_3 和 H_2SiO_3；水洗 3 次，除硅大于 98%
酸浸	5~5.5mol/L HCl；100℃；ZrO_2:HCl = 1:5（物质的量比）；0.5h	锆转化率大于 98%
结晶	C_{ZrO_2} = 120~140g/L，C_{H^+} = 5~6mol/L	结晶率大于 85%
煅烧	800~900℃	$ZrO(OH)_2 \cdot nH_2O$ 煅烧
	800~900℃	$ZrOCl_2 \cdot 8H_2O$ 煅烧
	850~900℃	$2ZrO_2 \cdot SO_3 \cdot 5H_2O$ 煅烧

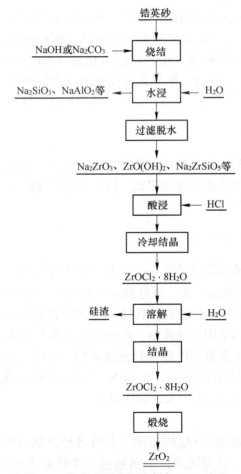

图 3-1 锆英砂碱分解法制备 ZrO_2 流程

3.1.1.2　$ZrOCl_2$ 的制备

氧氯化锆是重要的冶金及化工基础原料，广泛应用于化工、陶瓷、涂料、能源等领域。用氧氯化锆直接煅烧可制得工业级和高纯氧化锆、纳米超细氧化锆，是溶剂萃取法分离锆铪的原料。图 3-1 所示工艺也可以用来制备氧氯化锆，该方法流程紧凑、分解率和锆回收率高，产品质量稳定。

3.1.1.3　$ZrCl_4$、ZrF_4 及 K_2ZrF_6 的制备

$ZrCl_4$ 常温下是一种白色晶体粉末，在空气中易潮解，熔点是 437℃，沸点是 331℃。$ZrCl_4$ 是镁热还原法制备金属锆的锆源，其制备原料是锆英砂，与焦炭混合后，在氯气氛围下进行高温碳氯化得到 $ZrCl_4$。该方法工艺流程短、操作简单，是制备 $ZrCl_4$ 的主要方法。

利用 $ZrCl_4$ 和氢氟酸之间的取代反应、热分解氟锆酸铵、在氟化氢气氛保护下于 550℃脱去含结晶水的氟化锆中的水等方法均能得到 ZrF_4。在氯化锆或硫酸锆中加入氢氟酸时，沉淀析出含结晶水的氟化锆（$ZrF_4 \cdot H_2O$），加入过量氢氟酸可以生成氟锆酸（H_2ZrF_6）。氢氧化锆在氢氟酸中溶解时可以生成锆氟酸。当溶液中存在钠、钾离子时便可以得到氟锆酸钠或氟锆酸钾。

3.1.2　金属锆的提取

锆矿石分解后得到纯度更高的锆的化合物，若进一步得到金属锆，则需要通过获得电子把高价态的锆还原为金属锆。根据电子供体的不同，制备方法可以分为金属热还原法和电解法。

3.1.2.1　金属热还原法

金属热还原法是使用比锆活泼的金属作为还原剂，在高温条件下与 ZrO_2 或者 $ZrCl_4$ 反应得到金属锆的方法。通过 HSC 7.0 计算了常见的还原剂与 ZrO_2 或者 $ZrCl_4$ 发生反应的吉布斯自由能变，其随温度的变化曲线如图 3-2 所示。氢气、碳和金属铝是制备金属常用的还原剂，但是从热力学上无法在较低的温度下制备金属锆。碱金属和碱土金属可以用来制备金属锆，其中，Na、Ca、Mg 是常用的还原剂。根据还原剂种类的不同，金属热还原法可以分为镁热还原法（Kroll 法）、钠热还原法（Hunter 法）及钙热还原法。

A　镁热还原法

Kroll 发明了镁热还原 $TiCl_4$ 的方法，并将这种方法应用于还原 $ZrCl_4$，得到了多孔状的海绵锆[2]，这是现阶段金属锆的工业化制备方法。Kroll 法制备金属锆的工艺流程如图 3-3 所示。Kroll 法的原料是锆英砂，其与焦炭混合在氯气环境

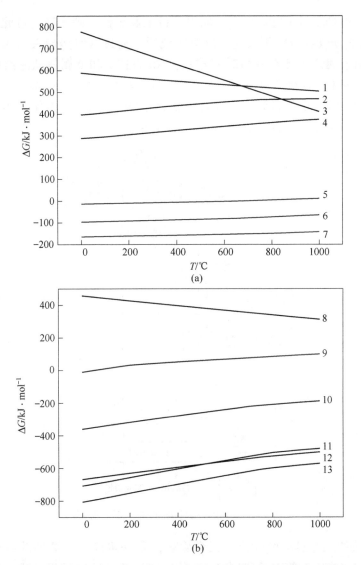

图 3-2　常用还原剂与 ZrO_2（a）和 $ZrCl_4$（b）在不同温度下反应的吉布斯自由能变

1—$ZrO_2 + 2H_2(g) = Zr + 2H_2O(g)$；2—$ZrO_2 + 4K = Zr + 2K_2O$；3—$ZrO_2 + 2C = Zr + 2CO(g)$；

4—$ZrO_2 + 4Na = Zr + 2Na_2O$；5—$3ZrO_2 + 4Al = 3Zr + 2Al_2O_3$；6—$ZrO_2 + 2Mg = Zr + 2MgO$；

7—$ZrO_2 + 2Ca = Zr + 2CaO$；8—$ZrCl_4(g) + 2H_2(g) = Zr + 4HCl(g)$；

9—$3ZrCl_4(g) + 4Al = 3Zr + 4AlCl_3$；10—$ZrCl_4(g) + 2Mg = Zr + 2MgCl_2$；

11—$ZrCl_4(g) + 4Na = Zr + 4NaCl$；12—$ZrCl_4(g) + 2Ca = Zr + 2CaCl_2$；13—$ZrCl_4(g) + 4K = Zr + 4KCl$

下进行碳氯化得到 $ZrCl_4$。在此过程中，沸点高于 $ZrCl_4$ 的氯化物可以通过冷凝去除，比如 $FeCl_x$、$SnCl_4$ 和 $SiCl_4$ 等低沸点物质通过多步蒸馏过程去除。但是 $HfCl_4$ 无法去除，若制备核级锆，则需要经过萃取、蒸馏工艺去除其中的 $HfCl_4$，然后再经碳氯化得到不含 Hf 的 $ZrCl_4$。如果制备工业级锆，则无需经过此步骤。制得的 $ZrCl_4$ 与金属镁在高温下反应，反应完成后，通过真空蒸馏去除 $MgCl_2$ 和海绵锆中剩余的金属镁。真空蒸馏时间较长，10t $MgCl_2$ 和金属镁从海绵锆中真空分离大约需要 90h。真空分离过程之后的冷却过程也相对漫长。$MgCl_2$ 经过电解得到金属镁和氯气。电解得到的镁和真空蒸馏得到的镁可以再次用于 $ZrCl_4$ 的还原，氯气经过收集可以用于锆英砂及 ZrO_2 的碳氯化。

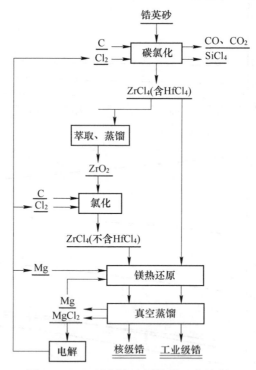

图 3-3　Kroll 法制备金属锆的工艺流程

Kroll 法的工艺过程可以分为三个阶段，第一阶段即锆英砂的碳氯化，其反应过程见式（3-1）；第二阶段即 $ZrCl_4$ 的镁热还原，反应过程见式（3-2）；第三阶段是 $MgCl_2$ 的电解，其反应见式（3-3）。Kroll 法是非连续性工艺，三个阶段是三个相对独立的过程。制备 10t 海绵锆大约需要 10 天，经过真空电弧熔炼后得到的锆锭具有良好的可加工性。Kroll 法的能耗为 $25000 \sim 30000 kW \cdot h/t$。

$$ZrSiO_4 + 4Cl_2(g) + 2C \Longrightarrow ZrCl_4(g) + SiCl_4(g) + 2CO_2(g) \qquad (3\text{-}1)$$

$$ZrCl_4(g) + 2Mg \Longrightarrow Zr + 2MgCl_2 \qquad (3\text{-}2)$$

$$MgCl_2 \Longrightarrow Mg + Cl_2(g) \qquad (3\text{-}3)$$

B　钠热还原法

Hunter 法同样适用于金属锆的制备[3]，其工艺流程与 Kroll 法类似。原料锆英砂经过碳氯化后得到 $ZrCl_4$，然后与金属钠反应制备金属锆，其反应见式 (3-4)。Starrett 通过 Hunter 法进行大规模金属锆的制备[4]。

$$ZrCl_4(g) + 4Na \rule[0.5ex]{1.5em}{0.4pt} Zr + 4NaCl \tag{3-4}$$

与 Kroll 法相比，Hunter 法工艺过程得到的 NaCl 不易吸水，同时不易潮解，可以使用水去除，操作更加简单；而 Kroll 工艺过程中反应得到的 $MgCl_2$ 易吸水，易潮解，不能用水去除，需要通过真空蒸馏的方法去除，不仅增加了设备投入，同时延长了制备周期。与 Kroll 法的复杂设备相比，Hunter 法的设备相对简单，设备的投入会降低，但 Hunter 法的产量低于 Kroll 法。由于使用活泼性更强烈的钠作为还原剂，在还原过程中其反应会更加剧烈，对于金属钠的处理需要更多的设备和步骤，安全隐患相对更大。通过在 NaCl 熔盐中加入 K_2ZrF_6 和 Na 也可以得到金属锆，反应见式 (3-5)，该过程更易控制。钠热还原法得到金属锆纯度在98%左右，产物的熔铸性能与 Kroll 法相比更差，而 Kroll 存在的间歇式作业问题在 Hunter 工艺中同样存在。

$$K_2ZrF_6 + 4Na \rule[0.5ex]{1.5em}{0.4pt} Zr + 4NaF + 2KF \tag{3-5}$$

C 钙热还原法

钙热还原法以 ZrO_2 锆源，金属钙为还原剂，在 1000~1100℃ 的真空条件下进行反应。产物为粉末状的金属锆、$CaCl_2$、CaO 和金属钙的混合物，反应见式 (3-6)。产物中 CaO 不溶于水，因此通常需要经过酸洗、水洗、过滤、干燥和筛分等工序得到金属锆。由于反应过程中金属钙中的氮和碳易于残留在锆粉中，该方法得到的金属锆塑性较差。但是钙热还原法得到的金属锆不含氢，工艺也相对简单，环境污染较小，是锆粉的常用制备方法。

$$ZrO_2 + 2Ca \rule[0.5ex]{1.5em}{0.4pt} Zr + 2CaO \tag{3-6}$$

在高温下，钙蒸气与 TiO_2 接触发生还原反应得到金属钛，得到的金属钛纯度可以达到99.5%，这种热还原过程被称作 PRP 法[5]。PRP 法也可以用来制备金属锆。OS 法即在 $CaCl_2$-CaO 熔盐中加入 TiO_2，通电后 CaO 在阴极上分解得到金属钙，然后与 TiO_2 发生还原反应得到金属钛[6]，该方法对于金属锆的制备同样适用。

除了以上提到的金属热还原法以外，氢化物也常被作为还原剂来制备金属。CaH_2 与 ZrO_2 在高温下反应可以得到金属锆粉，反应见式 (3-7)。这种方法得到的氧含量可以低至0.1%，但是氢含量高，需后续工艺去除。

$$ZrO_2 + 2CaH_2 \rule[0.5ex]{1.5em}{0.4pt} Zr + 2CaO + 2H_2(g) \tag{3-7}$$

3.1.2.2 电解法

电解法是利用电能进行氧化还原反应的方法。待还原的物质通过电极得到电子，在阴极上沉积得到金属。与金属热还原法相比，电子的供体从活泼金属变为直流电源，可以减少产物中目标产品与过量还原剂分离的步骤。水溶液是常见的电解质，但是对于锆离子的还原来说其电化学窗口太窄，而熔盐具备更宽的电化学窗口。同时，熔盐电解时的温度更高，有利于加快反应的进程，缩短反应时间。因此，熔盐电解法是一种常用的金属制备方法。在电解时，根据锆源的不同，电解法可以分为以下三种：

（1）传统熔盐电解法。电解质作为导电介质，同时也含有锆离子。

（2）熔盐电脱氧法。电解质作为导电介质，氧化锆作为阴极同时作为锆源。

（3）可溶性阳极电解法。电解质作为导电介质，含锆的可溶性材料作为阳极。

A 直接电解法

直接电解法是使用氯化物或氟化物熔盐作为电解质，在其中加入 $ZrCl_4$ 或者 K_2ZrF_6 等锆盐，以石墨为阳极，金属材料作为阴极，在氩气气氛中电解制备金属锆的方法。电解时，锆离子在阴极上还原析出金属，氯离子或氟离子在阳极上失去电子变成氯气或氟气析出。由于 $ZrCl_4$ 的沸点低，在电解过程中熔盐挥发而损失掉，而 K_2ZrF_6 的熔沸点较高，并且在 NaCl、KCl 等溶液中具有很高的溶解度，因此，在熔盐电解制备金属锆时，K_2ZrF_6 是一种最常用的锆源。Steinberg 等人[7]通过在 NaCl-K_2ZrF_6 熔盐电解制备金属锆，整个电解反应见式（3-8）。

$$K_2ZrF_6 + 4NaCl = Zr + 2Cl_2(g) + 2KF + 4NaF \qquad (3-8)$$

研究发现，熔盐中 K_2ZrF_6 浓度、初始电流密度、温度等对电流效率和产品纯度有较大影响。当熔盐中 K_2ZrF_6 浓度为 38%、温度为 800℃、初始电流密度为 2.5~4.0A/cm² 时，平均阴极电流效率可以达到 60%，得到的锆纯度在 99.8%~99.9%之间，氧含量约为 0.05%。在 KCl-K_2ZrF_6 熔盐中进行电解也可以得到金属锆，反应见式（3-9）。研究指出，最佳阴极电流密度为 3.5~4.0A/cm²，当 K_2ZrF_6 浓度为 25%~30%时，阴极电流效率可以保持在 60%~80%。

$$K_2ZrF_6 + 4KCl = Zr + 2Cl_2(g) + 6KF \qquad (3-9)$$

该工艺制备金属锆的速度与 Kroll 法生产速度相当，并且减少了产品真空蒸馏步骤。但是，通过式（3-8）和式（3-9）可以看到，电解过程中会生成 NaF 或 KF，它们的熔点高于相应的氯化物。随着电解进行，NaF 或 KF 在电解质中不断累积，电解质的熔点也会升高，一旦电解质不能保持熔融状态，电解就会终止。通常，阴极产物在水中洗涤，但是，K_2ZrF_6 在水中的溶解度有限，电解后需要反复多次清洗阴极才能去掉产物上的 K_2ZrF_6。此外，Flengas 等人[8]发现，当熔融盐中含有含钾的盐时，电解过程中通常会出现钾的析出。挥发性的钾会引起石墨的物理劣化。为解决上述问题，Martinez 等人[9]在无钾电解质中电解 $ZrCl_4$ 来提取金属锆。他们使用 NaCl-NaF 熔盐作为电解质，在 NaCl-NaF-2% $ZrCl_4$ 熔盐中、800℃下，阴极电流密度约为 0.32A/cm²，阴极和阳极的平均电流效率分别为96%和86%。生产的金属锆平均含氧量为0.049%。但$ZrCl_4$的沸点低于电解液的熔点，且以气态形式存在，使得原料的制备和供应更加复杂。

　　锆是一种多价态金属元素，以+4价、+3价、+2价及+1价形式存在，不同价态锆离子在熔盐中可能发生的化学反应如图3-4所示。在熔盐中，中间价态的锆离子可能发生歧化反应生成新的离子，不同价态的锆离子也可能发生归中反应。在电解过程中，这种不同价态间的反应容易造成电流空耗，增加能耗。图3-5为在熔盐发生电化学还原时+4价锆离子的还原行为。可见，在不同的熔盐体系中，锆离子的还原步骤不同。普遍认为，缩短锆离子的还原步骤对于提高阴极电流效率、降低能耗是有利的。研究发现，在纯的氯化物体系中，+4价锆离子通常需要经过多个还原步骤逐步从+4价还原为金属；在纯的氟化物体系中，+4价锆离子只需要经历一个还原步骤就可以从+4价还原为金属；而在氯化物-氟化物混合熔盐中，+4价锆离子的还原步骤介于纯氯体系和纯氟体系之间，与体系中氟化物的占比及氟离子与锆离子的摩尔比密切相关。

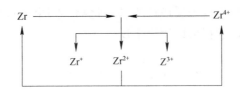

图 3-4　不同价态锆离子在熔盐中可能发生的化学反应

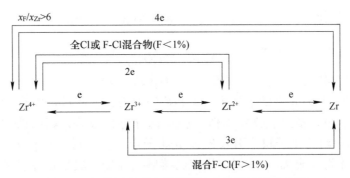

图 3-5　+4价锆离子在熔盐发生电化学还原的步骤

　　研究发现，锆离子在熔盐中的电化学还原行为与锆离子和阴离子的配位行为存在很大关系。在氯化物体系中，锆离子一般被认为是以$ZrCl_6^{2-}$形式存在。氟离子半径小于氯离子，具有较强的极化力，更容易与电解质中的阳离子结合形成配合离子。因此，当氟离子被引入熔融的氯化物熔盐中后，$ZrCl_6^{2-}$中的氯离子将被氟离子取代形成$ZrCl_{6-x}F_x^{2-}$。配合离子的多样性也导致了还原步骤的复杂性。通过高温拉曼光谱分析可以看出$ZrCl_{6-x}F_x^{2-}$主要是$ZrCl_4F_2^{2-}$。随着氟离子的进一步增加，所有的氯离子将被取代，生成 ZrF_6^{2-}、ZrF_7^{3-} 或 ZrF_8^{4-}。ZrF_6^{2-} 的电化学稳定性优于 $ZrCl_6^{2-}$，+4 价锆离子会变得更稳定，从而抑制高价离子与相应金属的反应，降低了低价离子的含量。氟离子用于电解工艺的优点是抑制产生的金属锆与高价锆离子之间的中和反应，减少电流消耗，从而提高电流效率。但是，氟化物盐的熔点一般较高，并且具有一定的毒性和强的腐蚀性。氟化熔盐虽然电流效率高，但在设备使用寿命和能量损失方面并不理想。因此，如果在氯化体系中加入一定量的氟化物能得到类似的结果，显然对工业生产有很大的好处。关于氯化物熔盐中氟离子含量对金属离子还原步骤及电流效率影响的研究相对较少。氟锆比对锆离子还原步骤的影响研究结果并不完全一致。

B 熔盐电脱氧法

熔盐电脱氧制备金属的方法即 FFC 剑桥法[10]。FFC 剑桥法工艺简单，操作方便，被提出后在金属锆的提取中也得以应用。电解时，ZrO_2 中的氧被电离并溶解在 $CaCl_2$ 熔体中，在阴极上留下金属锆，电解质中的氧离子被转移到阳极。如果阳极是石墨，则与氧离子反应产生碳氧化物，如果阳极是惰性材料，则氧离子被氧化为氧气。FFC 过程可以用以下反应式来表示。

阴极反应：

$$ZrO_2 + 4e \longrightarrow Zr + 2O^{2-} \tag{3-10}$$

阳极反应：

阳极为石墨时：

$$C + xO^{2-} \longrightarrow CO_x(g) + 2xe \tag{3-11}$$

阳极为惰性材料时：

$$xO^{2-} \longrightarrow x/2O_2(g) + 2xe \tag{3-12}$$

总反应：

阳极为石墨时：

$$2C + xZrO_2 \longrightarrow 2CO_x(g) + xZr \tag{3-13}$$

阳极为惰性材料时：

$$ZrO_2 \longrightarrow O_2(g) + Zr \tag{3-14}$$

$CaCl_2$ 熔盐具有良好的氧离子溶解和传输能力，因此被认为是 FFC 过程中理想的电解质。与大多数氧化物类似，ZrO_2 的导电性很差，其中锆的价态主要为 +4 价，通过电流将电子缺陷引入 ZrO_2 是很困难的。然而，电还原可以在以 ZrO_2 接触的集流体附近或 ZrO_2 球团与坩埚的接触点开始，然后迅速扩散到球团的整个表面，导致形成多孔的锆面层，并逐渐渗透到球团中。

Abdelkader 等人[11]设计了一种能够实现半连续生产并增加 ZrO_2 与导体接触面积的电解实验装置，如图 3-6 所示。不锈钢坩埚作阴极，石墨棒作阳极，经过预处理的 ZrO_2 颗粒通过氧化铝管进入不锈钢坩埚。在 $CaCl_2$ 熔体中加入少量 CaO 有利于插层化合物（$Ca_xZr_{4-x/4}O_8$）的形成。该化合物具有良好的电导率，有利于氧在 ZrO_2 中的电离。在不同 CaO 浓度的 $CaCl_2$ 熔体中，产物中氧含量随 CaO 浓度的增加而增加。当 CaO 的摩尔分数从 0.5% 增加到 10%，产物含氧量从 0.665% 增加到 5.85%。这是因为随着 CaO 初始浓度的增加，还原反应产生的

CaO 的溶解速率降低，聚集在阴极附近，阻碍了阴极反应。此外，随着 CaO 的摩尔分数从 0.5% 增加到 10%，电流效率从 12.5% 降低到 7.8%，反映了副反应的增加。在 CaO 浓度较高时，碳、二氧化碳或碳酸盐离子与 Ca 离子或 CaO 之间的反应趋势变得相当大。在 $CaCl_2$ 熔体中加入少量 Ca 后，产物中的氧含量显著降低，氧气含量可从 6.5%（电解质没有 Ca）减少到 0.058%（电解质含 1%（摩尔分数）的 Ca）。电解温度对所得金属锆的形貌有重要影响。在 900℃ 下得到的锆颗粒的平均尺寸为 10μm。在还原反应局部放热作用下，同一球团内形成的锆颗粒聚集在一起。随着浴槽温度的升高，团聚体迅速生长并形成类似于传统 Kroll 过程的海绵形态。结果表明，合适的电解液应包含 0.5%（摩尔分数）CaO 和 1%（摩尔分数）Ca。电解温度对产物形貌也有较大影响。

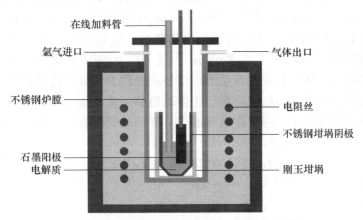

图 3-6 熔盐电脱氧技术半连续生产金属锆的装置

熔盐电脱氧为制备金属锆及锆产品提供了一种简便的方法。然而，使用石墨阳极引起的一些问题值得注意。电解过程中在阳极上会产生碳氧化物，对环境有害。另外，在电解过程中会发生副反应，见式 (3-15)。

$$Ca + CO_2(g) \longrightarrow C + CaO \qquad (3-15)$$

当生成的碳粒子移动到阴极与 ZrO_2 接触时，容易发生电化学反应见式 (3-16)，生成 ZrC/ZrC_xO_y。

$$ZrO_2 + C \longrightarrow ZrC/ZrC_xO_y + CO(g) \qquad (3-16)$$

此外，还可以发生其他副反应（见式 (3-17) 和式 (3-18)），在阴极上生成 ZrC。

$$CO_2(g) + O^{2-} \Longleftrightarrow CO_3^{2-} \qquad (3-17)$$

$$CO_3^{2-} + Zr + 4e \Longleftrightarrow ZrC + 3O^{2-} \qquad (3-18)$$

可以看出，由于使用石墨阳极，产品中容易产生 ZrC/ZrC_xO_y 杂质，降低了金属锆的纯度。因此，合适的惰性材料作为阳极可以很好地解决这个问题。一些导电陶瓷材料表现出了良好的抗溶解性和导电性，是一种潜在的惰性阳极材料，但是现阶段还停留在实验室阶段。由于 Na_2O 在 $NaCl$ 熔体中是一种热力学不稳定的氧化物，因此在纯 $NaCl$ 熔体中无法进行上述电脱氧过程。然而，近年来在 $CaCl_2$-$NaCl$ 熔体中通过电脱氧也制备了许多金属，如 $Ti^{[12]}$、$Ta^{[13]}$、$Nb^{[14]}$ 和 $Ge^{[15]}$。这是因为在 $CaCl_2$-$NaCl$ 熔体中生成的 Na_2O 会优先与 $CaCl_2$ 反应生成 CaO 和 $NaCl$，从而把 Na_2O 快速消耗掉，不影响电脱氧过程的进行[16]。$NaCl$ 的加入不仅降低了电解质的熔点，而且降低了 $CaCl_2$-CaO 熔体中 CaO 的活性。Gritsai 等人[17]报道了 ZrO_2 可在 $CaCl_2$-CaO-$NaCl$ 熔体中电脱氧得到锆。

C　可溶性阳极电解法

1952 年，Wainer[18]首先报道了通过钛的碳氧化物电解制备金属钛的研究。20 世纪 60 年代，Takeuchi 等人[19]和 Hashimoto[20]对 TiC、TiO 及 Ti-C-O 化合物作为阳极材料电解制备金属钛做了系统的研究，包括产率、产物氧含量及碳含量。21 世纪以后，朱鸿民[21]、Withers[22]及 Fray[23]等人对该方法制备金属钛做了进一步的研究。该工艺采用含钛的固溶体阳极作为钛源，比较典型的材料是金属的碳氧化物，而电解质的选择类似于熔盐电解工艺。在电解过程中，阳极中的金属元素被氧化成离子，溶解在电解液中，并转移到阴极被还原，阳极中的 C 和 O 形成 CO。电极反应如下：

$$阳极反应：\quad ZrCO \longrightarrow Zr^{n+} + CO(g) + ne \tag{3-19}$$

$$阴极反应：\quad Zr^{n+} + ne \longrightarrow Zr \tag{3-20}$$

$$总反应：\quad ZrCO \longrightarrow Zr + CO(g) \tag{3-21}$$

该方法与金属的熔盐电解精炼类似。由于原料在阳极，因此碳氧化物阳极提取工艺不仅是金属制备的过程，而且是精炼的过程，电解参数控制合理，有望在阴极获得高纯金属。2018 年，Takeda 等人[24]以 ZrO_2 和石墨粉（摩尔比为 1:2）为原料，在真空（10Pa）、1500℃、4h 条件下制备了 ZrC_xO_y。根据反应前后球团的质量变化，计算得到的 ZrC_xO_y 中 C 与 O 的原子比约为 1:1。以 ZrC_xO_y 为阳极在 NaCl-KCl-K_2ZrF_6 熔盐中电解。电解过程中对尾气进行了检测发现为 CO，证明 ZrC_xO_y 中的 C 和 O 以 CO 的形式释放出来。通过对阴极上的产物做 EDS 测试，判断得到了金属锆，从而证明了该工艺制备金属锆的可行性。

从可溶性阳极电解制备金属的工艺过程可以看出，阳极材料的制备至关重要，而经济、快速地制备合适的消耗性阳极是这一过程的决定性步骤。常见的锆的固溶体有 ZrC_xO_y 和 $ZrC_xO_yN_z$，两者具有良好的导电性。ZrC_xO_y 和 $ZrC_xO_yN_z$ 常规制备方法是碳热还原法，原料为 ZrO_2 和碳的混合物，在惰性气氛或真空中烧结可以获得 ZrC_xO_y，在氮气气氛中烧结可以获得 $ZrC_xO_yN_z$（见式（3-22）和式（3-23））：

$$ZrO_2 + C \longrightarrow ZrC_xO_y + CO(g) \tag{3-22}$$

$$ZrO_2 + C + N_2(g) \longrightarrow ZrC_xO_yN_z + CO(g) \tag{3-23}$$

ZrC_xO_y 也可以通过熔盐电解法进行制备[25-26]：使用 ZrO_2 和碳的混合物作为阴极，$CaCl_2$ 熔盐为电解质，在合适的参数下进行电解便可以在阴极上得到 ZrC_xO_y。电解法制备的温度一般在 $800\sim950℃$，即能够保证 $CaCl_2$ 基盐熔融的温度远低于碳热还原法的温度，是一种有潜力的方法。该法得到的含锆固溶体材料若要作为阳极，需要把这些粉体进行烧结得到具有一定致密度和强度的块体。这个过程与陶瓷基体的制备过程类似，通常的制备方法是烧结法。根据烧结过程的不同，一般可以分为无压烧结、热压烧结及放电等离子体烧结。现阶段该方法依然停留在实验室阶段。表 3-2 总结了几种主要金属锆制备方法得到的锆的纯度情况。

表 3-2 不同制备方法得到的金属锆的纯度

制 备 方 法	原 料	纯度/%
镁热还原法	$ZrCl_4$	>99.5
钠热还原法	$ZrCl_4$	98.0
传统熔盐电解法	K_2ZrF_6	99.9
熔盐电脱氧法	ZrO_2	>99.0

3.2 金属锆的提纯

利用第 3.1 节所述冶炼方法获得的金属锆的纯度一般为 99%左右，较难达到 99.9%以上。若得到高纯度的金属锆，通常需要进一步处理，常用到的提纯方法有碘化法、电解精炼法、电子束熔炼法、区域熔炼法、固态电迁移法和外部吸收法。

3.2.1 碘化法

镁热还原法得到的海绵锆中杂质含量变化比较大，导致产品的性能差别较大，在熔炼前，可以通过碘化法对产品进行提纯[27]。碘化法是第一个用于商业生产纯韧性金属锆的工业方法，目前在生产一些需要极高纯度的金属锆产品时仍然使用。碘化法使用元素碘和粗金属为原料，在低温下形成挥发性碘化锆。在高温下，碘化锆会热分解成纯金属锆和气态碘。纯锆沉积在电阻加热的丝上，而碘则扩散回粗锆的表面。元素必须满足两个条件才能使用碘化法进行提纯：

（1）元素必须能够在一定的温度和压力条件下以固态或液态存在，与含有高碘原子比的气体平衡。在 1100℃ 及以上温度下，锆与碘与金属之比为 80 及以上的气体处于平衡状态。此外，该元素需具有高熔点和低蒸气压。

（2）元素必须能够在相同的压力和另一温度下与沉积反应的气体产物迅速

反应，从而产生低浓度的气体产物。

碘化过程在一个封闭的容器中进行，该容器被抽真空并多次用氩气回填，在最后一次被碘蒸气填充，操作的压力条件是几百帕斯卡。要提纯的金属通常为海绵或粉末形式。反应过程见式（3-24）和式（3-25）。碘化锆的制备（见式（3-24））不易在302~472℃之间进行，因为在此温度区间熔盐发生碘化锆与金属锆的归中反应，生成中间价态的碘化锆（见式（3-26））。这样的话便会大大降低制备效率。

$$Zr + 2I_2 \rightleftharpoons ZrI_4(252 \sim 302℃ \text{ 或 } 472 \sim 552℃) \tag{3-24}$$

$$ZrI_4 \rightleftharpoons Zr + 2I_2(1202 \sim 1402℃) \tag{3-25}$$

$$3ZrI_4 + Zr \rightleftharpoons 4ZrI_3(302 \sim 472℃) \tag{3-26}$$

该工艺过程可以有效地去除不会形成碘化物的杂质，如碳、氮和氧。形成相对不挥发性碘化物的金属，如铜、铬、钴和镁，也可以被去除。铁、铝、硅、镍和钛等杂质的处理效率较低，金属铪也不易去除。产品的杂质含量通常为0.015%~0.025%。碘化法精炼的效率取决于碘化物的蒸气输送，而蒸气输送又取决于操作参数（温度、压力）和原料的选择，整体上来说碘化法的生产周期较长、产量低。表3-3为碘化法前后粗锆和结晶锆的典型成分。

表3-3 粗锆经过碘化法提纯后的主要成分 （%）

杂质元素	O	N	C	Hf	Fe
粗锆	0.560	0.045	0.046	0.340	0.081
结晶锆	0.070	0.020	0.030	0.300	0.040

3.2.2 电解精炼法

电解精炼法是以粗锆为阳极，在熔盐中进行电解，在阴极上得到纯锆的锆提纯方法。电解质是NaCl、KCl及其混合熔盐，通常会在熔盐中预先加入一些K_2ZrF_6来维持电解初期的电流。在电解过程中，阳极的粗金属锆以离子形式溶入电解质中，溶出电位比锆金属高的杂质留在阳极上或沉积在电解质中，溶出电位比锆金属低的杂质则同锆金属一起溶入电解质中，但不参加阴极反应。锆离子在阴极上经历由高价到低价的还原过程并以高纯金属的形式析出，从而达到粗金属精炼提纯的目的。与直接电解法提取金属锆的工艺类似，电解质组分和电解参数对阳极溶解、阴极电流效率及能耗密切相关。研究表明，当电解质中K_2ZrF_6含量为6%，电解温度控制在800~830℃，起始电流密度为0.1~0.5A/cm²时，得到的阴极产物为枝晶状，电流效率可达90%。电解后，粗锆中的金属杂质如Ni、Cr、Mg、Mn、Fe、Cu等元素含量可以大幅度降低，可以达到降低O、N等气体杂质，产品纯度可以达到99.9%以上。但是，该方法对于锆中的铪去除并不明显。

3.2.3 电子束熔炼法

电子束熔炼作为一种净化金属的物理方法，广泛应用于制备高纯度材料。电子束熔炼对脱除金属锆中的氧效果非常明显，其原理是基于熔炼过程中产生的高温和体系的高真空度。随着温度的升高，氧和锆的结合力越来越差，对应的气相氧分压越来越大，当温度升高到2000℃时，氧分压的数量级可以达到10^{-10}Pa。因此在锆进行电子速熔炼时，高温可以降低氧和锆的结合力，同时加速其在熔融金属中的扩散速度，而高真空度则保证了氧分压低于平衡氧分压，这样锆中的氧原子会在熔融金属表面结合成氧分子进入气相，从而实现金属锆的提纯。

电子束熔炼在金属的提纯中被广泛应用。由于碘化锆的纯度已能够满足多种用途，因此，电子束熔炼提纯锆的研究并不多。但是，经过电子束熔炼得到的锆锭，其纯度比碘化法得到的纯度更高。电子束熔炼可以在很大程度上去除金属中的氧，但其脱氧效果仅在原料起始氧含量较高时才有较好的效果，而且熔炼过程中温度的控制及高真空度的保持也是脱氧效果的重要保证，这就对生产设备提出了严格的要求。此外，电子束熔炼得到的产品质量易波动、原料损耗大、能耗高。2018年，吴权民[28]申请了一种电子束熔炼高纯锆的方法。文中提到，电子束熔炼炉炉膛真空度大于3.0×10^{-2}Pa，电子束开始的熔炼温度控制在2450~2650℃，电子枪功率在90~150kW，熔炼速度保持在15~20kg/h，可以最大限度地控制金属锆的纯度。

3.2.4 区域熔炼法

区域熔炼法是通过局部熔化将金属与微量杂质分离的过程。其原理便是利用杂质在固态和液态中的溶解度有所不同，经过局部熔化从而将杂质驱赶到料棒两端而起到提纯效果。采用区域熔炼法提纯金属可以不使用坩埚，从而可以避免坩埚对产物的污染。其基本过程是将加热器沿棒状金属从一端移动到另一端，加热器达到的地方金属熔化，熔化区域随着加热器的移动而移动。通过多次移动，可以使金属中的杂质移动到棒的一端，将富集的杂质段切掉，即得到高纯金属。

锆区域熔炼原料可以是海绵锆或碘化法得到的锆棒，经过电子束熔炼，然后挤压制成的棒料。最大的区域熔炼锆棒料尺寸为$\phi25mm\times300mm$。通常使用高频线圈或者电子枪为热源将锆棒一端熔化，然后使熔区缓慢移向另一端。锆的熔点为1852℃，此时，锆的蒸气压较低，区域熔炼易于进行。原锆棒的纯度、真空度、熔化速度及熔炼次数对于提纯效果都有所影响。研究表明，锆棒在进行区域熔炼时，真空度为10^{-3}Pa、电子束电流为100~300mA、电压为13kV、熔区长度为2~3mm、熔化速度为0.2~10mm/min、熔炼次数为3~5次时，得到的锆的纯度可以达到99.99%。

3.2.5　固态电迁移法

20世纪40年代已经有人使用固态电迁移技术给锆进行脱氧，随后该技术逐渐应用到其他金属上，如活性金属、难熔金属和部分稀土金属，这些金属对于碳、氮、氧有非常强的亲和力。当对金属棒施加了一个电场后，一些溶质原子会向电极的正极或负极移动。迁移方向由原子的有效电荷所决定，而有效电荷又和原子本身的性质、浓度、实验温度、晶体结构等条件相关。当金属中存在直流电场时，金属中的离子会受到两种力的作用：一种是电场力，一种是电子与空穴发生碰撞时产生的摩擦。有效电荷的正、负电性和上述作用力的合力共同决定了迁移方向。但是金属中的原子在大电流作用下的迁移机理还存在较大争议，还需要更深入地研究。

Schimidt等人[29]使用固态电迁移技术在1625℃、1700℃、1800℃下研究了C、N、O原子在金属锆的迁移特性。在1625℃、真空度为 $4.0×10^{-8}Pa$ 的条件下施加 $1630A/cm^2$ 的电流密度并持续5天，氧含量由0.023%降低至0.0022%，氮含量由0.025%降低至0.0212%。

固态电迁移是一种有效的金属提纯方法，但是该技术需要特定几何形状的金属以保证通电时电流和温度的稳定，另外，该技术需要在极高的真空度下进行，气相和接触造成的污染对脱氧效果影响很大，并且该技术提纯周期长、产量小。

3.2.6　外部吸收法

外部吸收法是一种高效的固态脱氧技术，该方法本质是由高真空脱气法进化而来的。因为体系中吸收剂的存在，气相氧分压可以降至真空设备远不能达到的极低水平。当金属样品和具有更强亲和力的活性外部吸收剂共存于同一密闭体系时，氧便会向活性金属迁移，这些活性金属就是外部吸收剂。典型的吸收剂有Mg、Ca等易挥发的吸收剂，还有Ti、Zr、Si等不挥发的吸收剂，还有一些气体例如氢气，也可以作为吸收剂。外部吸收法主要运用在难熔金属的脱氧提纯，也适用于一些活性稀土金属。

马朝辉[30]基于 $Ca-CaCl_2$ 体系的外部吸收法对金属锆的深度脱氧机理和工艺进行了研究。在900~1100℃的温度范围内，Ca和CaO在 $CaCl_2$ 熔盐中饱和的情况下，金属锆的氧含量可以从0.08%降低到小于0.01%。

3.3　锆与铪的分离

第3.2节所述锆的提纯工艺中，都是从金属锆中进行杂质的去除，常规杂质Fe、Si、Cr等金属元素及O、N、H等非金属元素可以大幅度去除，但是金属铪很难得到有效的去除。由于铪与锆的化学性质和电化学性质非常接近，自然介质中两者也是共生的，通常铪的质量分数占锆的 1.5%～3.0%。由于铪与锆的热中子俘获截面差异很大，因此，核级锆中铪的成分控制非常严格，其含量小于0.01%。锆铪分离技术对锆的提纯来说至关重要，通常是金属锆制备流程中的一个环节，也可以在金属阶段进行，主要可以分为湿法分离技术和火法分离技术。

3.3.1 湿法分离

湿法分离是锆、铪分离的主要方法，可以分为溶剂萃取法、分步结晶法、离子交换法及分级沉淀法。

3.3.1.1 溶剂萃取法

溶剂萃取法是利用溶质在不溶性溶剂中溶解度的差异，用一种溶剂从另一种溶剂组成的溶液中提取溶质的方法。溶剂萃取法是物质分离及提纯的常用方法，也是工业上锆、铪分离的重要技术。

A 甲基异丁基酮萃取

甲基异丁基酮（MIBK）的化学式为（CH_3）$_2$$CHCH_2COCH_3$，它是一种中性含氧萃取剂，在锆、铪分离时，通常在硫氰酸盐溶液中进行，其原理是基于锆和铪与硫氰酸根（SCN^-）生成的络合物的稳定性不同。铪的硫氰酸盐络合能力大于锆，萃取时，铪的络合物会优先进入有机相。锆会以硫氰酸盐的形式留在水相，这样就会实现锆、铪的分离。锆、铪与 SCN^- 的反应见式（3-27）和式（3-28），其工艺流程如图 3-7 所示。

$$HfO^{2+} + 2SCN^- + H_2O \rule[0.5ex]{1.5em}{0.4pt}\rule[0.5ex]{1.5em}{0.4pt} Hf(OH)_2(SCN)_2 \tag{3-27}$$

$$ZrO^{2+} + 2SCN^- + H_2O \rule[0.5ex]{1.5em}{0.4pt}\rule[0.5ex]{1.5em}{0.4pt} Zr(OH)_2(SCN)_2 \tag{3-28}$$

MIBK 的浓度、水溶液酸度及硫酸铵浓度对锆、铪的萃取分离效果都有影响，该工艺需要多次分离阶段，包括萃取、过滤等，最终产物是氧化锆，其中的铪含量低于 0.0025%。在工业上，锆英石通常通过流化床反应器直接碳氯化得到含 Hf 的 $ZrCl_4$。然后将 $ZrCl_4$ 转移到 MIBK 体系中进行萃取。由于 MIBK 在水中的溶解度高，因此在水中会有较大的溶解损失；另外，MIBK 易于挥发，容易引起火灾或爆炸；同时，硫氰酸不稳定，易分解生成氢氰酸、硫化氢等有毒气体，造成很严重的环境污染。随后，国内外学者对 MIBK 法进行了一系列的改进研究，如通过调整水相降低 MIBK 的溶解、提高锆原料溶液的浓度、降低酸度，同时降低萃取剂和配合物的浓度等。通过这些措施，可以在一定程度上减少环境污染。

B 磷酸三丁酯萃取

磷酸三丁酯（TBP）是一种中性含氧磷酸酯萃取剂，化学式为（C_4H_9）$_3PO_4$。TBP 法是除 MIBK 法外工业上应用最广泛的方法。用 TBP 萃取分离锆和铪时，通常是在硝酸溶液中进行的。主要是由于锆的离子半径略小于铪的

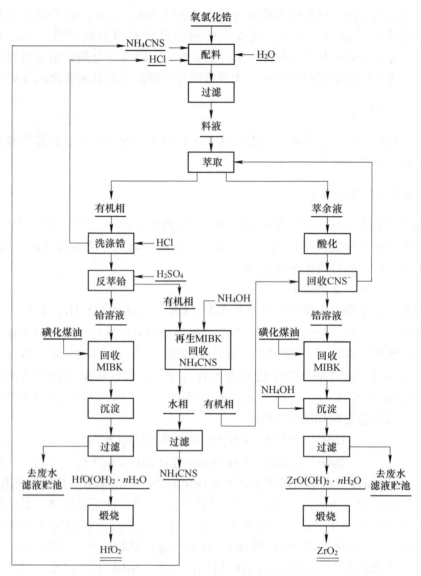

图 3-7 MIBK-HCNS 体系锆铪萃取分离技术工艺流程

离子半径，锆与硝酸根的结合能力大于铪，因此萃取分配比大于铪。在萃取过程中，锆以硝酸盐的形式转移到有机相中，萃余液中则是铪和大多数金属杂质，如铝、钙、铁、镁、硅和钛等，从而实现锆的提纯和锆、铪的分离。

工业化的萃取体系主要是 TBP-HNO₃-HCl，其中锆和铪的分离系数可达 30。酸根的类型对 TBP 萃取分离锆和铪有非常明显的影响。例如，锆和铪分别用 20% TBP 溶液在硝酸和硫酸溶液中萃取分离，锆的分配比分别为 4.25 和 2.15。随着 TBP 浓度的增加，锆和铪的分离系数增大，但 TBP 浓度太高会导致黏度太大，不利于相的分离。TBP 的浓度一般在 50%左右。锆的初始浓度对分配比也有很大影响，浓度越大，分配比越小。随着浓度的增加，锆离子在水相中容易聚合，从而降低了分配比。TBP 法的优点包括萃取量大、锆和铪分离系数高、产能大。但是由于强酸的使用，会对设备造成严重腐蚀。另外，工艺过程中萃取剂形成稳定的乳化液，会使萃取过程不连续。

  C 其他萃取方法

  N235($[CH_3(CH_2)_7]_3N$)法和 P204(($C_8H_{17})_2POOH$)法也是较常见的两种锆、铪萃取分离方法。N235 法在锆铪分离时的萃取机理为离子缔合萃取。在工业上，锆英石首先在碱中溶解，然后用 N235-H_2SO_4 体系萃取。N235 萃取剂优先萃取溶液中的锆离子化合物，淋洗之后得到纯锆溶液。经过多次萃取分离可以得到核级氧化锆，锆和铪的分离系数约为 3。N235-H_2SO_4 体系中游离酸的浓度对分离系数有很大影响，随着酸的浓度增加，锆和铪的分离系数会快速变大。改变体系中有机相的组成和浓度，降低 N235 浓度，添加适当的添加剂和洗涤剂，可以得到高质量的产品，同时保证萃取有机相中锆的浓度，锆的萃取率可达 94.7%。虽然 N235 法具有萃取相分离好、环境污染小的优点，但 N235 萃取容量小，需要较小的 N235 浓度才能进行更好的分相，这样就会造成萃取设备大、生产车间占地面积大等问题。P204 在硫酸中对铪的萃取能力远大于对锆的萃取能力，故 N235 法萃取分离锆、铪的萃余液可作为 P204 法的原料来制备核级氧化铪。氧化铪在有机相中的浓度与原水相中的浓度成正比，P204 的浓度和水相中氧化铪的浓度对分离效果有很大影响，随着 P204 浓度的增加，提取铪的能力增加。研究表明，P204 的浓度在 10%~15%时，分相效果较理想，最小分离系数大于 4.5。P204 法的缺点与 N235 法的缺点类似，提取所需的浓度低，导致萃取设备大；另外，由于萃取过程中需要使用大量的硫酸，因此废水中和所需的碱量也大。

3.3.1.2 分步结晶法

  分步结晶法是利用锆和铪的化合物溶解度不同和它们的溶解度随温度的下降而明显减小的性质来进行锆、铪分离。在分步结晶过程中溶解度小的化合物结晶首先析出，而溶解度大的化合物则留在母液中，两次使两种化合物分离。其中 K_2ZrF_6 和 K_2HfF_6 的研究较多。K_2ZrF_6 和 K_2HfF_6 在水中的溶解度不同，K_2ZrF_6 大约是 K_2HfF_6 的一半，利用这一差异在母液中富集铪。分步结晶法已在俄罗斯得到了工业应用。尽管这一过程中每个单独的结晶都很简单，但它的效率较低。要达到核级标准，至少需要 18 步的结晶分离。

  分步结晶法可以与 MIBK 萃取法相结合。先将锆英砂用氟硅酸钾溶化分解，然后采用分步结晶法将锆结晶，在母液中富集铪，再通过 MIBK 法进一步分离锆和铪，从而得到核级锆。但是，改进后的方法仍不能摆脱运行不连续、效率低的缺点。

3.3.1.3 离子交换法

离子交换是在水溶液中分离类似离子的有效方法。离子交换过程的选择性在很大程度上取决于离子交换剂的类型及溶液的组成。对于锆和铪的分离，使用不同的阴离子和阳离子交换剂已被广泛研究。在浓盐酸或稀硫酸溶液中，阴离子交换树脂优先吸附锆，而阳离子交换树脂在稀硫酸中优先吸附锆。研究表明，使用 D296 * 7、D290 * 7 和 201 * 7 等强碱性离子交换树脂时，在盐酸溶液体系中，树脂对锆、铪的吸附率随盐酸浓度的增加而增加，在硫酸溶液体系中，尤其是低浓度的硫酸溶液中，树脂对锆和铪的吸附率较大。其中，D296 * 7 树脂对锆和铪的吸附效果最好。虽然该方法可以成功地从锆中分离出铪离子，但是成本高是离子交换法工业化应用的主要障碍。

3.3.1.4 分级沉淀法

分级沉淀法主要是利用锆和铪与一些阴离子形成不同溶解度的沉淀物，从而实现锆和铪的分离。在分级沉淀法中，焦磷酸盐是常用的锆源。因为焦磷酸锆在盐酸中的溶解度高，它会优先溶解在盐酸溶液中，形成含铪较少的溶液，所以，设法得到锆铪的焦磷酸盐是该工艺的一个重要步骤。另外，柠檬酸也是一种沉淀剂。在中性或弱酸条件下，锆、铪和柠檬酸形成沉淀的速率差异很大，锆和铪沉淀率都会随着金属离子与柠檬酸摩尔比的增大后减小。当摩尔比为 1.7 时，锆、铪分离系数可达 9.3。表 3-4 总结了各种湿法分离工艺的优缺点[31]。

表 3-4 锆铪湿法分离工艺路线优缺点

方　法	优　　点	缺　　点
溶剂萃取法	分离产量大、效率高、可连续操作	溶剂消耗大、工作环境恶劣、设备腐蚀快、产生有毒副产品
分步结晶法	操作简单、溶剂消耗少	单步分离系数低、操作不连续、过程效率低
离子交换法	环境友好、溶剂消耗少	离子交换膜成本高
分级沉淀法	操作简单、溶剂消耗少	前驱体制备工艺复杂

3.3.2 火法分离

锆、铪的火法分离技术主要是基于锆、铪及其化合物的物理化学性质的差异，如氯化锆和氯化铪的挥发性、锆和铪及其化合物的氧化还原性质、锆和铪的电化学特性、锆和铪及其卤化物在熔盐中与金属相之间的迁移等。基于这些性质上的差异，锆铪火法分离技术主要包括选择性还原法、熔盐精馏法、熔盐电解法和熔盐萃取法。

3.3.2.1 选择性还原法

通常，铪化合物比相应的锆化合物略稳定。基于这一概念，已经开发了许多从锆中分离铪的工艺，其中最著名的是 Newnham 工艺[32]。该工艺利用四氯化锆和四氯化铪的化学还原性差异，实现了四氯化锆和四氯化铪的分离。使用二氯化锆或金属锆作为还原剂，与四氯化锆和四氯化铪的混合物一起加热，此时四氯化锆将被优先还原成三氯化锆，同时四氯化铪保持不变，固体三氯化锆通过升华回收，并歧化生产纯四氯化锆，二氯化锆副产物被收集可用于上一阶段的还原。整个反应见式（3-29）~式（3-31）。

$$3ZrCl_4 + Zr \Longrightarrow 4ZrCl_3 \qquad (3-29)$$

$$ZrCl_4 + ZrCl_2 \Longrightarrow 2ZrCl_3 \qquad (3-30)$$

$$2ZrCl_3 \Longrightarrow ZrCl_4 + ZrCl_2 \qquad (3-31)$$

Newnham 工艺可以直接与 Kroll 工艺结合生成高纯锆，生产工艺简单。然而，四氯化锆的选择性还原和三氯化锆的歧化需要在特定的温度下进行，很难控制。与其他气固反应一样，产物的结块限制了反应速率和反应收率。Newnham 工艺可以在熔盐中进行，此时，热源与反应物质之间的传热得到加强，反应温度更容易控制。此外，气-固相向液相的转换也解决了上述的结块问题。研究表明，在 330~370℃的温度下，Zr(Hf)Cl$_4$ 形成非选择性的配合物，不易于分解释放出 HfCl$_4$，从而降低了锆、铪的分离效率。为了避免 ZrCl$_3$ 在还原过程中形成非选择性配合物，同时也限制了 ZrCl$_3$ 在还原过程中的歧化，还原温度限制在 370~420℃比较合适。狭窄的温度范围对操作是一个巨大的挑战。为了保持操作温度恒定，可以将设备浸泡在熔融金属浴中，这样的话就需要相对昂贵的材料来抵抗熔融金属的腐蚀。

3.3.2.2 熔盐精馏法

四氯化锆和四氯化铪具有不同的蒸气压，因此根据其挥发性的不同进行分离得到了广泛的研究。在 250℃时，四氯化铪的挥发性大约是四氯化锆的 1.7 倍，在 152~352℃的温度范围内，它们的相对挥发性几乎是恒定的。但是由于只有固相表面与流动气体达到平衡，导致反应速率低、产品质量差，这些方法尚未达到商业应用。研究表明，通过增加气固两相的接触面积来提高工艺效率[31]。具体做法是在反应柱中使用惰性小玻璃球从顶部以一定的速率向下移动，与从底部蒸发的四氯化锆和四氯化铪接触。通过这种方法，纯四氯化锆被选择性地浓缩在玻璃球上，同时，四氯化铪浓缩蒸气被收集在塔的上部。该工艺可通过将新的玻璃球送入反应柱，取代已反应后的玻璃球从而实现连续操作。该方法主要的困难是在均匀的径向温度下控制操作，特别是对于较大的反应堆操作困难。

与固-气蒸馏相比，气-液蒸馏的效率要高得多。但是，它在运行中总是伴随着许多技术上的困难。分离需要在高压下操作，以保持气-液条件。基于这一概念，可以直接分离四氯化锆和四氯化铪。用这种方法生产高纯四氯化锆已被证明是可行的，但由于高压的要求导致设备材料非常昂贵，而且难以连续生产，因此尚未实现商业化操作。

萃取精馏是一种在常压、低熔点溶剂中直接分离四氯化锆和四氯化铪的工艺。在这项技术中，将四氯化锆和四氯化铪引入熔盐中形成溶液，降低四氯化铪的活性，使分离操作在常压和相对较低的温度下进行。经过一定阶段的分离，可以得到核级四氯化锆和工业纯四氯化铪，熔盐溶剂能够回收然后再次使用。纯化后的四氯化锆可以直接转移到 Kroll 过程中进行金属还原，从而消除了通常使用的溶剂萃取过程中所必需的煅烧和再氯化步骤。$ZnCl_2$、$SnCl_2$、$Na(K,Li)AlCl_4$、$Na(K,Li)FeCl_4$、$(Na,K)_2ZrCl_6$ 等都可以作为溶剂。在目前的工业操作中，摩尔比为 1.04 的 $AlCl_3$-KCl 由于对四氯化锆和四氯化铪具有高的溶解度，是使用最广泛的熔盐溶剂，且含有四氯化锆和四氯化铪的溶液蒸气压低、黏度低。然而，萃取精馏过程的维护成本高也一直是其面临的挑战。

3.3.2.3 熔盐电解法

要使用电解有效地分离两种元素，原则上，它们的还原电位应该相差很大。Zr^{4+}/Zr 和 Hf^{4+}/Hf 在 455℃ 的 LiCl-KCl 熔盐中的还原电位分别为 1.86V 和 1.88V。尽管锆和铪的电化学性质相似，但通过熔盐电解法分离锆铪也有被报道过。Kirihara 等人[33]提出了一种电解分离锆和铪的工艺，该工艺能够生产核级的四氯化锆。过程是先将四氯化锆和四氯化铪混合物溶解在熔盐中，在一定电压下进行电解，四氯化锆还原为三氯化锆沉积在阴极上，四氯化铪基本不还原。然后在相同的熔盐体系中进行电解，使用沉积有三氯化锆的阴极作为阳极，再加入新的阴极。电解时新的三氯化锆沉积在新的阴极上，同时在阳极形成纯四氯化锆，随后进入气态并通过冷凝收集。通过阳极和阴极周期性交换重复电解，可连续生产铪含量小于 0.01% 的四氯化锆和锆含量小于 25% 的四氯化铪。通过不断向电解池中注入粗四氯化锆，可以使熔盐中的四氯化锆浓度保持不变。在 NaCl-KCl 和 NaCl-KCl-KF 熔盐中电解生产纯四氯化锆的产率分别为 54.5% 和 60%。该工艺操作复杂、产品收率低，尚未进行工业化生产。

锆、铪是多价态金属元素，通过 HSC 7.0 对不同价态下的还原电位进行了计算，在氯化物体系中不同温度下的还原电位及其电化学行为如图 3-8 所示。在

400~900℃范围内，$ZrCl_4$ 和 $HfCl_4$ 的还原电位差约 0.04V，$ZrCl_3$ 和 $HfCl_3$ 的还原电位差更小。在如此小的电位差下电解分离锆和铪是非常困难的。而 $ZrCl_2$ 和 $HfCl_2$ 的还原电位差在 0.3V 左右，远大于 +4 价和 +3 价时的差值。因此，如果能够合理调控电解质，使熔盐中的锆离子和铪离子稳定在 +2 价，那么通过控制电解参数，理论上更易于实现锆和铪的分离[34]。

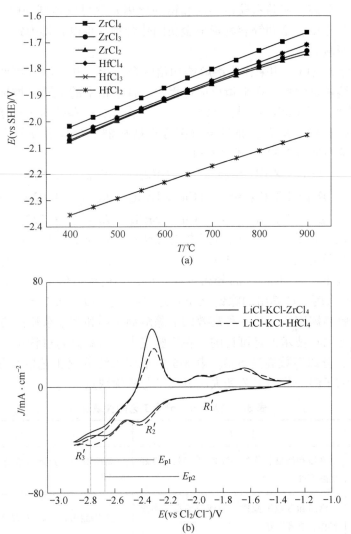

图 3-8 氯化物体系中不同价态锆离子和铪离子在不同温度下的还原电位（a）及其电化学行为（b）

3.3.2.4 熔盐萃取法

熔盐萃取法也被称作熔盐平衡法，其分离原理是基于铪的正电性高于锆，利用金属合金相与熔盐相之间的平衡使铪分离到熔盐相，保留锆在金属合金相，然后通过蒸馏或者电解合金以获得纯锆。

Megy 工艺[35]便是基于此原理展开，首先将锆和铪溶解在熔融金属锌中形成合金，然后将熔化的合金与含锆的氯化盐或氟化盐接触，合金中的金属铪会转移到熔盐相，并置换熔盐中的锆离子得到金属锆，然后金属锆转移到熔融金属相，从而实现锆铪分离。实验室获得的锆和铪的分离系数可以达到 300，但在后续的锆萃取蒸馏过程中，锆和锌容易形成金属间化合物，难以获得纯锆，会对核级锆的纯度产生影响。

Cu-Sn 合金也可以用来作为溶解锆和铪的合金相，并且熔点更低，熔盐相是含 $CuCl_2$ 的熔融氯化物。在平衡反应过程中，合金相中的金属铪被选择性氧化成 $HfCl_4$。熔盐相中的 $CuCl_2$ 将被还原为铜进入合金相，一些锆将不可避免地被氧化并损失到熔盐相中。最后，通过电解精炼将锆从铜锡合金中分离出来，得到纯锆。基本反应见式（3-32）~式（3-34）。

$$|Hf| + ZrCl_4 \Longrightarrow |Zr| + HfCl_4 \qquad K_{850℃} = 5.922 \qquad (3-32)$$

$$|Hf| + 2CuCl_2 \Longrightarrow 2|Cu| + HfCl_4 \qquad K_{850℃} = 1.020 \times 10^{25} \qquad (3-33)$$

$$|Zr| + 2CuCl_2 \Longrightarrow 2|Cu| + ZrCl_4 \qquad K_{850℃} = 1.723 \times 10^{24} \qquad (3-34)$$

铪与氯化铜的反应在热力学上比锆与氯化铜的反应更有利。因此，通过优化平衡条件（如反应时间、熔盐中 $CuCl_2$ 含量等），在热力学上完全将铪分离到盐相，锆损失较小。与 Megy 法的分离过程相比，该过程提供了更高的热力学分离势。以 850℃ 为例，计算出的除铪驱动力为 Megy 过程的 1024 倍。分离后的纯金属锆通过电解精炼回收，是一种高效的去除溶剂金属和其他杂质的方法。该工艺的概念已被证明在技术上是可行的。在实验室中，锆铪分离过程中，单步除铪效率高达 99%，分离系数高达 640。表 3-5 为不同火法分离工艺的优缺点，表 3-6 从整体上总结了湿法分离工艺和火法分离工艺的优缺点[31]。

表 3-5 锆铪火法分离工艺的优缺点

方　法	优　点	缺　点
选择性还原法	常压和低温下操作、与 Kroll 工艺有良好的兼容性	温控困难、分离系数低、反应速率和效率低
精馏法	常压和低温下操作、处理效率高、连续操作、兼容性好	过程维护成本高、产品回收困难
熔盐电解法	连续操作	操作复杂、产品成品率低、过程效率低
熔盐萃取法	低温下单步分离系数高、连续操作、从原始矿石到核级产品无需 Kroll 过程	操作温度高、对材料要求高、在低温下对锆在合金中的溶解度有限制

表 3-6 锆铪湿法和火法分离工艺路线优缺点

方法	优 点	缺 点
湿法工艺	处理能力大、操作温度低、其他杂质去除效率高	易生成有毒副产物、废物处理困难、工作环境恶劣、试剂消耗大，难与金属还原结合
火法工艺	常压和低温下操作、处理效率高、连续操作、与 Kroll 工艺有良好的兼容性	操作温度高、对设备材料要求高

参 考 文 献

［1］ 熊炳昆，杨新民，罗方承，等．锆铪及其化合物应用［M］．北京：冶金工业出版社，2006.

［2］ Kroll W. The production of ductile titanium［J］. Transactions of the Electrochemical Society, 1940, 78：35-47.

［3］ Hunter M. Metallic titanium［J］. Journal of the American Chemical Society, 1910, 32：330-336.

［4］ Starrett F. Zirconium by sodium reduction［J］. JOM, 1959, 11(7)：441-443.

［5］ Okabe T, Odab T, Mitsuda Y. Titanium powder production by preform reduction process(PRP)［J］. Journal of Alloys and Compounds, 2004, 364：156-163.

［6］ Ono K, Suzuki R. A new concept for producing Ti sponge calciothermic reduction［J］. JOM, 2002, 54(2)：59-61.

［7］ Steinberg M, Sibert M, Wainer E. Extractive metallurgy of zirconium by the electrolysis of fused salts Ⅱ. Process development of the electrolytic production of zirconium from K_2ZrF_6［J］. Journal of the Electrochemical Society, 1954, 101：63-78.

［8］ Swaroop B, Flengas S. Thermodynamic and electrochemical properties of zirconium chlorides in alkali chlorides melts［J］. Canadian Journal of Chemistry, 1966, 44(2)：199-213.

［9］ Martinez G, Couch D. Electrowinning of zirconium from zirconium tetrachloride［J］. Metallurgical and Materials Transactions B, 1972, 3(2)：575-578.

［10］ Chen G, Fray D, Farthing T. Direct electrochemical reduction of titanium dioxide to titanium in molten calcium chloride［J］. Nature, 2000, 407：361-364.

［11］ Abdelkader A, Daher A, Abdelkareem R. Preparation of zirconium metal by the electrochemical reduction of zirconium oxide［J］. Metallurgical and Materials Transactions B, 2007, 38：35-44.

［12］ Peng Y, Wang D, Wang Z. Pivotal role of Ti-O bond lengths on crystalline structure transition of sodium titanates during electrochemical deoxidation in $CaCl_2$-NaCl melt［J］. Journal of Alloys and Compounds, 2018, 738：345-353.

［13］ Song Q, Xu Q, Kang X. Mechanistic insight of electrochemical reduction of Ta_2O_5 to tantalum in a eutectic $CaCl_2$-NaCl molten salt［J］. Journal of Alloys and Compounds, 2010, 490：241-246.

[14] Yan X, Fray D. Production of niobium powder by direct electrochemical reduction of solid Nb$_2$O$_5$ in a eutectic CaCl$_2$-NaCl melt[J]. Metallurgical Materials Transactions B, 2002, 33: 685-693.

[15] Yin H, Xiao W, Mao X. Template-free electrosynthesis of crystalline germanium nanowires from solid germanium oxide in molten CaCl$_2$-NaCl[J]. Electrochimica Acta, 2013, 102: 369-374.

[16] Xie H, Zhao H, Qu J. Thermodynamic considerations of screening halide molten-salt electrolytes for electrochemical reduction of solid oxides/sulfides[J]. Journal of Solid State Electrochemistry, 2019, 23: 903-909.

[17] Gritsai L, Omel' Chuk A. Electrochemical reduction of zirconia in melts based on mixture of calcium chloride and calcium oxide[J]. ECS Transactions, 2016, 75(15): 391-396.

[18] E. Wainer. US Patent, 1952, No. 2868703.

[19] Takeuchi S, Watanabe O. On the extraction of titanium from the anode of TiO, TiC and Ti-C-O alloys by electrolysis in the molten salt bath[J]. Journal of the Japan Institute of Metals and Materials, 1964, 28: 627-632.

[20] Hashimoto Y. Fused salt electrolysis of titanium metal from Ti-C-O alloys or TiC[J]. Journal of the Japan Institute of Metals and Materials, 1968, 32: 1327-1334.

[21] Jiao S, Zhu H. Novel metallurgical process for titanium production[J]. Journal of Materials Research, 2006, 21(9): 2172-2175.

[22] Withers J, Loutfy R, Laughlin J. Electrolytic process to produce titanium from TiO$_2$ feed[J]. Materials Technology, 2007, 22: 66-70.

[23] Fray D. Exploring novel uses of molten salts[J]. ECS Transactions, 2012, 50: 3-13.

[24] Takeda O, Suda K, Lu X. Zirconium metal production by electrorefining of Zr oxycarbide[J]. Journal of Sustainable Metallurgy, 2018, 4: 506-515.

[25] Su X, Shang X, Che Y. In-situ synthesis of zirconium oxycarbide by electroreduction of ZrO$_2$/C in molten salt[J]. Ceramics International, 2021, 15: 21459-21465.

[26] Shang X, Li S, Che Y. Novel extraction of Zr based on an in-situ preparation of ZrC$_x$O$_y$[J]. Separation and Purification Technology, 2020: 118096.

[27] Arkel A, Boer J. Darstellung von reinem titanium-, zirkonium-, hafnium-und thoriummetall [J]. Zeitschrift fur Anorganische und Allgemeine Chemie, 1925, 148(1): 345-350.

[28] 吴权民. 一种电子束熔炼高纯锆的方法: 中国, 109355512A[P]. 2019-02-19.

[29] Schmidt F, Carlson O, Swanson C. Electrotransport of carbon, nitrogen and oxygen in zirconium[J]. Metallurgical and Materials Transactions B, 1970, 5: 1371-1374.

[30] 马朝辉. 金属锆外部吸收法深度脱氧机理研究[D]. 北京: 北京有色金属研究总院, 2020.

[31] Xu L, Xiao Y, Sandwijk A. Production of nuclear grade zirconium: A review[J]. Journal of Nuclear Materials, 2015, 466: 21-28.

[32] Newnham I E. US Patent[P]. No. 2 791 485, 1957.

[33] Kirihara T, Nakagawa I, Seki Y. US Patent[P]. No. 4 857 155, 1989.

[34] Li S, Che Y, Song J, et al. Electrochemical studies on the redox behavior of Zr(Ⅳ) in the

LiCl-KCl eutectic molten salt and separation of Zr and Hf[J]. Journal of the Electrochemical Society, 2020, 167(2): 23502-23508.

[35] Megy J A. US Patent[P]. No. 4 072 506, 1978.

4 金属铪的提取与提纯

4.1 金属铪的提取

金属铪的制备方法主要分为镁热还原法、钙热还原法、铝热还原法、熔盐电解法等。制备金属铪的原料包括四氯化铪、二氧化铪等，因此，在实施金属铪的提取前需要制取四氯化铪、二氧化铪等。

4.1.1 四氯化铪的制备

四氯化铪（$HfCl_4$）是工业上制备海绵铪的主要原料，一般需经锆英砂分解、锆铪分离、$HfCl_4$ 的精制等步骤制得。

4.1.1.1 锆英砂的分解

锆英砂（$ZrSiO_4$）是生产铪及铪产品的主要矿物原料，工业上采用的锆英砂分解方法主要有碱烧结法和沸腾床氯化法。其他锆砂分解方法有硅氟酸钾烧结法、碳酸钙烧结法、碳热法、等离子高温分解法、氯化法，从盐酸和硫酸溶液中分离出锆和铪化合物等。

A　碱烧结法

在 800℃下向锆英砂中加入烧碱后烧结，然后水洗除去烧结料中可溶性硅和多余的碱，在 100~110℃下用盐酸进行浸取，经结晶水溶后即可获得锆、铪分离原料——$ZrOCl_2$。主要反应有：

$$ZrSiO_4 + NaOH \longrightarrow Na_2ZrO_3 + Na_4SiO_4 + H_2O \tag{4-1}$$

$$ZrSiO_4 + NaOH \longrightarrow Na_2ZrSiO_5 + H_2O \tag{4-2}$$

$$Na_2ZrSiO_5 + HCl \longrightarrow ZrOCl_2 + SiO_2 \cdot H_2O + NaCl \tag{4-3}$$

$$Na_2ZrO_3 + HCl \longrightarrow ZrOCl_2 + NaCl + H_2O \tag{4-4}$$

$$ZrO(OH)_2 + HCl \longrightarrow ZrOCl_2 + H_2O \tag{4-5}$$

B　沸腾床氯化法

锆砂配碳混匀后加入氯化床内在 1000℃左右进行沸腾氯化获得粗 $ZrCl_4$，主要反应有：

$$ZrSiO_4 + 4Cl_2 + 4C \Longrightarrow ZrCl_4 + SiCl_4 + 4CO \tag{4-6}$$

$$ZrCl_4 + H_2O \Longrightarrow ZrOCl_2 + 2HCl \tag{4-7}$$

4.1.1.2 锆、铪分离

铪和锆的原子性能差异很大，铪捕获中子的截面积为 115b（$1b = 10^{-28}m^2$），而锆的捕获中子截面积为 0.18b，铪的热中子捕获截面积是锆的 600 多倍。因此用作核工业的铪必须分离其中的锆。锆、铪的分离是制备核级锆、铪的关键工序。

目前锆铪分离的方法有很多种，主要有火法分离、湿法分离[1]，其原理和反应体系见表 4-1。

表 4-1 锆、铪分离的主要工业方法

工艺方法	原 理	反 应 体 系
火法分离	精馏分离	（1）磷氧氯化物配合物； （2）四氯化物高压蒸馏； （3）四氯化物碱金属熔盐体系
湿法分离	液–液萃取分离	（1）MIBK-硫氰化物体系； （2）TBP-HNO_3-HCl 体系； （3）胺–硫酸体系
	分步结晶分离	（1）锆（铪）酸钾复盐体系； （2）氧卤化物体系
	离子交换分离	（1）阳离子交换树脂； （2）阴离子交换树脂

A 火法分离

火法分离锆、铪的方法多达十几种，其中锆铪熔盐精馏法是工业上分离锆、铪的主要方法。该方法的基本原理是利用 $HfCl_4$ 与 $ZrCl_4$ 在熔融盐 $KAlCl_4$ 中的饱和蒸气压的差异在精馏塔中进行分离。该方法是在 350℃的塔温、压力为常压的条件下进行锆铪分离。熔盐精馏的原料 $ZrCl_4$ 从塔中部进入，塔中有塔板，$KAlCl_4$ 熔盐从塔顶流下，与溶解在熔盐中的 $ZrCl_4$ 不断交换，使 $HfCl_4$ 不断富集，在塔顶冷凝下来作为提铪原料，而塔下部的 $ZrCl_4$ 经冷凝后作镁还原的原料。该方法能得到原子能级的 $ZrCl_4$ 和 $w(HfCl_4)$ 为 30%～50%的富集产物。熔盐精馏法优点主要有产生的"三废"少、分离过程短、化工原料消耗少的特点，且分离出的原料可直接用于金属还原工序；缺点是设备及运送系统要在 350～500℃高温下操作，对设备的材质耐腐蚀要求比较高，且前期投资大，适合大型锆铪冶炼厂采用。

B 湿法分离

湿法分离锆、铪的方法主要有溶剂萃取法、分步结晶法、分步沉淀法、离子交换法等，其中溶剂萃取法是最重要的锆铪分离技术。

　　a　甲基异丁基酮萃取法

　　甲基异丁基酮（MIBK）萃取法包括进料的调整、萃取、硫氰酸的回收、反萃、洗涤及 MIBK 的中和再生等 6 个工序。具体流程为：将 $ZrCl_4$（或 $ZrOCl_2$）溶解于水，再添加硫氰酸盐和氢氧化铵将料液加入萃取柱中，水相和有机相逆流运行，硫氰酸铪选择性地萃入 MIBK，锆留于水相，再分别回收 ZrO_2 和 HfO_2。

　　该方法被英国、俄罗斯、加拿大等采用，制得的 HfO_2 含 ZrO_2 小于 1%~2%，金属回收率在 95%。其优点是铪中含锆低、传质少、萃取容量大、流程基本封闭、工艺成熟；缺点是萃取剂耗量高、易分解产生毒气，而且 MIBK 在水中溶解度高达 0.12%，损失严重，同时还存在污水排放问题[2]。

　　b　磷酸三丁酯萃取法

　　磷酸三丁酯（TBP）萃取法首先配置出硝酸锆溶液，然后将料液加入萃取柱，与有机相（TBP）发生萃取反应。铪在萃取的过程中会优先进入水相进而达到锆、铪分离的效果。利用该方法生产的 HfO_2 含 ZrO_2 小于 2%。TBP 萃取法的优点是分离因数高、萃取试剂用量少、萃取容量大；缺点是产生大量的"三废"污染环境、金属回收率低、分离成本高、生产环境差、对设备和厂房腐蚀严重。因而该方法在国外已趋于被淘汰的状况。

　　c　叔胺萃取剂（N234）分离法

　　有机相和料液在混合澄清槽中以相比为 1：2 逆流接触，全部锆和部分铪进入有机相，用无铪硫酸锆溶液洗涤，从反萃液中回收 ZrO_2。该方法获得的 HfO_2 含 ZrO_2 小于 2%，铪回收率较低。

　　d　分步结晶法

　　K_2HfF_6 在水溶液中的溶解度比 K_2ZrF_6 大 2 倍左右。分步结晶法的原理是利用两者在水溶液中溶解度的微小差异及溶解度随温度的下降而减小的性质对锆铪进行分离[3]。

　　分步结晶法的操作简单，且不需要消耗大量的生产原料，曾经实现工业化生产。但由于其单步的分离系数小、工艺流程长、间歇性操作等缺点，后期被更为先进的分离方法所取代。

　　e　离子交换法

　　离子交换法是一种将物理化学性质相似的两种元素离子进行分离的重要方法。锆和铪在水溶液中水解形成几种不同形式的阳离子或者带负电荷的络合阴离子，采用不同的阳离子或阴离子交换树脂可以有效地将两种元素进行分离。一般来说，铪离子会优先被阳离子交换树脂从稀硫酸溶液中吸附出来，而阴离子交换树脂则优先将锆离子从浓盐酸或稀硫酸溶液中吸附到树脂上，实现与铪的分离[4]。

离子交换法可以有效地将锆铪进行分离，分别得到原子能级的锆和铪。多种不同的离子交换树脂和淋洗液的组合可以得到更好的分离效果。与溶剂萃取法相比，离子交换法有效地解决了萃取剂的夹带、溶解、乳化及有机溶剂的污染问题。但该方法最主要的缺点是容量非常有限，无法实现大规模生产，导致较低的生产效率。

f 高压分馏法

高压分馏法是利用氯化物和氯氧化磷或五氧化磷在高温和高压下相互作用形成反应：

$$3ZrCl_4 + 2POCl_3 = 3ZrCl_4 \cdot 2POCl_3 \tag{4-8}$$

$$3HfCl_4 + 2POCl_3 = 3HfCl_4 \cdot 2POCl_3 \tag{4-9}$$

$$3ZrO_2 + 6PCl_5 = 3ZrCl_4 \cdot 2POCl_3 + 4POCl_3 \tag{4-10}$$

$$3HfO_2 + 6PCl_5 = 3HfCl_4 \cdot 2POCl_3 + 4POCl_3 \tag{4-11}$$

所得产物的后续处理方法有两种，一是与 NaCl 共熔（见式（4-12）和式（4-13））；二是将配合氯化物的蒸气通过加热到 800℃ 的碳层，得到三氯化磷（见式（4-14））；三氯化磷的沸点为 75℃，易与 $ZrCl_4$ 通过蒸馏分离。

$$3ZrCl_4 \cdot 2POCl_3 + 6NaCl = 3Na_2ZrCl_6 + 2POCl_3(g) \tag{4-12}$$

$$Na_2ZrCl_6 = 2NaCl + ZrCl_4(g) \tag{4-13}$$

$$3ZrCl_4 \cdot 2POCl_3 + 2C = 3ZrCl_4(g) + 2PCl_3 + 2CO(g) \tag{4-14}$$

4.1.1.3 $HfCl_4$ 的精制

萃取分离制得的 HfO_2 需要再次进行氯化。由于制得的 $HfCl_4$ 含有少量铁、硅、铝、锰、钛等杂质及氯化物吸潮而带进水分，因此需要进行提纯精制，制得符合原子能级（工业级）铪要求的精 $HfCl_4$。一般可以用镁等进行还原反应，经真空蒸馏分离残余的氯化镁和镁，获得海绵铪。

4.1.2 金属热还原法

金属热还原法是在高温下利用还原性强的还原剂将铪从其化合物中还原出来的方法。该工艺最初应用于钛的还原，目前许多金属都能够利用热还原法制备。金属热还原法制备铪所用的还原剂主要有三种，分别是镁、钙和铝。这些还原剂都比铪的热稳定性更好，且在金属铪中的溶解度很低不易形成金属间化合物，避免了杂质的引入，还原后的副产物分离容易。

4.1.2.1 镁热还原 $HfCl_4$

由于铪的性质类似于钛，研究人员尝试利用镁还原四氯化铪制备金属铪[5]，逐渐开发出了镁热还原 $HfCl_4$ 的方法。

镁热还原法是在900℃、氩气氛围保护下，以金属镁为还原剂还原四氯化铪制备金属铪，其工艺流程如图4-1所示。化学反应方程式为：

$$HfCl_4 + 2Mg \Longrightarrow Hf + 2MgCl_2 \qquad (4-15)$$

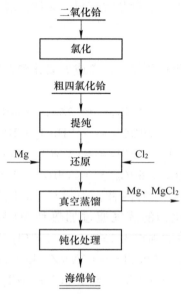

图 4-1　镁热还原法制备铪的工艺流程

镁热还原的工艺主要分为三步：第一步是锆英砂的分解；第二步是锆铪的分离，然后将得到的 HfO_2 氯化，获得镁热还原制备铪的原料；第三步是镁还原 $HfCl_4$，利用蒸气压的不同采用真空蒸馏的方法分离金属铪和副产物。

1960 年，Gerald 等人[6]利用镁热还原法在750℃、有碳的条件下加入200%的镁还原气态的四氯化铪，制备出海绵铪后在 1193K 蒸馏 18h，除去 $MgCl_2$ 气体，得到了氧含量为 0.06% 的海绵铪。王芳等人[7]以过量 20% 镁作为还原剂在900℃的情况下还原 K_2HfF_6，反应 3h，得到了纯度仅为 24.38% 的铪粉。XRD 结果分析显示，铪粉中有许多难以去除的 MgF_2。因为 MgF_2 熔点较高，在蒸馏的过程无法除去，且极难溶于水和酸致使洗涤过程中也不能去除，所以金属铪粉中含有大量的 MgF_2。Mg 能够还原 K_2HfF_6 制备铪粉，但由于 MgF_2 的存在导致还原效果不太理想。Dzidziguri 等人[8]使用镁还原 $HfCl_4$ 和 KCl 的混合盐。KCl 的加入显著降低了反应温度，最后获得的金属铪粉粒径在 $10 \sim 20nm$ 之间，且具有商业纯度。该方法有效减少了杂质含量，使整个工艺流程操作更连续。

镁热还原法是目前工业上制备铪的主要方法，该方法工艺成熟、产品质量稳定。但是由于需要预先制备 $HfCl_4$，导致工艺流程长、环境污染大、连续操作性不强等问题。

4.1.2.2 钙热还原 HfO₂

钙热还原法是指在 1000℃下，以 CaCl₂ 为助溶剂，利用 Ca 或者 CaH₂ 还原 HfO₂，然后将所得产物进行除杂处理后获得金属铪，工艺流程如图 4-2 所示。主要的化学反应为：

$$HfO_2 + 2Ca \Longrightarrow Hf + 2CaO \tag{4-16}$$

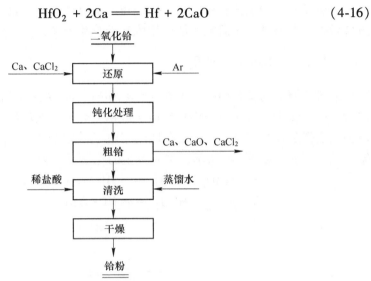

图 4-2 钙热还原法制备金属铪的工艺流程

Sharma 等人[9]利用钙还原二氧化铪制备金属铪。研究发现相比于镁热还原法，钙热还原获得的金属铪质量更好。进一步研究表明，CaCl₂ 的加入可以大大降低还原铪粉中的含氧量。其原理是氯化钙中的钙离子容易与氧离子结合形成 CaO，从而降低产品中的含氧量。Abdelkader 等人[10]对钙热还原工艺进行了进一步的改进。钙热还原的反应温度在 1000℃以上，而钙的熔点为 842℃，CaCl₂ 的熔点为 775℃，这导致还原过程中的能源浪费比较严重。而且有一部分 Ca 和 CaCl₂ 会蒸发掉，减少了产品的产率、提高成本，同时也会增加设备的清洁和维护费用。针对上述问题，Abdelkader 等人在 CaCl₂ 中引入适量的 NaCl，使得体系的熔点降低到 850℃以下，避免了因温度过高引起的一系列问题。研究发现，产物的氧浓度主要取决于钙和盐的量。在含有 30%（摩尔分数，下同）氯化钠和 70%氯化钙、800℃下反应 3h，仅使用 50%的过量钙，可将氧含量降低到 0.096%。

王芳[11]以氧化铪为原料，金属钙为还原剂，采用氯化钙熔盐体系，利用金属热还原的方法制备金属铪粉。在 1050℃的温度下保温 3h 得到铪粉中的氧含量约为 0.14%，粒度区间为 111.86~213.51μm。

张小联等人[12]在还原温度为 950℃和 1000℃下，制备的铪粉中主要物相为金属铪，同时有少量的 ZrO₂ 存在。在 950℃下，铪粉中还有少量 CaHfO₃，说明钙热还原氧化铪的反应分两步进行，即 HfO_2 与还原反应产物 CaO 反应生成 $CaHfO_3$，$CaHfO_3$ 再与 Ca 反应生成 CaO 与 Hf。钙热还原过程中，产物粒度及含氧量与温度密切相关。随温度由 950℃升高至 1000℃，产物烧结程度增大，其形貌由颗粒状与枝状逐渐转变为块状，平均粒度从 $d_{0.5} = 45.424\mu m$ 增大至 $d_{0.5} = 63.289\mu m$，并且产物中的氧含量随之降低。

钙热还原法的工艺流程短、操作简单、成品的含氧量低、原料便宜，但是杂质含量高，需要进一步研究才能应用到工业化生产中。

4.1.2.3　铝热还原 HfO_2

铝热还原法制备金属铪于 1965 年由 Albert 和 Gosse 提出[13]。该工艺分两步进行：第一步是二氧化铪与铝粒反应生成铪铝合金，然后经高温、真空处理脱除铝和杂质得到较纯 $HfAl_3$；第二步是使用电子束加热 $HfAl_3$，去除铝以生产海绵铪。其工艺流程如图 4-3 所示，主要发生的化学反应为：

$$3HfO_2 + 13Al = 3HfAl_3 + 2Al_2O_3 \tag{4-17}$$

$$HfAl_3 = Hf + 3Al \tag{4-18}$$

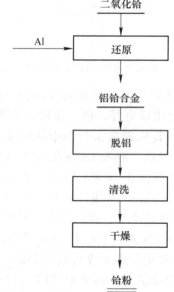

图 4-3　铝热还原法制备铪的工艺流程

Juneja 等人[14]发现了第Ⅳ族金属氧化物可通过铝还原制得其金属，并对此进行了深入研究。Sharma 等人[15]采用铝热还原的方法，通过直接共还原各组分的氧化物来制备 Nb-10Hf-Ti 和 Hf-Ta 合金。并通过电子束熔炼法除去铪铝合金中的铝制备了金属铪。

王芳等人[7]利用 Al（过量 20%）为还原剂，反应温度 900℃、时间 3h 还原 K_2HfF_6，得到了纯度为 98.75%、粒度为 3μm 左右的铪粉，其中的杂质铝以 Hf_3Al、Hf_3Al_3、Hf_5Al_3、$HfAl$ 等形式存在，经过电子束熔炼之后纯度更高。该研究在以铝为还原剂的还原体系中添加 NaCl-KCl 熔盐，由于添加的熔盐使铪和铝更易和杂质形成以氟络盐的形态存在的复杂化合物，导致铪粉中杂质的含量增加。同时，由于添加熔盐使体系引入相当数量的电子，有利于氟铪酸钾的还原，在均相反应过程中呈现局部的电中性，使得制取的铪粉尺寸倾向于变小。

2020 年，刘海等人[16]利用铝热自蔓延的方式还原了氧化铪。研究表明，当单位质量反应热大于 3000kJ/kg 时，铪会被还原，还原产物主要为 Al_3Hf。化学分析结果表明，金属产物中 O 含量最低为 0.20%、Hf 含量为 41.20%、Al 含量为 58.60%。添加 CaO 后，渣中主要产物为 $CaHfO_3$ 和 Al_2O_3，无 $CaAl_2O_4$ 生成，因此 CaO 不适合作为造渣剂。

目前金属热还原工艺中镁热还原工艺最为成熟，钙热还原获得产品品质好，而铝热还原还需要更多的研究。

4.1.3 熔盐电解法

传统的金属热还原法存在着工艺流程长、操作复杂、能耗高的问题。因此研究铪提取新技术受到了各国的重视。

4.1.3.1 传统的熔盐电解法

熔盐电解法制备金属铪，是以 K_2HfF_6 或者 $HfCl_4$ 为原料，以石墨为阳极、不锈钢棒为阴极，在碱金属氯化物为电解质条件下进行电解。Hf^{4+} 在阴极被还原沉积，还原产物经破碎、水洗得到所需金属。相比于钛和锆的氯化物（低共价性），$HfCl_4$ 在熔盐中能保持更长时间，即铪的氯化物比较稳定[17]。熔盐电解制备金属铪的主要反应为：

$$\text{阴极：} \qquad Hf^{4+} + 4e \longrightarrow Hf \tag{4-19}$$

$$\text{阳极：} \qquad 4Cl^- - 4e \longrightarrow 2Cl_2 \tag{4-20}$$

$$\text{总反应：} \qquad Hf^{4+} + 4Cl^- \longrightarrow Hf + 2Cl_2 \tag{4-21}$$

以 $HfCl_4$-NaCl-KCl 熔盐体系中电解工艺流程如图 4-4 所示。

一些研究者报道了铪在不同的碱金属熔盐中的电沉积，相关研究及结果见表 4-2[18]。

表 4-2　熔盐电沉积铪的研究

序　号	1	2	3	4
作　者	Hampel	Martinez	Sehra	Lamaze

续表 4-2

序　号	1	2	3	4
电解质体系	NaCl-K_2HfF_6	LiCl-KCl-$HfCl_4$	NaCl-NaF-$HfCl_4$	NaCl-KCl-NaF-$HfCl_4$
离子浓度/%	30	10	4.5	2~10
温度/℃	750	700~800	850	750~850
电压/V	—	2.5~10.5	3.9	6.0~8.5
电流密度/A·cm^{-2}	—	0.024~2.15	0.0775	0.15~0.60
电流效率/%	—	70	70	>95

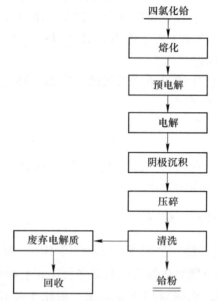

图 4-4　熔盐电解法制备金属铪粉的工艺流程

　　Spink 研究了摩尔比为 1∶1 的 NaCl-KCl 体系中加入不同摩尔分数的 $HfCl_4$ 后电沉积的最佳参数。加入 63% 的 $HfCl_4$ 时，电解温度设置为 310℃、电解电压设置为 5~20V、阴极电流密度为 0.19~0.77A/cm^2。而加入 27% 的 $HfCl_4$ 其共熔点较高，电解温度设置为 565℃、电解电压为 2.5~7.0V、阴极电流密度为 0.19~1.15A/cm^2。尽管加入 27% 的 $HfCl_4$ 电解时温度较高，但是体系的挥发性反而更低，成功沉积出了晶体铪，电流效率达 70%。

　　熔盐电沉积法的优点在于厂房投入小、原料成本低、容易获得、阴极产物纯度高。获得产品的纯度受原料中的氧和杂质的影响，但该工艺在高温下进行，电解质易挥发、坩埚寿命低、单批次生产效率低。

4.1.3.2　熔盐电解新技术

新型熔盐电解精炼工艺是以一种或多种氧化物为原料，压制成块作为阴极。

利用高温熔盐电解脱氧的方法去除阴极中的氧，以便达到对阴极原料提纯的目的，即 FFC 剑桥工艺[19]。目前 FFC 工艺成功制备的金属有钛、锆、铪、镁、钙、钒、钨、铁、铜等[20-23]。

此法制备金属铪是以二氧化铪为原料、氯化钙与其他碱金属氯化物为电解质，将二氧化铪压制成块作为阴极，石墨或其他惰性电极作为阳极直接进行电解。在二氧化铪和石墨电极上发生电化学反应：

阴极：
$$HfO_2 + 4e \Longrightarrow Hf + 2O^{2-} \tag{4-22}$$

阳极：
$$O^{2-} + C \Longrightarrow CO + 2e \tag{4-23}$$

总反应：
$$HfO_2 + C \longrightarrow Hf + CO_2(CO) \tag{4-24}$$

对于 HfO_2 电脱氧过程的机理[23]，研究发现 HfO_2 首先与 CaO 反应形成中间产物 $CaHfO_3$，这会导阻碍阴极脱氧过程。另一个发现是在初始颗粒中混合氧化铪和 Nb_2O_5 后，脱氧过程的电流变大，电脱氧 36h 后得到的球团为具有 0.8% 氧含量的 Hf-Nb 合金。阴极得到的粉末为立方形态结晶，粒径为 5~20nm 之间。立方结构可以保护粉末在空气暴露或洗涤过程中不被氧化。

Wang 等人[24]利用 FFC 剑桥工艺从 NiO、TiO_2 和 HfO_2 的烧结前驱体成功制备出 Ni-35%Ti-15% Hf 合金。烧结的氧化物前驱体在 9h 后被还原为金属合金。还原 24h 后，形成了一种氧含量为 0.16% 的均匀合金。

该法生产工艺简单，阳极产生的气体为 CO、CO_2，以氧化物为原料进一步电解得到杂质很低的金属。这不仅缩短了工艺流程，也减少了能耗和环境污染。存在的问题是电流效率低、反应过程中随着含氧量的降低电脱氧效率也越来越低。目前应用此法制备铪还处于实验研究阶段。

上述提取粗铪方法的产品纯度对比见表 4-3。

表 4-3　不同冶金方法的对比

还 原 方 法		原 料	纯度/%	参考文献
金属热还原法	镁热还原法	$HfCl_4/K_2HfF_6$	—	[6]
	钙热还原法	HfO_2	98.03	[12]
	铝热还原法	HfO_2	98.75	[7]
熔盐电解法	传统电解法	$K_2HfF_6/HfCl_4$	99.7	[18]
	电脱氧法	HfO_2	—	[24]

4.2　金属铪的提纯

4.2.1　熔盐电解精炼法

铪是负电性的稀有金属，对氢的溢出有较低的超电压。目前制备高纯金属主要的方法就是熔盐电解精炼法[25]。该法的原理就是在电解质中通直流电，电性比铪正的元素如 Fe、Ni、Mo、V 等仍留在阳极上，电性比铪负的元素如 Al、Si、Mg 等以离子形式进入电解质，而在阴极析出精制的金属铪[2,26]。与 FFC 工艺相比，熔盐电解精炼所使用的阳极材料完全不同。熔盐电解法以烧结压块后的海绵粗铪为阳极，阴极则使用相对于铪的惰性电极，如 Fe、Mo 或 Pt 等。选择氯化物熔盐体系进行精炼的好处是可以降低电解温度，在减少能量消耗的同时也能够有效地去除间隙杂质（C、N、O）。熔盐电解精炼铪发生的电极反应为：

$$阳极：\qquad Hf(粗) == Hf^{4+} + 4e(纯) \qquad\qquad (4\text{-}25)$$

$$阴极：\qquad Hf^{4+} + 4e == Hf(纯) \qquad\qquad (4\text{-}26)$$

$$总反应：\qquad Hf(粗) == Hf(纯) \qquad\qquad (4\text{-}27)$$

柳旭[17]用 $NaCl\text{-}KCl\text{-}K_2HfF_6$ 熔盐体系作为熔盐电解精炼的电解质，以海绵铪和还原铪粉为阳极料，在一定的电解条件下进行电解精炼，得到的铪粉中主要杂质总含量在 0.07% 以下。电解精炼时，K_2HfF_6 浓度过高或太低都有可能得不到产物。较理想的浓度是 20%，在此浓度下电解的电流效率达到 68.3%。针对海绵铪和还原铪粉两种阳极料，最佳电流密度分别为 $1.2A/cm^2$ 和 $0.5A/cm^2$。

Sharma 等人[9]研究了 $NaCl\text{-}KCl\text{-}K_2HfF_6$、$NaCl\text{-}KCl\text{-}NaF\text{-}HfCl_4$、$NaCl\text{-}NaF\text{-}HfCl_4$ 三种熔盐体系中粗铪提纯精炼的影响因素。发现在 859℃、$NaCl\text{-}NaF\text{-}HfCl_4$ 电解质体系中，铪离子浓度为 4.5%，在电流密度为 $0.08A/cm^2$ 的条件下能够得到纯度较高的铪。因此，可以确定不同的电解质及铪离子浓度会影响电解精炼铪的性能及质量。

陈泰亨等人[26]采用 $NaCl\text{-}KCl（1:1）$、K_2HfF_6 的加入量为总质量的 18% ~ 20%，阴极初始电流密度为 $0.25 \sim 0.35A/cm^2$ 的条件下精炼铪。获得铪粉的粒度在 $0.074 \sim 0.147mm（100 \sim 200$ 目）之间。金属元素杂质全部低于高纯铪的标准，氧和硅的含量偏高。

李国勋[27]在 $NaCl\text{-}KCl\text{-}K_2HfCl_6$ 体系中研究了铪的电解精炼。结果表明，电解精炼温度在 826℃、电流密度为 $2.7 \sim 4.1A/cm^2$ 时，能够获得纯度比较高的产品，且回收率和电流效率均在 75% 以上。叶章根等人[25]同样以 $NaCl\text{-}KCl\text{-}K_2HfCl_6$ 混合熔盐为电解质，探究了该熔盐体系精炼铪的最优工艺条件。最后发现最佳电解温度为 726℃，对于海绵铪的电流密度设定为 $1.2A/cm^2$，而还原铪粉的电流密度为 $0.5A/cm^2$，得到的产物杂质总含量最低，均在 0.07% 以下。

目前，由于熔盐电解精炼工艺生产效率低，还未实现工业化生产，主要是与其他工艺配合实现铪的纯化。

4.2.2 碘化精炼法

真空碘化精炼工艺制备金属铪是在低温真空下，碘与粗铪作为原料发生反应，生成高挥发性碘化物。然后这些挥发性碘化物挥发到高温的母丝上，受热发生解离生成金属铪和碘，被分离出来的金属铪堆积在炽热母丝上完成精炼。碘高温升华后返回原料区继续重复上述反应过程，整个过程碘没有被消耗，只起到了运输载体的作用，保证了过程的连续性。碘化精炼工艺相当于除杂过程，可以除去与碘发生反应但在高温下不会解离的杂质或与碘反应但不生成挥发性碘化物的杂质，以及不与碘反应的杂质，其反应表达式为：

$$I_2(g) + Me_{粗}(s) \xrightarrow{低温} MeI_4(g)$$
$$I_2(g) + Me_{粗}(s) \xrightarrow{高温} I(g) + Me_{纯}(s)$$

(4-28)

吴享南等人[28]以加工残料（铪碎屑或海绵铪）为原料利用碘化精炼法生产出了铪晶棒。所得铪棒的平均直径为 15~18mm、沉积速度为 0.7g/(h·cm)，总铪回收率高达 90%，但是操作周期长达 50~70h，实际碘化时间 35~50h。将所得铪棒经熔成锭、旋锻直至拉成直径为 2mm 以下的细丝即可作为等离子切割机电极使用。田丽森等人[29]以海绵铪和碘为原料制备结晶铪，研究了低温区最佳温度区间。由于 HfI_4 的蒸气压显著高于 FeI_2 的蒸气压，HfI_4 气体的生成扩散抑制 FeI_2 气体的生成挥发，低温区温度选择 277~477℃最佳。在该温度下，HfI_4 气体浓度较高、铪沉积速率较大。碘化法制备结晶铪对杂质元素 Fe 的提纯效果明显，且随着铪沉积速率的增加，杂质 Fe 含量以数量级的幅度锐减。

Sehra 等人[30]分别以钙热还原和电解氧化铪所得铪粉为原料，利用碘化法制得碘化棒产品的直径分别为 18mm 和 20mm。Kotsar 等人[31]以铪碎屑为原料制备金属铪，产物直径为 18~22mm、沉积速率高达 53~82g/(h·m)。所得铪中的杂质的实际含量比技术要求低 2~4 倍，个别杂质的含量符合应用技术中的检测限。

碘化法的优点在于去除气体（O、N）杂质效果较好[32]、生产时产生的残料可制成更易于保存的铪晶棒、安全系数也更高、降低了海绵铪的易燃危险性。但该法生产不连续、生产率低和电耗较大，对某些金属元素（如 Fe、Al、Pb）不能去除。

4.2.3 电子束熔炼法

Thomas[33]采用电子束熔炼法在真空度大于 $1.33×10^{-5}$kPa、电压为 4000~12000V、电子轰击电流小于 15A 的工艺条件下制备得到纯度较高的金属铪锭，直径为 7.62~15.24cm，且经电子束熔炼后杂质去除效果比较显著。

王华森等人[34]对此电子束熔炼法进行研究发现铪的纯度取决于熔炼速度、液态金属过热度和金属熔池的表面张力。所得产品中，Mg、Al、Fe、Cr、Mo、Ni、Ti、Sn 和 Pb 等金属杂质含量明显降低。经过二次或三次电子束熔炼获得的铪锭成品率可达 80%，化学成分达到原子能的标准。

　　电子束熔炼法的优点是能够进行自动化控制、安全可靠、化学成分可精确控制；缺点是设备复杂，除杂过程当中会有原料的损耗导致精炼成本高等。

参 考 文 献

[1] 中国有色金属工业协会专家委员会. 中国锆、铪［M］. 北京：冶金工业出版社，2014.

[2] 罗方承，陈忠锡，孙小龙，等. MIBK 双溶剂萃取法制备原子能级氧化锆和氧化铪的工艺设计［J］. 稀有金属快报，2007，26(1)：89-92.

[3] 刘莉，虞平，陈洁雯，等. 2012 年中国锆英砂市场回顾及展望. 钛工业进展，2013，30(6)：9-13.

[4] Xu L，Xiao Y，VanSandwijk A，et al. Production of nuclear grade zirconium：A review［J］. Journal of Nuclear Materials：Materials Aspects of Fission and Fusion，2015，466：21-28.

[5] Sharma I G，Gupta C K. Studies on electrorefining of calciothermic hafnium［J］. Journal of Nuclear Materials，1978，74(1)：19-26.

[6] Gerald W，Albany O，Richard W. Production of hafnium metal：US9605860A［P］. 1960.

[7] 王芳，黄永章，王鑫，等. 金属热还原 K_2HfF_6 制备铪粉的研究［J］. 稀有金属，2013，37(2)：272-276.

[8] Dzidziguri E，Sidorova E，Salangina E. Development of a process for producing nanostructured hafnium powder［J］. Metallurgist，2010，54(7)：455-458.

[9] Sharma I，Vijay P，Sehra J，et al. Preparation of hafnium metal by calciothermic reduction of HfO_2［J］. Bhabha Atomic Research Centre，1975.

[10] Abdelkader A M，Daher A. Preparation of hafnium powder by calciothermic reduction of HfO_2 in molten chloride bath［J］. Journal of Alloys and Compounds，2009，469(1/2)：571-575.

[11] 王芳. 氯化钙熔盐中钙还原氧化铪制备金属铪粉的研究［D］. 北京：北京有色金属研究总院，2013.

[12] 张祺，郑鑫，张小联. 钙热还原氧化铪制备铪粉的研究［J］. 稀有金属与硬质合金，2021，49(3)：58-63.

[13] Gosse G，Albert P，Leh P. Production of hafnium by direct reduction of its oxide in the electron bombardment furnace［J］. Memoires Scientifiques de la revue de Met-allurgie，1965，62(57)：407.

[14] Juneja J，Vijay P，Sehra J. Studies on the aluminothermic reduction of pure strontium oxide［C］//Pro-ceedings of the Symposium on Metallothermic Processes in Metal and Alloy Extraction，1983.

[15] Sharma I，Majumdar S，Chakraborty S，et al. Aluminothermic preparation of Hf-Ta and Nb-10Hf-1Ti alloys and their characterization［J］. Journal of Alloys and Compounds，2003，350：184-190.

[16] 刘海，马朝辉，黄景存，等. 铝热自蔓延还原氧化铪实验研究［J］. 原子能科学技术，2020，54(4)：671-677.

[17] 柳旭，王力军，陈松，等. 金属铪的制备方法研究进展［J］. 稀有金属，2013，37(2)：312-319.

[18] 王祥生, 王志强, 陈德宏, 等. 稀土金属制备技术发展及现状 [J]. 稀土, 2015, 36 (5): 123-132.

[19] Chen G, Fray D, Farthing T. Direct electrochemical reduction of titanium dioxide to titanium in molten calcium chloride[J]. Nature, 2000, 407: 361-363.

[20] Fenn A, Cooley G, Fray D, et al. Exploiting the FFC Cambridge Proces [J]. Advanced materials & processes, 2004, 162(2): 51-53.

[21] Hu X, Xu Q. Preparation of tantalum by electro-deoxidation in $CaCl_2$-NaCl mel [J]. Acta Metallurgica Sinica, 2006, 42(3): 285-287.

[22] Okabe T, Oda T, Mitsuda Y. Titanium powder production by preform reduction process(PRP) [J]. Journal of Alloys and Compounds, 2004, 364(1/2): 156-163.

[23] Abdelkader A, Fray D. Electro-deoxidation of hafnium dioxide and niobia-doped hafnium dioxide in molten calcium chloride[J]. Electrochimica Acta, 2012, 64: 10-16.

[24] Wang B, Bhagat R, Lan X, et al. Production of Ni-35Ti-15Hf Alloy via the FFC Cambridge Process[J]. Journal of The Electrochemical Society, 2011, 158(10): D595-D602.

[25] 叶章根, 陈松, 李文良, 等. 熔盐电解精炼铪的研究 [J]. 稀有金属, 2012, 36(5): 791-798.

[26] 陈泰亨. 熔盐电解精炼铪 [J]. 上海金属: 有色分册, 1990, 11(3): 11-14.

[27] 贾雷, 严红燕, 李慧, 等. 熔盐电解精炼制备高电铪工艺研究进展 [J]. 矿产综合利用, 2020(1): 33-38.

[28] 吴享南, 刘广明, 黄春祥. 碘化法生产可锻性铪晶棒 [J]. 稀有金属, 1998, 22(2): 155-157.

[29] 田丽森, 尹延西, 李忠岐, 等. 碘化法制备结晶铪热力学分析 [C]//全国重有色金属冶金技术交流会, 2014.

[30] Sehra J, Rakhasia R, Shah V. Studies and preparation of hafnium metal[J]. High Temperature Materials & Processes, 1997, 16(2): 123-132.

[31] Kotsar M, Morenko O, Shtutsa M, et al. Obtaining of high purity titanium, zirconium, and hafnium by the method of iodide refining in industrial conditions[J]. Inorganic Materials, 2010, 46(3): 282-290.

[32] 谢珊珊, 李慧, 梁精龙, 等. 金属铪的制备工艺 [J]. 热加工工艺, 2017, 46(6): 36-38.

[33] Thomas B, Hayes E. The metallurgy of hafnium[J]. Naval Reactors, Division of Reactor Development, USA Atomic Energy Commission, 1960.

[34] 王华森. 铪的电子束熔炼 [J]. 稀有金属合金加工, 1981, 2: 16-19.

5 金属钒的提取与提纯

钒主要赋存于钒钛磁铁矿中，我国独有的页岩也是重要的钒矿物之一。V_2O_5 是从钒矿石冶炼后获得的重要中间钒产品。在 V_2O_5 的还原、氯化、氮化的基础上，可以进一步制备出三氧化二钒、氯化钒、氮化钒、钒酸盐等。这些含钒前驱体经过热化学还原、电化学还原等各种方法得到粗钒。但粗钒中含有金属和非金属杂质，需要进一步精炼提纯。粗钒的提纯方法包括熔盐电解精炼、碘化物热分解和固态电迁移等，可大大减少粗钒中的残留杂质。用于钒矿物冶炼、钒的提取和提纯方法如图 5-1 所示。

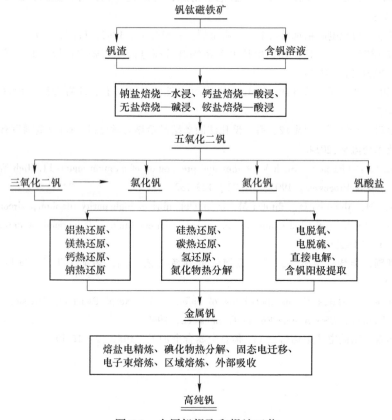

图 5-1 金属钒提取和提纯工艺

金属钒的纯度一般在 99.5% 以上。当前，工业生产往往采用一种方法反复提纯或多种方法组合使用，以达到去除杂质、提纯金属的目的。在这些方法中，铝热还原结合 V_2O_5 的电子束冶炼工艺仍然是提取高纯金属钒的主流方法。在保证高纯钒的品质前提下，降低钒的生产成本、提高提取工艺的回收率是金属钒工业进一步发展需要解决的问题。未来，钒的提取与提纯会向着回收率高、污染小、成本低的绿色冶炼方向发展。

5.1 金属钒的提取

钒产品原料绝大部分来自钒钛磁铁矿，其中包括由钒钛磁铁矿直接冶炼和钒钛磁铁矿经钢铁冶金流程得到的富钒钢渣。小部分来源于页岩及含钒副产品的回收（含钒燃油灰渣、废化学催化剂等）[1]。对钒矿石进行选冶后最主要的产物为 V_2O_5。

5.1.1 钒矿石的冶炼

5.1.1.1 钒钛磁铁矿

钒钛磁铁矿是多组分矿石，可同时开采铁、钛和钒，而且其不含磷，是工业生产钒的重要来源之一。钒钛磁铁矿的处理工艺路线如图 5-2 所示。

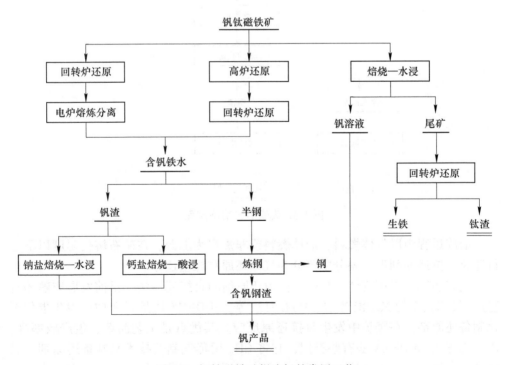

图 5-2 钒钛磁铁矿提取钒的常用工艺

　　大规模应用的工艺是从钒钛磁铁矿中回收钒渣。矿石在大型回转窑中被部分预还原，含有预还原铁、炭和熔剂的产品接下来进行埋弧电冶炼。在该操作中生产的含钒铁水被吹炼以产生富钒炉渣，通过焙烧—浸出工艺从中回收钒。另一种方法可以是直接化学处理，包括焙烧和浸出提取钒。

　　按照对元素的提取顺序，分为先铁后钒工艺和先钒后铁工艺[2]。

　　A　先铁后钒工艺

　　先铁后钒工艺过程包括钒钛磁铁精矿冶炼—铁水提钒—钒渣生产氧化钒。将烧结矿和球团矿同固态还原剂（如焦炭、煤粉）一起送入高炉中冶炼，绝大部分的钒被还原进入铁水，钛则形成高炉渣。含钒铁水先预脱硫后经转炉吹炼，钒被氧化形成钒渣，铁水变成半钢。该工艺以生产钢铁为主，钒作为副产物回收，是从钒钛磁铁矿中回收钒最主要的途径，流程如图 5-3 所示。

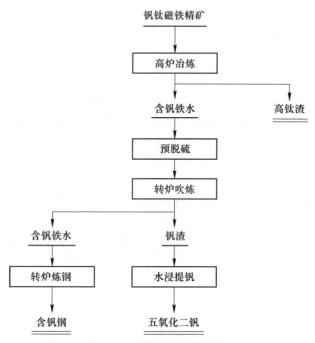

图 5-3　先铁后钒冶炼流程

　　冶炼过程中以气体燃料、液体燃料或非焦煤为能源，在矿石熔化温度以下进行还原。按还原剂形态划分主要分为气基还原和煤基还原。

　　气基还原是采用气体（CH_4）作为还原剂的直接还原法。目前发展成熟的有竖炉–气基法中的 MIDREX 法、HYL-Ⅲ法等。MIDREX 法是利用 CH_4 发生催化裂化制备还原剂，在竖炉中发生直接还原反应。其优点是工艺简单、生产效率高。HYL-Ⅲ法与 MIDREX 法有些类似，它将 CH_4 用蒸气制气技术来制备还原剂，然后进行直接还原。煤基法是采用固体作为还原剂的直接还原法，其优点是直接还原发生速度快，能满足钒钛磁铁精矿直接还原的特殊要求，而缺点是能耗高、生产效率低。由于煤基还原的普遍性，煤基法还原钒钛磁铁精矿的综合利用问题一直是研究的热点。

铁水提钒获得的产物有钒渣、钠化钒渣和含钒钢渣。由于钒渣中的钒含量高，用钒渣作原料生产氧化钒时，具有原料的处理量小、化工原料和燃料的消耗少、生产效率高、工厂基建投资少等优点。国内仅有钒渣制取氧化钒工艺实现了工业化生产。而其缺点是生产成本和能耗高，且无法有效回收利用高钛渣，造成污染和钒钛资源的浪费。钒渣处理技术按照普通焙烧方式可分为钠盐焙烧、钙盐焙烧、铵盐焙烧和无盐焙烧[3]。

（1）钠盐焙烧。钠盐焙烧—水浸提钒工艺是最早应用于处理钒渣的技术，其工艺较为成熟，原料适应性强，获得的氧化钒产品质量高。该工艺焙烧温度为750～850℃、焙烧时间2～3h。在焙烧过程中需要加 Na_2CO_3、$NaCl$、Na_2SO_4 等添加剂。该工艺钠盐消耗量大，对钒渣原料中 SiO_2、CaO 的含量有较为严格的限制。钒渣中的 SiO_2 不仅增加钠化添加剂的消耗，还易形成低熔点物质包裹钒，造成钒浸出率下降，更重要的是 SiO_2 含量的波动会影响焙烧工序的配料、残渣的过滤洗涤性能。CaO 在钠化焙烧过程中形成不溶于水的钒酸钙，造成钒的损失。当渣中 CaO 含量每增加1%，则损失 4.7%～9% 的 V_2O_5。有资料表明，钒渣中 CaO 较高时会使硅酸盐的破坏速度减慢和破坏温度升高。而且在焙烧过程中会产生大量的有害气体，如 Cl_2、SO_2、HCl 等。这些有害气体不仅腐蚀设备，还对环境造成污染。钠盐焙烧—水浸法工艺钒的提取率可达到 98.9%。

（2）钙盐焙烧。钙盐焙烧—酸浸提钒工艺是第二种应用于工业生产的钒渣提钒工艺。2009年以前，俄罗斯图拉提钒厂是最先将该工艺工业化的企业，因而又称为图拉石灰法。钒渣钙化焙烧—酸浸获得的浸出液为 pH 值为 2.5～3.2 的酸性溶液，所得产品 V_2O_5 纯度为 88%～94%，产品中的主要杂质为 MnO、CaO 和 MgO。钒的浸出率可达 96%。相对于钠盐，CaO 在焙烧过程中需要更高的温度（850～950℃）才能转变成钒酸钙。钙盐焙烧结合硫酸或铵盐浸出可获得含钒溶液，再通过沉淀和煅烧后得到 V_2O_5 产品。钙盐焙烧的优点是它不会产生任何有害气体，可避免引起环境问题。同时，在产业化方面也有明显的优势。沉钒废水可以返回炼铁厂进一步回收钒和铁，与钠盐工艺中的废水蒸发浓缩处理方式相比，成本大幅度下降、无环境问题。而且石灰石替代碳酸钠作为焙烧添加剂，氧化钒的生产成本显著降低。钙盐焙烧—酸浸提钒工艺虽然在技术上取得了重大突破，但还需要进一步完善。例如，钒渣中的磷在酸浸时会部分进入溶液，由于所得浸出液为酸性溶液，直接除磷技术尚不成熟。若调节浸出液 pH 值除磷会带来钒的损失，失去该工艺的部分优势。因此，该工艺暂不适用于高磷含量的钒渣。

（3）铵盐焙烧。铵盐焙烧是一种高效的处理钒渣技术。与传统的钠盐、钙盐焙烧相比,铵盐焙烧所需的焙烧温度更低,在中高温条件下即可进行。采用硫酸铵焙烧—硫酸浸出法处理钒渣,过程中钒的提取率达 91%、钛的提取率达 77%。

(4) 无盐焙烧。与传统钠盐焙烧—水浸和钙盐焙烧—酸浸过程相比,无盐焙烧能避免铬盐产生。基于无盐焙烧的优点,采用无盐焙烧—碱性浸出法处理钒渣,钒的回收率可达 98%。

综上,该工艺处理钒钛磁铁精矿,铁和钒的回收率分别可达 90% 和 98%。

B 先钒后铁工艺

先钒后铁工艺主要有钒钛磁铁精矿钠化焙烧—水浸提钒和钒钛磁铁精矿钙化焙烧—酸浸提钒[4]。首先对钒钛磁铁矿进行浮选、磁选,得到钒钛磁铁精矿。之后在水溶液中将钒钛磁铁精矿与钠盐按一定比例混合加入黏结剂制成球团,然后在 1000℃ 对球团进行氧化焙烧。焙烧产物经水浸提钒,得到含钒溶液和残渣,含钒溶液经处理得到 V_2O_5;提钒后的残渣再经回转窑还原、电炉熔分获得钢水和钛渣,从而实现铁、钒、钛的分离。同理,当钠盐更换为钙盐,使钒氧化为不溶于水的含钒钙盐,再经酸浸提钒。该工艺其余环节与钠化焙烧一致。

(1) 钠化焙烧—水浸提钒。钠化焙烧—水浸提钒工艺中,将钒钛磁铁矿精矿与钠盐混匀造球并进行氧化钠化焙烧。焙烧产品经浸出可得到水溶性的钒酸钠和不溶于水的钛铁渣,含钒溶液进一步处理可得到 V_2O_5。钙化焙烧的原理与其相同。因处理量大,仅适用于钒钛磁铁精矿含钒量高(含量大于 1.0%)、矿石、钠盐添加剂和燃料价格低的情况。为使钒回收率高、钠盐添加剂用量少,一般会选用 SiO_2 含量很低、粒度较细的钒钛磁铁精矿。

(2) 钙化焙烧—酸浸提钒。钙化焙烧—酸浸提钒工艺中,以硫酸钙为钙化剂代替传统工艺的钠盐对钒钛磁铁矿进行钙化焙烧处理。在焙烧过程中,烧结产物中钒和铁的损失率均随焙烧温度的升高而增加,但焙烧后钒元素更易于溶解浸出。为兼顾钒的浸出率和铁的损失率,从而获得良好的工艺指标。在最佳工艺参数下,钒的浸出率最大为 79.08%、铁的损失率为 3.32%。

5.1.1.2 页岩矿

我国页岩钒矿资源极为丰富,页岩提钒是获取钒的主要途径之一[5]。钒在页岩中存在多种价态,其中以 +3 价钒为主,很少含有 +5 价钒,只有当原矿受熔岩侵蚀作用或经长期风化、淋滤后才会产生较多 +4 价钒或 +5 价钒。由于 +3 价钒易以类质同象取代铝的硅酸盐矿物中铝氧二八面体里的 Al(Ⅲ),并允许少量 +4 价钒共存,因此页岩通常需要在高温下焙烧,脱除其中的碳质和有机质,并破坏含钒矿物结构,使低价钒氧化为可溶于水或酸的高价钒氧化物,再通过水或酸浸出。三种不同价态的钒氧化物性质差别很大,+3 价钒不溶于水和碱,难溶于酸；+4 价钒不溶于水，溶于酸碱；+5 价钒微溶于水，易溶于酸碱。所以，要想使页岩钒矿中的钒进入溶液富集，就必须将页岩钒矿中的+3 价钒氧化为可被酸碱溶出的高价钒。少数页岩由于受风化淋滤作用，含钒矿物结构发生变化，这类页岩采用直接浸出方式可以获得较好的效果，其他大部分页岩浸出前都需要经过焙烧。因此，焙烧是页岩提钒的关键环节之一，直接决定着钒的浸出效果。

目前的页岩提钒方法包含钠化焙烧、钙化焙烧、硫酸化焙烧、复合添加剂焙烧、无添加剂焙烧和直接酸浸等工艺[5-6]。

A 钠化焙烧—水浸工艺

钠化焙烧—水浸工艺是开发最早的工艺。钠化焙烧的目的是破坏含钒页岩矿物的组织结构，将+3 价或+4 价钒氧化为+5 价钒，并与钠盐分解产生的 Na_2O 反应生成钒酸钠（$xNa_2O \cdot yV_2O_5$），以便于水溶液浸出。可用于焙烧的钠盐添加剂有 $NaCl$、Na_2CO_3、Na_2SO_4 等，一般工业生产中主要采用 $NaCl$。焙烧物经水浸出后，得到含钒浸出液，浸出液水解沉粗钒，再精制可得到合格的 V_2O_5。该工艺流程简单、投资少、时间较短；但缺点是钠化焙烧过程会产生大量 Cl_2 和 HCl 气体，环境污染严重。这些酸性气体目前主要是用 $NaOH$ 溶液吸收。但由于含钒页岩的品位低、$NaCl$ 加入量大、焙烧过程产生的 Cl_2 和 HCl 气体量大、环境污染严重、金属回收率只有约 45%、资源综合利用率低。针对传统钠化焙烧工艺的不足，科研人员进行了许多改进，如水浸后再酸浸、水浸后一步酸性沉精钒、离子交换提钒、萃取提钒等，后两者将钒从浸出液到精钒的回收率提高到 98%以上，全流程总回收率相应提高到 50%以上。由于国家日益严格的环境保护政策，纯粹的钠化焙烧已退出历史舞台，但低钠复合添加剂焙烧工艺仍有部分企业采用。

B 钙化焙烧—浸出工艺

钙化焙烧—浸出工艺是将石灰、石灰石（或其他钙化合物）按一定比例添加到含钒页岩矿中混料，再进行钙化焙烧，使矿石中的钒氧化并生成钒酸钙。为使溶解度很小的 $Ca(VO_3)_2$ 中的钒从焙烧后的熟料中分离出来，可采用酸浸、碱浸或盐浸的方式。常用的浸出液有硫酸、碳酸钠、碳酸氢铵等。相比空白焙烧，该工艺加入了钙盐，能较好地破坏矿石结构，有利于提高钒浸出率。相对钠盐焙烧，虽然钙盐分解矿石的能力弱一些，但由于反应中钙盐与矿石中的硅形成硅酸钙，其黏结温度高于钠化焙烧所采用的焙烧温度，而高温有利于低价钒的氧化和矿石结构的破坏，故也能得到满意的浸出效果。另外钙化焙烧不像钠化焙烧一样释放 HCl、Cl_2 等有害气体，且添加钙盐对焙烧产生的 SO_2 有一定程度的吸收作用，可以节省生产成本。焙烧后的浸出渣不含钠盐且富含钙，有利于综合利用（如用于建材行业等）。但是生产中对钙盐的添加量需要精准控制，否则焙烧过程钒转化效果波动较大，且会形成难溶物使浸出率降低。焙烧温度普遍要比钠化焙烧高 50~100℃，且焙烧时间较长、焙烧过程能耗较高，仅适用于高价钒含量较多、晶体结构发育不完全的页岩。

C 硫酸化焙烧—水浸工艺

硫酸化焙烧—水浸提钒工艺不同于一般意义上 800～900℃ 的高温焙烧,其是一种在 200℃ 左右的低温焙烧。实质是在固相中完成浸出反应,并在硫酸沸点以下进行加热。在焙烧温度下反应生成的水将快速蒸发散失,根据化学平衡,其有助于反应向正方向进行。但应当注意的是,为了防止硫酸挥发和硫酸氧钒($VOSO_4$)分解,焙烧温度应控制在硫酸沸点,即 330℃ 以下。超过此温度硫酸将大量挥发导致焙烧效果大幅下降,还会造成硫酸氧钒的分解。在此温度以下进行焙烧,既可以有效避免硫酸的挥发,又能最大限度地提高硫酸利用率及钒的分解。焙烧过程所生成的硫酸盐和硫酸氧钒都为水溶性物质,随后采用水浸即可让其中的钒进入溶液中。与钠化焙烧、钙化焙烧等相比,其焙烧温度较低,同时无任何污染性气体产出,具有污染小、效率高等优点。由于其技术尚不成熟,仍然存在钒浸出率较低、酸耗较大等问题,焙烧温度低导致页岩钒矿中所含碳质发生的燃烧反应不完全,剩余的碳质覆盖在含钒伊利石表面,在浸出过程中阻碍硫酸中的 H^+ 进入伊利石晶格内部置换出其中的钒,这需要进一步改进和研发。

D 复合添加剂焙烧工艺

复合添加剂焙烧即在焙烧过程中将多种不同类型添加剂与页岩钒矿混合后进行焙烧。根据页岩成分的不同,采用多种盐类的复合物进行焙烧。多种添加剂的复合可改善焙烧过程中烧结料的物理化学性能,如改变炉料的软化点、透气性、氧化还原气氛等,从而达到强化分解矿石结构的目的。采用复合盐焙烧工艺降低了传统钠盐焙烧时产生的污染,而钒的回收率却没有降低,甚至还有一定的提高。相当一部分对复合添加剂的研究是为了减轻钠化焙烧过程单一 NaCl 作添加剂而产生的严重污染性气体,以及提高钠化焙烧的低转浸率。但仍有部分 NaCl 分解产生的氯气要进行处理,添加剂成本也有所上升,操作条件相对复杂一些。目前钠盐和钙盐混合作添加剂的研究也较多。

E 无添加剂焙烧工艺

无添加剂焙烧又称空白焙烧,即焙烧过程中不加入任何添加剂,将原矿破碎后直接或造球后在炉中升温焙烧。利用空气中的氧化性气氛使因焙烧而暴露出的低价钒氧化为可溶于酸或碱的高价钒,并与矿石本身分解出来的 Al、K 等氧化物生成相应的偏钒酸盐。钠化焙烧过程有 Cl_2、HCl 等有害气体释放,提钒处理后的余液含有大量 NaCl,在浸出时将造成 Cl^- 积累,影响离子与钒的交换性能。而普通方法难以回收这些盐类,直接排放则污染环境,因此开发了含钒页岩空白焙烧—浸出提钒工艺。由于没有任何添加剂,产生的水溶性钒酸盐较少,矿石的结构难被有效破坏,故浸出过程一般需要采用酸浸或碱浸才能保证较高的浸出率。只有钒以非晶态(包括伊利石和钒云母)的形式存在时,采用空白焙烧提钒工艺的效果才较为理想。以晶体结构良好的矿物形态赋存于页岩中的钒，则需加添加剂进行焙烧。空白焙烧的主要优势在于不加添加剂从而使得焙烧成本大幅下降，不会释放 Cl_2、HCl 等气体污染环境，但因页岩钒矿中所含硫化物而产生的 SO_2 仍需治理。焙烧温度需控制好，焙烧温度过低则无法破坏含钒结构，焙烧温度过高则易烧结，即部分硅酸盐类物质熔融后包裹在释放出来的钒表面，使得其很难被一般浓度酸或碱浸出。

F　直接酸浸工艺

直接酸浸是一种新的页岩提钒工艺，矿石不经过高温焙烧，直接用合适浓度的酸在高温下浸出，得到含钒浸出液。钠化焙烧、复合添加剂焙烧和钙化焙烧提钒工艺都或多或少地会对环境产生污染，而空白焙烧提钒虽然对环境的污染很轻，但工艺适应性不高，且浸出率较低。相比之下，直接浸出工艺省去了焙烧环节，具有清洁无污染、能耗低、浸出指标好的优点。该方法的工艺参数容易控制，指标稳定、总回收率高，且不产生 HCl、Cl_2 等污染环境的废气。但由于是酸法作业，许多设备要求防腐，依然存在着硫酸消耗大、浸出时间长、设备耐腐蚀性要求高等问题，且仅能适应钒以高价态和吸附态存在的页岩钒矿。因此仅适用于含耗酸物（如碳酸盐、有机质等）较少、含铁少的页岩型钒矿，不适宜于钒渣提钒。

某些含钒页岩矿经风化后，部分钒以 V^{5+} 形式存在。这类含钒页岩矿可以采用直接碱浸工艺处理，其流程主要包括磨矿、稀碱浸出、$AlCl_3$ 净化除硅、水解沉钒、热解精制钒等步骤。某矿采用直接碱浸工艺处理，当碱浓度约为 2mol/L、浸出温度为 95℃时，经多次浸出后，钒的总浸出率可达到 $60\% \sim 80\%$；将浸出液净化、沉钒、煅烧后制得精钒，钒的回收率达 $50\% \sim 70\%$。页岩碱性浸出提钒的优点是空白焙烧过程中烟气污染小易于治理、钒的浸出率高、浸出渣易于存放或利用，基本能够实现废水的零排放；缺点是浸出过程 NaOH 的消耗量高，且由于页岩主要成分为酸性的 SiO_2（SiO_2 的含量基本上都高于 60%），在浸出过程中大量的硅也会一同浸出，使得在进行钒富集之前必须先进行除硅操作。除硅过程会产生大量难以利用的固体废渣，并造成钒的损失。

5.1.2　金属钒的提取

钒矿物冶炼后，得到的绝大部分产物为不同价态的钒氧化物，还包括部分硫化钒及氯化钒。生产金属钒仍需要利用不同工艺对钒化合物进行还原。由氧化钒得到金属钒的工艺流程如图 5-4 所示。

5.1.2.1　金属热还原法

化合物的金属热还原是制备金属的重要方法。选择还原剂的原则是其氧化物

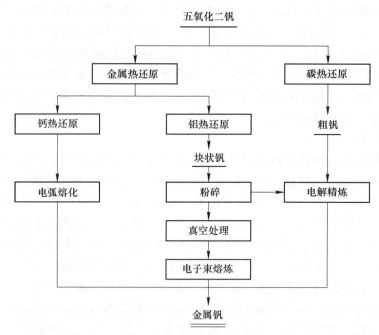

图 5-4   钒还原的主要工艺

标准吉布斯生成能低于被还原的金属氧化物。金属镁、钙、钠、铝等可还原钒氧化物，以铝热还原为主。此外，氯化钒还可以被钾、钙、钠、镁等还原。用 HSC 6.0 计算的主要还原反应的热力学数据如图 5-5 所示。可以看出氧化钒在还原方面总体上更具优势。为了避免反应过于剧烈，通常不优选钙作为还原剂。

当用铝作还原剂还原氧化物时，所有标准吉布斯自由能高于 Al_2O_3 的金属都可以被铝还原。通常镁、铝和钙可作为合适的还原剂。提取方式的优劣取决于是否需要后续的提纯及提纯的成本和效果。目前，铝热还原法已成为应用最广泛的方法。一般来说，金属热还原法得到的粗钒纯度高于非金属热还原法。

A   铝热还原法

Marden[7] 提出铝热还原法并应用于 V_2O_5 的还原。Carlson[8] 首次采用铝热还原法提取钒，反应见式 (5-1)。

$$3V_2O_5 + 10Al == 6V + 5Al_2O_3 \tag{5-1}$$

该工艺在充有氩气的密闭容器中用高纯铝还原 V_2O_5，制备 V-Al 合金（含钒 11%），然后在真空中加热至 1700~1800℃ 进行脱铝。Wang[9] 进一步发展了 Carlson 工艺，即通过 V_2O_5 的铝热还原制备钒铝合金，再直接电子束熔化生产钒，省去了真空烧结的中间步骤。Gupta[10] 对钒的铝热还原作出了重要贡献，他在 CaO 或 $KClO_3$ 存在的情况下用铝还原 V_2O_5，直接得到块状钒。与其他提取方法相比，铝热还原具有显著的优势。铝相对便宜，消耗量也相对较低。特别是后

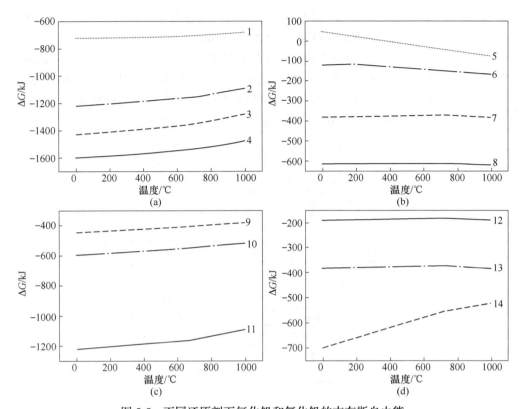

图 5-5 不同还原剂下氧化钒和氯化钒的吉布斯自由能

$1—V_2O_5+5/2Si \Longrightarrow 2V+5/2SiO_2$；$2—V_2O_5+10/3Al \Longrightarrow 2V+5/3Al_2O_3$；$3—V_2O_5+5Mg \Longrightarrow 2V+5MgO$；

$4—V_2O_5+5Ca \Longrightarrow 2V+5CaO$；$5—4VCl_3+3Si \Longrightarrow 4V+3SiCl_4(g)$；$6—VCl_3+Al \Longrightarrow V+AlCl_3$；

$7—2VCl_3+3Mg \Longrightarrow 2V+3MgCl_2$；$8—2VCl_3+3Ca \Longrightarrow 2V+3CaCl_2$；$9—V_2O_3+2Al \Longrightarrow 2V+Al_2O_3$；

$10—3/2VO_2+2Al \Longrightarrow 3/2V+Al_2O_3$；$11—3V_2O_5+10Al \Longrightarrow 6V+5Al_2O_3$；$12—VCl_2+Mg \Longrightarrow V+MgCl_2$；

$13—VCl_3+3/2Mg \Longrightarrow V+3/2MgCl_2$；$14—VCl_4(g)+2Mg \Longrightarrow V+2MgCl_2$

续的电解精炼、电子束熔炼、高温真空提纯可以与此工艺相结合，进一步提高产品的纯度。从目前研究工作看，铝热还原生产金属钒是最好的选择之一。

B 镁热还原法

利用 Kroll 工艺可以制备金属钒[11]。即以 V_2O_5 或钒铁为原料，500℃氯化制取液态 VCl_4，精馏除去主要杂质 $FeCl_3$，再吹气将 VCl_4 分解为 VCl_3，作为在 700~800℃的氩气气氛下进行镁热还原的原料。具体反应见式（5-2）~式（5-8）。

$$V_2O_5 + C \longrightarrow V_xO_y + CO(g) \tag{5-2}$$

$$V_xO_y + C + Cl_2 \longrightarrow VCl_4 + VOCl_3 + CO/CO_2(g) \tag{5-3}$$

$$VOCl_3 + C + Cl_2 \longrightarrow VCl_4 + VOCl_3 + CO/CO_2(g) \tag{5-4}$$

$$VCl_4 \longrightarrow VCl_3 + Cl_2(g) \tag{5-5}$$

$$VCl_3 \longrightarrow VCl_2 + Cl_2(g) \tag{5-6}$$
$$Mg + VCl_3 \longrightarrow V + MgCl_2 \tag{5-7}$$
$$Mg + VCl_2 \longrightarrow V + MgCl_2 \tag{5-8}$$

反应产物为海绵状钒、$MgCl_2$ 和少量残留镁块。在 920~950℃ 真空蒸馏除去海绵钒中的 $MgCl_2$ 和少量镁，最后经过滤洗涤得到海绵钒。金属钒纯度可高达 99.5%、回收率为 96%。Kroll 工艺冶炼金属钒工艺如图 5-6 所示。

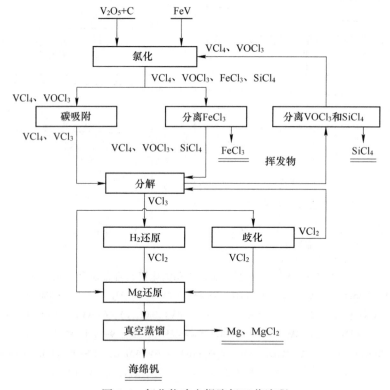

图 5-6 氯化物冶金提取钒工艺流程

Campbell[12] 通过氢还原进一步将 VCl_3 转化为 VCl_2。由于 VCl_2 比 VCl_3 稳定，可以防止 VCl_3 在还原过程中分解成 VCl_4 和 VCl_2。镁与氧的化学亲和力极强，产品中的氧含量可以降低到很低的水平，但在加工大量金属氯化物的过程中存在风险，并且会产生大量的废副产品。因此，Lee[13] 将镁蒸气与不能被氢气还原的氧化钒直接反应，生产纯钒金属。镁在卤化物还原冶金中很有价值，它对还原金属氯化物的适用性使其对提取难熔金属具有极大优势。

C 钙热还原法

1927 年，Marden 和 Rentschler 使用 Ca-CaCl₂ 制备了钍。继而，Marden 和 Rich[7] 首先通过类似的方法生产了纯度为 99% 的金属钒。将 V_2O_5、Ca 和 CaCl₂

一起放入密闭容器中，加热至 900~950℃进行反应，系统冷却后得到金属钒（见式（5-9））。

$$V_2O_5 + 5Ca + 5CaCl_2 === 2V + 5(CaO \cdot CaCl_2) \tag{5-9}$$

$CaCl_2$ 在还原中没有实际反应，但在钒还原的过程中起到一定作用，即充当助熔剂、流体介质和密封剂。Mckechnie 和 Seybolt[14] 提出了另一种含有少量 I_2 的方法，碘和钙结合会在 425℃左右形成碘化钙，在不引入金属杂质的情况下，可降低熔体的熔点、促进还原过程，该方法也可用于 V_2O_3 制备钒[15]。然而，钙热还原的问题与 Ca 的储存有关。钙很容易通过与大气中的水分反应生成 $CaCO_3$，以及存在高温反应过程中的安全问题。同时，钙热还原产生的钒杂质含量高于许多应用的允许范围。

D 钠热还原法

由于钠具有强还原性，被应用于冶炼工艺中的还原剂。作为碱金属的典型代表，许多氧化物可以被钠还原，钠在还原金属卤化物方面也非常有效[16]。所得产品多为黑色细粉，经醇、醚洗涤后干燥。利用钠热法制取金属钒的纯度为96%，杂质中含有少量铁但不含钠。

5.1.2.2 非金属热还原法

除金属外，C、Si 等元素也常用作还原剂。由于其沸点高、对应氧化物熔点低，作为还原剂很有前景，可用于各种金属氧化物的还原。

A 硅热还原法

由于硅的沸点高，其氧化物 SiO_2 的熔点低，硅作为还原剂很有前景。然而，硅有很强的形成稳定金属硅化物的倾向，除硅问题不易解决，在大多数情况下硅并不是理想的还原剂。对于钒，硅会将 V_2O_5 还原为 V_2O_3。由于 V_2O_3 是碱性氧化物，它很容易与 SiO_2 结合形成硅酸盐，还原在此阶段停止。加入 CaO 后，生成的 SiO_2 与 CaO 反应生成硅酸盐，硅与 V_2O_5 可以完成还原反应[16]。此外，该反应放热不足，因此该过程需要配合电热熔炼进行。Prabhat[17] 报道了通过结合硅热还原和熔盐电解精炼工艺提取高纯钒金属的研究。在真空下，V_2O_5/V_2O_3 与 Si 或 Si+C 混合物在 1600~1700℃范围内发生反应（见式（5-10）和式（5-11）），得到纯度大于 99.5%的金属钒。

$$2V_2O_5 + 5Si === 4V + 5SiO_2 \tag{5-10}$$

$$2V_2O_3 + 3Si === 4V + 3SiO_2 \tag{5-11}$$

B 碳热还原法

Kieffer 等人[18] 对氧化钒碳热还原进行了研究。碳热还原得到的金属钒一般在大于 1000℃的高温真空条件下进行。Wilhem 和 McClusky 研究了惰性气体保护下 V_2O_5 的碳热还原反应，得到纯度 96%的钒。该过程主要分为两个步骤：第一步是将高价氧化钒碳热还原为低价氧化钒。碳和一些低价钒氧化物在高温条件下生成 VC(见式 (5-12)~式 (5-15))。第二步是 VO 和 VC 反应生成金属钒（见式 (5-16)）。

$$V_2O_5 + C \Longrightarrow 2VO_2 + CO \tag{5-12}$$

$$2VO_2 + C \Longrightarrow V_2O_3 + CO \tag{5-13}$$

$$V_2O_3 + C \Longrightarrow 2VO + CO \tag{5-14}$$

$$VO + 2C \Longrightarrow VC + CO \tag{5-15}$$

$$VO + VC \Longrightarrow 2V + CO \tag{5-16}$$

然而，结果表明由于钒和低氧化物的蒸气压相对较高，提纯钒的可能性有限，还原产物中总是含有碳化物和氧化物沉淀。生产的金属钒纯度为 99.0%~99.5%。Ono 等人[19]进一步研究了碳热还原—电子束熔化联合方法生产金属钒的可能性和条件。Gregory 等人[20]以 V_2O_3 为原料，加入过量的金属钙和氯化钙作为热稀释剂，使反应温度降低，产物由块状变为粉状。真空碳热还原法生产金属钒的优点是碳质还原剂价格便宜、来源广泛；缺点是反应温度高、工艺复杂、真空度要求高、产品中残留的碳不易去除。

C 氢还原法

Tyzack 和 England 开发了钒的氢还原工艺，其原料包括氧化钒和氯化钒。

氧化钒经氢气还原时，反应由高价到低价逐步进行，最终得到金属钒。即在高纯度的干燥氢气中，将 V_2O_5 加热到 600℃ 并保持 3h，再加热到 900~1000℃，保持一段时间，然后在炉中冷却以生产金属钒。氢还原制备金属钒，首先制备氯化钒，继而在 1000℃ 下用氢气还原生成金属钒。

VCl_3 化学性质不稳定，会在 1000℃ 时发生热离解，生成 VCl_2 和 VCl_4 蒸气。为提高钒的回收率，还原反应分为两个阶段。反应的第一阶段在 450~550°C 下完成，生成 VCl_2 和 HCl （见式 (5-17)）。第二阶段在 1000℃ 左右进行生成金属钒和 HCl （见式 (5-18)）。

$$2VCl_3 + H_2 \Longrightarrow 2VCl_2 + 2HCl \tag{5-17}$$

$$VCl_2 + H_2 \Longrightarrow V + 2HCl \tag{5-18}$$

目前，对氧化钒氢还原的研究相对较少，尚没有相关的工业应用。

D 氮化钒热分解法

Tripathy[21]首次在氮气条件下还原 V_2O_5 制备氮化钒，然后在高温真空条件下将其分解提取金属钒。相关研究在 1500℃ 的氮气中对 V_2O_5 和碳进行氮化（见式 (5-19)），然后在 1750℃ 的高温真空下分解氮化钒，形成纯度 97% 以上的海绵状钒。

$$V_2O_5 + 4C + N_2 \Longrightarrow 2VN + CO_2 + 3CO \tag{5-19}$$

Tripathy[22]系统分析了实验参数和反应机理，表明分解条件为 1750℃、

0.05Pa，VN 的分解包括多个阶段。VN 中存在的 C 和 O 杂质可以以 CO 的形式部分去除。根据热力学计算[23]，钒的蒸气压高于（V、N）的分解压，导致在热分解过程中钒损失为 12%（见式（5-20））。

$$V_2O_5 \rightarrow V_2N \rightarrow (V、N) \rightarrow V \tag{5-20}$$

相关研究表明了用氮化钒制备钒的可行性。作为一种低成本的中间体，氮化钒在钒的纯度和总收率方面优于其他原料（如钒碳氧化物和碳化物）。这种方法的一些显著特点是它不使用昂贵的金属还原剂、工序少、质量和产量更好。

上述粗钒提取方法的产品纯度对比见表 5-1。

表 5-1 热还原法提取粗钒纯度比较

热化学还原方法		原 料	纯度/%	参考文献
金属热还原	铝热还原法	V_2O_3/V_2O_5	85~90	[9]
	镁热还原法	VCl_3/VCl_2	>99	[12]
	钙热还原法	V_2O_3/V_2O_5	>99	[7]
非金属热还原	硅热还原法	V_2O_3/V_2O_5	84~90	[17]
	碳热还原法	V_2O_5	—	
	氮化物热分解法	V_2O_5	94	[22]

5.1.2.3 电化学还原法

为降低钒的生产成本，研究人员和研发机构作了很多努力。电化学还原作为一种可能的替代方法被开发出来，并进行了大量的研究，这与传统的热还原方法有着本质的区别。电化学还原与金属热还原法相比，电化学还原的过程不需要还原剂，在实际生产过程中由直流电直接提供电子，因此可以减少产品中过量还原剂的分离步骤。同时，它还具有对环境无污染、电解参数可控等许多优点，适用于多种金属，尤其是难加工、成本高、活性高的金属。目前，理论上已经揭示了电化学还原的机理，并对还原过程的动力学行为进行了探索。在技术上，也获得了符合经济要求的合理电解工艺条件。但仍需进一步探索电解过程中反应的电化学机理，以及电解工艺参数与产品性能之间的关系。只有认识并解决了这些问题，才能更好地将这种方法应用到工业生产中。根据钒源不同，电化学还原可分为电脱氧法、电脱硫法、直接电解法和含钒阳极提取法。

A 电脱氧法

电脱氧是金属氧化物直接电化学还原的过程（FFC 工艺）[24]。该过程涉及固体阴极的物理和化学性质、金属与金属氧化物之间电子转移的化学和电化学过程、氧在金属氧化物相-金属相-熔盐界面中的电离及其迁移、形核和金属的生长及多组分还原的动力学和合金化、中间相的形成、熔盐-金属-金属氧化物三相边界的发展和变化。

Suzuki[25]首先将其应用于提取金属钒。该过程涉及将氧化物钙热还原为金属，将 CaO 溶解在熔融的 $CaCl_2$ 中并对其进行电解。CaO 的溶解可增强还原效果，在电解中作为还原剂生成 Ca。

溶解在盐中的 CaO 在阴极被电化学还原。加入 V_2O_3 时，Ca 可将 V_2O_3 还原成金属钒，副产物 CaO 溶解于 $CaCl_2$ 中，经电解分解，氧离子以 CO 或 CO_2 气体的形式从碳阳极释放，最后，金属钒生成并沉积在电解槽底部（见式（5-21）~式（5-23））。氧含量为 0.186%、电流效率低于 40%。

阴极：
$$V_2O_3 + 3Ca \Longrightarrow 2V + 3CaO \tag{5-21}$$
$$CaO \Longrightarrow Ca^{2+} + O^{2-} \tag{5-22}$$
阳极：
$$O^{2-} + C \Longrightarrow CO + 2e \text{ 或 } 2O^{2-} + C \Longrightarrow CO_2 + 4e \tag{5-23}$$

总结上述反应式，总反应变为碳热过程（见式（5-24））。
$$2V_2O_3 + 3C \Longrightarrow 4V + 3CO_2 \tag{5-24}$$

除了 Ca 和 Al 之外，Mg、Li 和稀土金属在热力学上也可作为氧化钒的还原剂。但 Al 溶于固体 V，而 Ca 不溶，而稀土金属的还原能力在热力学上比 Ca 好，但太稀有且价格昂贵。因此，Ca 和 $CaCl_2$ 有望成为氧化物直接还原和脱氧的最实用介质。

郭占成等人[26]以 V_2O_5 为原料进行钒的提取，比从 V_2O_3 提取钒具有更高的经济价值和稳定性。电解后将 V_2O_5 直接还原为金属钒，同时研究了电解时间和电解电压的影响。同时，发现在电极氧化过程中会发生副反应（见式（5-25）~式（5-27）），影响电流效率。
$$CO_2 + 2Ca \Longrightarrow C + 2CaO \tag{5-25}$$
$$CO + Ca \Longrightarrow C + CaO \tag{5-26}$$
$$2C + Ca \Longrightarrow CaC_2 \tag{5-27}$$

王淑兰等人[27]系统研究了反应过程中的中间产物。在氧化过程中，出现一系列的中间产物：CaV_2O_4、VO、V_2O、$V_{16}O_3$。随着电极氧化时间的延长或电压的升高，中间产物会逐渐转变为金属钒。FFC 工艺中的两个主要问题是电流效率低和生产时间长，这归因于副反应，而且阳极还会产生氯气。为避免这些问题，Gibilaro 等人[28]首先提出了使用熔融氟化物来支持 FFC 工艺的想法。此外，氟化熔盐具有独特的优势：高熔点可有效加速电化学还原，低蒸气压可减少熔盐挥发，电位窗口宽。孔亚鹏等人[29]研究了多孔 V_2O_3 阴极在熔融 NaF-AlF₃ 中的电化学还原机理，并进行了金属钒的提取。电化学还原和铝热还原反应在还原过程中同时发生，后者起关键作用。一部分氧气转移到碳阳极形成 CO_2，另一部分形

成 Al_2O_3，可以电解实现铝的循环。但是，大量 Al_2O_3 的形成会适得其反，大量的铝会在阴极表面电沉积，并与钒形成合金。较低的 Al_2O_3 浓度会限制 O^{2-} 的迁移。基于以上因素，孔亚鹏等人[30]再次更换电解质，使用熔融的 Na_3AlF_6-K_3AlF_6-AlF_3 对 V_2O_3 进行电脱氧。将电化学还原和铝热剂还原机理相结合，先生成中间产物 AlV_2O_4，再进一步得到金属钒。

电脱氧工艺制备钒的产业化仍面临许多问题。首先，V_2O_5 或 V_2O_3 的导电性很差，如果使用过多的原材料作为阴极，会造成较大的电压降，阻碍电极氧化过程。还需要注意的是，原料内部的氧扩散到金属-盐界面需要很长时间，必须进行长期电解以降低产品中的氧含量，导致电流效率极低。其次，原料 V_2O_3 和生成的钒都位于阴极，这也导致难以进行连续化生产。原料中的杂质几乎全部进入产品，所以采用电脱氧法对于作为原料的 V_2O_3 的纯度要求非常高，因此制备钒金属的电脱氧工艺的产业化仍有待进一步研究。

B 电脱硫法

自然界中除了以氧化物形式存在的金属外，还有许多金属以硫化物的形式存在，是相应金属的重要冶金原料。对于传统工艺，硫化物很难通过一步热还原直接得到金属，必须先将其氧化再进一步热还原，不仅工序多、工序长、能耗高，而且 SO_2 等污染物排放严重。如果通过简单的电化学方法将金属硫化物直接分解为金属和硫元素，可以大大缩短生产过程，提高效率，而且不会造成大气污染。

金属硫化物如 Al_2S_3、MoS_2 和 Cu_2S 先后被用于熔盐电脱硫。在直接电解固体金属硫化物时，金属以固态留在阴极，S^{2-} 迁移到阳极释放硫，为硫化物冶金提供了一种新的、绿色电解工艺。

Suzuki 等人[31]提出了一种改进的 OS 工艺，其中使用硫化钒代替氧化钒，将 CaS 代替 CaO 溶解在熔融的 $CaCl_2$ 中。换言之，研究了 V-Ca-S 反应体系。由于硫几乎不溶于钒，只有约 3.5%（摩尔分数）的氧溶解在钒中，与氧相比，硫更容易从钒中去除。钒在 750~1217℃ 之间硫化成 VS 和 V_3S_4 之间的成分，其分解电位远高于钙[32]。最后，确认了硫化钒电解工艺的可行性，确定了高效电解和生产高纯钒的适宜条件。脱硫过程见式（5-28）和式（5-29）。

$$V_3S_4 + 4Ca = 3V + 4CaS \tag{5-28}$$
$$2CaS + C = 2Ca + CS_2 \tag{5-29}$$

钒金属的电极硫化过程与电极氧化过程类似。区别在于原料不同，但面临的问题没有本质差别，进一步扩大生产也需要解决同样的问题。

C 直接电解法

氧化钒的电脱氧技术有很多缺点，如几乎不溶于熔融氯化物，导致固体电极氧化过程非常缓慢。因此，许多关于钒熔盐电解的研究正在进行中。熔盐电解是以熔盐为电解质，在熔盐中加入含有钒离子或钒酸根的盐，在惰性气体保护下电解得到金属钒的方法。铝和锆等金属已通过类似工艺成功制备。Howie 对氯化铝在 NaCl 中电解进行了研究，成功建立了铝的具体工艺参数，获得了光滑的无枝晶金属。同时，由于 $AlCl_3$-NaCl-KCl 盐具有熔点较低的优势，研究人员对铝合金的电沉积进行了大量的研究。Al-Nb、Al-Zr、Al-Ta 等二元或三元合金是通过电解液中的 $AlCl_3$ 和相应的金属离子成功合成的。通常，选择碱金属或碱土金属的卤化物作为电解质，钒源可以是 VCl_3 或 $NaVO_3$。

Gasviani[33] 探索了 $NaVO_3$ 在等摩尔 NaCl-KCl 熔体中的电还原过程，以提供获得金属的最简单的方法。某些金属含氧盐在熔盐中的溶解度高于氧化物，例如 $CaSiO_3$ 和 $CaWO_4$ 在 $CaCl_2$ 熔盐中的溶解度高于 SiO_2 和 WO_3。而 $NaVO_3$ 是一种离子化合物，在 630℃ 时可以电离为 Na^+ 和 VO^{3-}。因此，通过熔盐电解直接从 $NaVO_3$ 生产金属钒是可行的。另一方面，在生产 V_2O_5 的过程中，钒渣与 Na_2CO_3 均匀混合，然后在氧化气氛中加热生成 $NaVO_3$。$NaVO_3$ 用水浸出，然后 $NaVO_3$ 溶液用 $(NH_4)_2SO_4$ 处理以沉淀偏钒酸铵 NH_4VO_3。因此，$NaVO_3$ 是常规技术生产金属钒不可缺少的中间产品。如果 $NaVO_3$ 可以直接转化为金属钒，就可以避免氨沉淀和煅烧过程。然而，实验结果并未表明是否可以获得金属钒。郭占成等人[34-35] 提出了通过熔盐电解从 $NaVO_3$ 中直接提取金属钒，并进行了热力学计算和实验验证。结果验证了 $NaVO_3$ 直接电还原成金属钒的可行性。在还原过程中会产生中间产物 CaV_2O_4 和 V_2O_3。随着电解的进行，钒被进一步还原，得到纯度约为 96.8% 的金属钒（见式（5-30））。

$$2NaVO_3 + CaCl_2 + 10e \rightleftharpoons 2V + 2NaCl + CaO + 5O^{2-} \tag{5-30}$$

在 NaCl 熔盐中，$NaVO_3$ 不能被电还原成金属钒，仅能在 $CaCl_2$ 熔盐中获得金属钒。同时，该方法还可用于在金属电极上沉积钒金属以形成合金。王明涌等人[36] 通过电化学还原和铝热剂还原的联合作用，将 VO_3^- 还原为低价钒氧化物和金属 V-Al 合金。Al 的利用率显著提高，为制备 Al-V 合金提供了一种简短而有前景的方法。

另一种常用的钒源 VCl_3 可由氧化钒氯化制得。钒离子在熔盐中的电化学还原行为与形态和电流效率密切相关，Friedrich 等人[37] 在熔盐体系中加入 VCl_3，测试钒离子的电化学行为，研究了钒离子的还原步骤。通过对比钒离子沉积行为，发现金属钒与+3 价钒离子反应生成+2 价钒离子，+2 价钒离子在沉积过程中使电流更加稳定。较大的电流波动通常表明电解产物的形态较粗糙，从而导致表面积增加。+2 价钒离子的存在使电解过程更加稳定，可获得生长良好的金属钒。随后，Friedrich 等人[38] 开发了一种从 LiCl-KCl-VCl₃-TiCl₂ 中沉积钛和钒的工艺，并对产物进行了表征，成功建立了钛和钒离子浓度、电沉积电位和成分之间的相关性。

电解质成分对电流效率和电解产物也有一定的影响。以金属锆为例，一般认为电解液中的氟离子可以稳定高价锆离子的存在，减少电子转移步骤，有利于锆的阴极沉积，从而提高电流效率。氟离子比氯离子具有更强的极化力，更容易与阳离子结合形成络离子。因此，氟离子可以抑制电解过程中生成的金属锆与高价锆离子之间的中和反应，降低电流消耗。所以，在氯化物体系中加入一定量的氟化物，足以达到相当的效果，加快工业化生产。但氟钒酸盐的提取工艺复杂、成本较高。此外，氟化物盐通常具有高熔点、有毒和腐蚀性。

K_3VF_6 是用过量的干燥 KHF_2 在 400℃（干燥氮气下）处理 VCl_3 达到 4h 得到的，K_2VF_6 是将 VF_4 和 KF（摩尔比为 1:2）在液体中搅拌，用无水氟化氢在室温下放置 19h。KVF_6 由 VCl_3 和 KF 在 BrF_3 中制成。目前还没有关于氟钒酸盐电解的相关文献，也没有系统地研究氯化熔融物中氟离子对钒离子还原和电解的影响。

D 含钒阳极提取法

金属钒的碳氧化物的研究较少，一般使用钒的碳化物或碳氮化物用作研究阳极。VN 或 VC 等含钒材料也可作为阳极，选择导电性和耐腐蚀性好的钼棒、钨棒或钛作为阴极。电解过程在含有 VCl_2 的碱/碱土金属氯化物共晶盐介质中进行，阳极中的钒不断溶解在熔盐中，继而扩散并在阴极沉积。

Lei[39] 通过在 LiCl-NaCl-VCl_2 中电解含 84%钒的 V_2C 制备钒。制备的钒纯度为 99%、回收率为 65%、阴极电流效率为 70%。当阳极成分从 V_2C 变为 VC 时，电解效率降低。为了降低成本，Tripathy 等人[40] 改变了阴极材料，在氮气流下通过碳热还原 V_2O_5 制备了氮化钒（VN），VN 热分解为钒中间体，含钒 92%。高纯钒的提取是在熔融的 NaCl-KCl-VCl_2 中完成的。Tripathy 等人[41] 将阳极改为 VNCO 固溶体，并在 LiCl-KCl-VCl_2 中进行电解精炼。精炼后钒的最高纯度为 99.85%。碳化钒（V_2C 和 VC）作为可溶阳极的电解精炼产物外观为粗枝晶或粉末。Tripathy 等人[42] 优化了熔盐中 VCl_2 含量、电解温度、不同熔盐介质电解时阴极电流密度等重要参数。Yan 等人[43] 提出了一种以钒含量大于 50%的钒铁为可溶性阳极电解制备高纯金属钒的方法：以钒质量分数大于 50%的钒铁为阳极，钼或钛棒为阴极，NaCl-KCl-VCl_2 熔盐为电解质。电解完成后得到 99.95%的高纯钒。而当阳极钒含量降低到 50%时，剩余的阳极可作为 50 钒铁。该工艺本质上是熔盐电解工艺，其中创新性地制备了固溶体阳极或其余含钒阳极用作钒源。由于原料在阳极、阴极得到高纯金属，因此从碳氮化物阳极生产钒不仅是一个金属提取过程，也是一个提纯过程。低成本、可溶阳极的制备是该过程的关键步骤。电解过程中阳极的溶解行为和溶解离子的价态与总电流效率密切相关，需要进一步系统研究。粗钒提取电还原方法产品纯度对比见表 5-2。

表 5-2　电还原法提取的粗钒纯度比较

电化学还原方法	原　料	纯度/%	参考文献
电脱氧法	V_2O_3/V_2O_5	>99	[26]
电脱硫法	V_3S_4	>99	[31]
直接电解法	$VCl_3/NaVO_3$	>95	[35, 37]
含钒阳极提取法	VC/(VN)/(VNCO)	>98.5	[41]

5.2　金属钒的提纯

　　金属钒的纯度一般在 99%~99.9% 之间，纯度在 99.9% 以上的纯金属钒称为高纯金属钒。热还原得到的钒一般含有较高含量的 O、N、C 等金属杂质。杂质一般来源于钒原料、还原剂、还原气体或设备内壁腐蚀等。只有经过进一步提纯和精炼，才能得到高纯钒。图 5-7 为钒金属提纯和精炼工艺流程图。

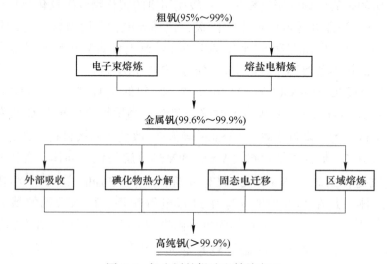

图 5-7　钒金属的提纯和精炼方法

　　提取高纯金属的方法分为化学提纯和物理提纯两大类。尽管化学纯化方法灵活且具有选择性，但它们往往存在试剂和容器污染的问题。因此，要获得高纯金属，必须结合物理提纯方法。常见的粗钒提纯方法包括熔盐电精炼、真空熔炼、碘化物热分解、固态电迁移等。

5.2.1　熔盐电解精炼法

　　熔盐电解精炼法是在含 VCl_2 的碱/碱土金属氯化中进行。电解质的选择与上述含钒阳极电解提取钒相同。由于从含水电解液中电解精炼钒会导致阴极释放氢并形成稳定的氧离子，这会形成钒沉淀层带有氧化膜，因此电解精炼过程必须在熔盐电解质中进行。阳极选用粗钒，阴极选用导电性和耐蚀性好的钼、钨或钛棒。在电解过程中，比钒更惰性的金属保留在阳极中，非金属杂质如 C、O、Si、N 也保留在阳极中；比钒更活泼的金属进入电解液，这些更活泼的金属是否与钒共沉积取决于金属和金属氯化物与金属钒和 VCl_2 相比的活性。

整个过程与上述从含钒负极制备钒的过程类似，不同之处在于阴极材料的选择。阳极和阴极的反应见式 (5-31) 和式 (5-32)。

$$阳极：\qquad V(低纯) === V^{2+} + 2e \qquad (5-31)$$
$$阴极：\qquad V^{2+} + 2e === V(高纯) \qquad (5-32)$$

美国联邦矿业局通过熔盐电解精炼技术在提纯钛、铬、铀等活性金属方面取得了成功，推动了电解法提取高纯钒和精钒产品的研究。Sullivan[44] 在熔融的溴化物和氯化物电解液中对钙还原制备的钒进行电解精炼，获得了 99.95% 以上的高纯金属。Lei 等人[45] 在 LiCl-KCl-VCl_2 中将 V_2O_5 碳热还原得到的粗钒进行电解精炼。最终将 90% 的钒电解精炼至纯度为 99.9%、电流效率为 97%，但钒收得率仅为 73%。此外，由于在未溶解的钒原料上形成了一层薄薄的黑色涂层，从最初的负极原料中提取了 62% 的钒后，发现提纯的钒的质量下降。在 Lei 等人[46] 报道的工作中，在 KCl-LiCl-VCl_2 电解质中对钙热还原的钒进行双重精制，以制备 99.99% 纯度的钒金属。

熔盐电解温度、熔盐介质、阴极电流密度等重要参数对电解影响重大，相应参数下的电流效率、钒产率、纯度等结果见表 5-3。

表 5-3 熔盐电解精炼净化条件及效果

电解质	NaCl-KCl-VCl_2[22]	LiCl-KCl-VCl_2[22]	LiCl-KCl-VCl_3[47]	CaCl$_2$-NaCl-VCl_2[22]
电解温度/℃	800	620	450	620
阴极电流密度/A·m^{-2}	3229	3170	2848	3229
阴极电流效率/%	70	90	67	90
纯度/%	99.42	99.85	97.5	99.80
回收率/%	70	86	70	87

熔盐电解精炼法可以有效去除粗钒中的非金属杂质，也可以有效去除比钒惰性的金属，得到的金属钒纯度更高。然而，比钒更活泼的金属在熔盐中溶解和积累并与钒共沉积的问题不容忽视。目前制备金属钒的方法未有大规模生产，其应用受到一定限制。

5.2.2 碘化物热分解法

碘化物热分解法也称为 Van Arkel 法。1934 年，Van Arkel 首先报道了利用碘化物热分解制备金属钒。粗金属钒与 I_2 反应生成金属碘化物，然后金属碘化物升华热分解再生金属和 I_2 是碘化物热分解的基本过程。粗钒和碘在低温区进行合成反应，生成挥发性 VI_2。VI_2 扩散到高温区后，在高温区分解生成纯钒和碘。沉积在高温区的元素碘返回低温区再次参与低温的合成反应，如图 5-8 所示。

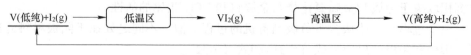

$$V(低纯)+I_2(g) \longrightarrow \boxed{低温区} \longrightarrow VI_2(g) \longrightarrow \boxed{高温区} \longrightarrow V(高纯)+I_2(g)$$

图 5-8   碘化物热分解过程

低温区和高温区的反应见式（5-33）和式（5-34）。

低温区：
$$V(低纯) + I_2 = VI_2 \tag{5-33}$$

高温区：
$$VI_2 = V(高纯) + I_2 \tag{5-34}$$

Nash[48] 开发了直接碘化工艺。在该工序中，碘化钒通过热灯丝释放出的碘从系统中除去。粗钒在 900℃ 下与碘蒸气反应生成碘化物。当碘化物在 1400℃ 下反应完成后发生热分解，得到高纯钒金属。Carlson[49] 对该提纯粗钒工艺进行了系统研究，分析了碘化钒的分解条件，确定了最佳生长速率和最大纯度工艺条件，成功制备了纯度为 99.95% 的钒金属。提纯后，除 Fe、Cr 含量与原含量相同外，其他杂质净化效果显著。当粗钒中杂质含量适中时，采用这种提纯方法可以得到纯度在 99.95% 以上的纯钒。通过扩大反应釜，纯钒产量成功增加到 1.8kg。碘化法的主要净化作用是非金属杂质 C、O、N 在低温区不与 I_2 反应，从而与钒分离。杂质一旦形成碘化物，在高温区不会分解。这对非金属杂质 C、O、N 的去除效果很好，金属回收率高、无污染。碘化物热分解法虽然效果优良，但对设备的耐碘蒸气腐蚀性和气密性要求较高，不能连续运行，适用于小批量高纯金属制品。碘化物处理可以显著减少钒中的大部分金属杂质。在常见的间隙杂质中，几乎可以消除氮，而大大减少氧和碳。

5.2.3   固态电迁移法

固态电传输法是在惰性气体的保护下，在高温下使高密度直流电通过金属棒，利用迁移方向和扩散速度的不同，实现金属离子和杂质离子分离。经过长时间的提纯，杂质聚集在负极的一端，正极一端是高纯金属钒。电迁移法生产的高纯金属钒的主要杂质含量 C、O、N 均小于 0.001%。

间隙溶质在接近金属熔点的温度下通常具有高流动性，因此电传输适用于金属提纯。该技术已成功应用于多种金属，如 Th、Y、Zr 和 Lu。最适合的应用是熔点高、蒸气压低、杂质迁移率高的金属，特别是难熔金属和活性金属，以及一些稀土和锕系金属。

Schmidt 等人[50] 确定了钒中 C、O、N 的电子传输速度。Carlson 等人[51] 制备了具有低间隙杂质含量的钒，并且 C、O、N 和 H 的总含量小于 0.0005%。

目前最纯的钒是使用电传输技术制备的，所有 C、O 和 N 的间隙杂质含量低于 $5\mu g/g$。对于某些系统，传热可能适合作为一种净化方法，特别是对于具有大量第二相杂质和杂质固溶度非常低的基质金属的系统。但这种方法耗时长，一般要数百小时，而且过程能耗大，难以大规模生产。

5.2.4 电子束熔炼法

电子束熔炼技术适用于金属钒的熔炼纯化。Smith 等人[52]使用横向枪进行电子束熔炼，并实现了工业化。Carlson 将真空处理和电子束熔炼相结合作为一种净化方法来处理铝热剂还原中的钒。含 11%Al 的金属经过真空处理，然后通过电子束熔炼进行提纯，大型电子束炉的使用净化了铝热钒，省去真空处理步骤。通过铝热剂还原和电子束熔炼可生产纯度为 99.93% 的钒。在电子束熔炼过程中，几乎所有的杂质都有不同程度的减少。金属杂质 Fe、Al 容易去除，非金属杂质 C、N 变化不大。杂质 O 的去除主要与金属中铝的含量有关。当合金中铝含量超过 10% 时，合金中的氧会以 Al_2O 的形式挥发，达到脱氧的目的。试验结果表明，合金中铝含量为 13%~15% 时，脱氧效果最好。

电子束熔炼法大多是将材料完全熔化形成熔池，并长时间保持在较高的温度下进行熔炼，这种冶炼条件有利于杂质元素的去除。但熔池温度越高，基体材料的挥发损失越大。杂质的去除只发生在熔池表面，熔体内部的杂质扩散到表面需要很长时间，消耗大量能量。因此，探索新的电子束熔炼方法和工艺，降低综合能耗已成为发展高效、低成本电子束熔炼技术的途径。

5.2.5 区域熔炼法

Pfann[53]从实践和理论角度对区域冶炼的影响因素进行了一系列研究和讨论。Wernick[54]将该技术应用于钒的提纯，纯化效果显著。Reed[55]报道了电子束浮区熔炼钒的工作，总杂质仅为 0.0005%。脱氧被认为是 VO 的挥发，碳的脱除机理尚不明确，对氮影响不显著，所有金属杂质均得到有效挥发。

区域熔炼提钒法仍存在以下问题：（1）对原材料的要求非常高，间隙杂质 C、H、O 需要控制在一定范围内以避免气体杂质析出引起功率和温度波动，从而影响材料质量；（2）生产效率低、成本高。区域熔炼所需的低速、多次熔炼大大延长了生产时间，降低了生产效率。区域熔炼技术与其他净化技术，如电子束熔炼等相结合，可有效去除气体杂质，保证后续熔炼的顺利进行。

5.2.6 外部吸收法

在外部吸收过程中，吸收金属在氩气气氛中与被净化金属的外部紧密接触，间隙杂质迅速扩散到表面, 在吸收金属渗入之前与吸收金属发生反应。

Peterson 等人[56]使用 Ca、Ba 和 Mg 还原氧化钒。然后, 以钛作为吸收金属提纯钒金属。Peterson 等人[57]报道了钒金属中的碳、氧和氮可被去除。这种净化反应的动力学可以从间隙杂质的扩散系数和金属物体的大小来估计。钛从钒的固溶体中去除 O、N 和 C 的程度可以通过基于现有热力学数据做出一些假设来预测。Schmidt 等人[58]总结了 O、N 和 C 在钒中的扩散数据。Schmidt 等人[59]报道了钛在 1600℃、1700℃和 1800℃下在钒中的扩散。这些扩散系数预测钛将非常缓慢地扩散到钒中。钒通过钛外层的外部吸收可以将间隙杂质浓度降低到非常低的水平, 这种净化方法简单、方便。其他活性金属也可以通过这种方式有效纯化, 例如锆、铪和稀土金属。

每种提纯方法对原料的要求不同, 效果也不同。表 5-4 比较了钒金属的不同提纯技术。

表 5-4 钒不同提纯工艺效果对比

提纯工艺	原料来源	杂质元素含量/%			参考文献
		C	N	O	
碘化物热分解	钙热还原	40	5	150	[49]
电解精炼	钙热还原	150	10	60	[44]
两次电解精炼	电解精炼	70	<10	<10	[46]
外界吸气	铝热还原	5	150	150	[56]
区域熔炼	电解精炼	20	<4	<3	[60]
固态电迁移	二次电精炼	<1	<0.5	<2	[51]

参 考 文 献

[1] 陈东辉. 钒产业 2019 年年度评价 [J]. 河北冶金, 2021, 1: 1-11, 27.

[2] 付自碧. 钒钛磁铁矿提钒工艺发展历程及趋势 [J]. 中国有色冶金, 2011, 6: 29-33.

[3] 项敏, 刘博. 钒钛磁铁精矿综合利用研究新进展 [J]. 湖南有色金属, 2019, 35(2): 42-45.

[4] 吴世超. 钒钛磁铁矿直接还原技术研究进展 [J]. 中国有色冶金, 2018, 47(4): 26-30.

[5] 胡凯龙, 刘旭恒. 含钒石煤焙烧工艺综述 [J]. 稀有金属与硬质合金, 2015, 43(1): 1-6, 14.

[6] 胡艺博. 钒市场分析与石煤提钒工艺进展 [J]. 钢铁钒钛, 2019, 40(2): 31-40.

[7] Marden J, Rich M. Vanadium [J]. Industrial and Engineering Chemistry, 1927, 19(7): 786-788.

[8] Carlson O, Schmidt F, Krupp W. A process for preparing high-purity vanadium [J]. Journal of Metals, 1966, 18(3): 320-323.

[9] Wang C, Baroch E, Worcester S, et al. Preparation and properties of high-purity vanadium and V-15Cr-5Ti[J]. Metallurgical and Materials Transactions B, 1970, 1(6): 1683-1689.

[10] Mukherjee T, Gupta C. Open aluminothermic reduction of vanadium oxides[J]. Journal of the Less-Common Metals, 1972, 27(2): 251-254.

[11] Block F, Ferrante M. Vanadium by metallic reduction of vanadium trichloride[J]. Journal of the Electrochemical Society, 1961, 108(5): 464-468.

[12] Campbell T, Schaller J, Block F. Preparation of high-purity vanadium by magnesium reduction of vanadium dichloride [J]. Metallurgical and Materials Transactions B, 1973, 4(1): 237-241.

[13] Lee D, Lee H, Yoon J, et al. Synthesis of vanadium powder by magnesiothermic reduction [J]. Advanced Materials Research, 2014, 1025/1026: 509-514.

[14] Mckechnie R, Seybolt A. Preparation of ductile vanadium by calcium reduction[J]. Journal of the Electrochemical Society, 1950, 97(10): 311-315.

[15] Schlechten A. Extraction and refining of the rarer metals[J]. Journal of the Electrochemical Society, 1957, 104(10): 226C-227C.

[16] Gupta C. Extractive metallurgy of niobium, tantalum, and vanadium[J]. International Metals Reviews, 1984, 29(6): 405-444.

[17] Tripathy P, Juneja J. Preparation of high purity vanadium metal by silicothermic reduction of oxides followed by electrorefining in a fused salt bath[J]. High Temperature Materials and Processes, 2004, 23(4): 237-246.

[18] Kieffer R, Bach H, Lutz H. Carbidothermic preparation of metallic vanadium and vanadium alloys[J]. Chemistry and Technology of Fuels and Oils, 1967, 21(1): 19-24.

[19] Ono K, Moriyama J. Carbothermic reduction and electron beam melting of vanadium[J]. Journal of the Less-Common Metals, 1981, 81(1): 79-89.

[20] Gregory E, Lilliendahl W, Wroughton D M. Production of ductile vanadium by calcium reduction of vanadium trioxide[J]. Journal of the Electrochemical Society, 1951, 98(10): 395-399.

[21] Tripathy P, Arya A, Bose D. Preparation of vanadium nitride and its subsequent metallization by thermal decomposition[J]. Journal of Alloys and Compounds, 1994, 209(1/2): 175-180.

[22] Tripathy P, Suri A. A new process for the preparation of vanadium metal[J]. High Temperature Materials and Processes, 2002, 21(3): 127-137.

[23] Tripathy P. On the thermal decomposition of vanadium nitride[J]. Journal of Materials Chemistry, 2001, 11(5): 1514-1518.

[24] Chen G, Fray D, Farthing T. Direct electrochemical reduction of titanium dioxide to titanium in molten calcium chloride[J]. Nature, 2000, 407: 361-364.

[25] Suzuki R, Ishikawa H. Direct reduction of vanadium oxide in molten $CaCl_2$[J]. Mineral Processing and Extractive Metallurgy, 2008, 117(2): 108-112.

[26] Cai Z, Zhang Z, Guo Z, et al. Direct electrochemical reduction of solid vanadium oxide to metal vanadium at low temperature in molten $CaCl_2$-NaCl[J]. International Journal of Minerals

Metallurgy and Materials, 2012, 19(6): 499-505.

[27] Wang S, Li S, Wan L, et al. Electro-deoxidation of V_2O_3 in molten $CaCl_2$-NaCl-CaO [J]. International Journal of Minerals Metallurgy and Materials, 2012, 19(3): 212-216.

[28] Gibilaro M, Pivato J, Massot L, et al. Direct electroreduction of oxides in molten fluoride salts [J]. Electrochimica Acta, 2011, 56(15): 5410-5415.

[29] Kong Y, Chen J, Li B, et al. Electrochemical reduction of porous vanadium trioxide precursors in molten fluoride salts[J]. Electrochimica Acta, 2018, 263: 490-498.

[30] Kong Y, Li B, Chen J, et al. Electrochemical reduction of vanadium sesquioxide in low-temperature molten fluoride salts[J]. Electrochimica Acta, 2020, 342: 136081.

[31] Matsuzaki T, Natsui S, Kikuchi T, et al. Electrolytic reduction of V_3S_4 in molten $CaCl_2$[J]. Materials Transactions, 2017, 58(3): 371-376.

[32] Nakano-Onoda M, Nakahira M. Phase relations and thermodynamics sulfide in the range VS through V_3S_4 of nonstoichiometric vanadium[J]. Journal of Solid State Chemistry, 1978, 30 (3): 283-292.

[33] Gasviani N, Khutsishvili M, Abazadze L. Electrochemical reduction of sodium metavanadate in an equimolar KCl-NaCl melt [J]. Russian Journal of Electrochemistry, 2006, 42 (9): 931-937.

[34] Weng W, Wang M, Gong X, et al. Thermodynamic analysis on the direct preparation of metallic vanadium from $NaVO_3$ by molten salt electrolysis[J]. Chinese Journal of Chemical Engineering, 2016, 24(5): 671-676.

[35] Weng W, Wang M, Gong X, et al. One-step electrochemical preparation of metallic vanadium from sodium metavanadate in molten chlorides[J]. International Journal of Refractory Metals and Hard Materials, 2016, 55: 47-53.

[36] Xu Y, Jiao H, Wang M, et al. Direct preparation of V-Al alloy by molten salt electrolysis of soluble $NaVO_3$ on a liquid Al cathode [J]. Journal of Alloys and Compounds, 2019, 779: 22-29.

[37] Gussone J, Vijay C R Y, Haubrich J, et al. Effect of vanadium ion valence state on the deposition behaviour in molten salt electrolysis[J]. Journal of Applied Electrochemistry, 2018, 48(4): 427-434.

[38] Gussone J, Vijay C R Y, Watermeyer P, et al. Electrodeposition of titanium-vanadium alloys from chloride-based molten salts: Influence of electrolyte chemistry and deposition potential on composition, morphology and microstructure[J]. Journal of Applied Electrochemistry, 2020, 50(3): 355-366.

[39] Lei K, Campbell R, Sullivan T A. Electrolytic preparation of vanadium from vanadium carbide [J]. Journal of the Electrochemical Society, 1973, 120(2): 211-215.

[40] Tripathy P, Sehra J, Bose D, et al. Electrodeposition of vanadium from a molten salt bath[J]. Journal of Applied Electrochemistry, 1996, 26(8): 887-890.

[41] Tripathy P, Sehra J, Harindran K, et al. Electrorefining of carbonitrothermic vanadium in a fused salt electrolytic bath[J]. Journal of Materials Chemistry, 2001, 11(10): 2513-2518.

[42] Tripathy P, Rakhasia R, Hubli R, et al. Electrorefining of carbothermic and carbonitrothermic vanadium: a comparative study[J]. Materials Research Bulletin, 2003, 38(7): 1175-1182.

[43] Yan B, Mu H, Mu T, et al. Method for producing high-purity metallic vanadium: Japan, CN200910176896. 8[P]. 2009.

[44] Sullivan T. Electrorefining vanadium[J]. Journal of Metal, 1965, 17(1): 45-48.

[45] Lei K, Sullivan T A. Electrorefining of vanadium prepared by carbothermic reduction of V_2O_5 [J]. Metallurgical and Materials Transactions B, 1971, 2(8): 2312-2314.

[46] Lei K, Sullivan T A. High-purity vanadium[J]. Journal of the Less-Common Metals, 1968, 14 (1): 145-147.

[47] Yuan R, Lv C, Wan H, et al. Electrochemical behavior of vanadium ions in molten LiCl-KCl [J]. Journal of Electroanalytical Chemistry, 2021, 891: 115259.

[48] Nash J, Ogden H, Durtschi R, et al. Preparation and properties of iodide vanadium [J]. Journal of the Electrochemical Society, 1953, 100(6): 272-275.

[49] Carlson O, Owen C. Preparation of high-purity vanadium metal by the iodide refining process [J]. Journal of the Electrochemical Society, 1961, 108(1): 88-93.

[50] Schmidt F, Warner J. Electrotransport of carbon, nitrogen and oxygen in vanadium[J]. Journal of the Less-Common Metals, 1967, 13(5): 493-500.

[51] Carlson O, Schmidt F, Alexander D. Electrotransport purification and some characterization studies of vanadium metal[J]. Metallurgical and Materials Transactions B, 1972, 3(5): 1249-1254.

[52] Smith H, Hunt C, Hanks C. Electron-bombardment melting[J]. Journal of Metals, 1959, 11 (2): 112-117.

[53] Pfann W. Principles of zone-melting[J]. Journal of Metals, 1952, 4(7): 747-753.

[54] Wernick J, Dorsi D, Byrnes J. Techniques and results of zone refining some metals[J]. Journal of the Electrochemical Society, 1959, 106(3): 245-248.

[55] Reed R. Electron-beam float zone and vacuum purification of vanadium[J]. Journal of Vacuum Science and Technology, 1970, 7(6): S105-S112.

[56] Peterson D, Clark R, Stensland W. Deoxidation of vanadium by calcium, barium and magnesium[J]. Journal of the Less-Common Metals, 1973, 30(1): 169-172.

[57] Peterson D, Loomis B, Baker H. Purification of vanadium by external gettering [J]. Metallurgical and Materials Transactions A, 1981, 12(6): 1127-1131.

[58] Schmidt F, Warner J. Diffusion of carbon, nitrogen and oxygen in vanadium between 60 and 1825°C [J]. Journal of the Less-Common Metals, 1972, 26(2): 325-326.

[59] Schmidt F, Conzemius R, Carlson O, et al. Diffusion of metallic solutes in vanadium using spark source mass spectrometry as the method of analysis[J]. Analytical Chemistry, 1974, 46 (7): 810-814.

[60] Bressers J, Creten R, Holsbeke G. Preparation and characterization of high-purity vanadium by EBFZM[J]. Journal of the Less-Common Metals, 1975, 39(1): 7-16.

6 金属铌的提取与提纯

6.1 金属铌的提取

6.1.1 钽铌精矿的冶炼

钽铌精矿分解的目的是初步分离矿物中的钽铌和伴生的杂质。钽铌矿物的化学性质比较稳定，分解比较困难，在处理精矿时，不仅要进行钽铌提取，还需分离伴生的杂质和回收有价金属。钽铌精矿的处理方法主要有碱分解法、酸分解法和氯化法等。

6.1.1.1 碱分解法

碱分解法分为碱熔融分解法[1-2]和碱性水热分解法[3]。

A 碱熔融分解法

20 世纪 50 年代前，国内外钽铌湿酸盐精矿处置采用碱熔分解法。钽铌精矿与过量的碱 MeOH（NaOH 或 KOH）可在 500~800℃下进行熔融分解，分解流程如图 6-1 所示，碱熔反应方程式如下：

$$(Fe, Mn)[(Nb, Ta)O_3]_2 + 6MeOH = 2Me_3(Nb, Ta)O_4 + (Fe, Mn)O + 3H_2O$$
$$(6-1)$$
$$(Fe, Mn)WO_4 + 2MeOH = Me_2WO_4 + (Fe, Mn)O + H_2O \quad (6-2)$$
$$FeTiO_4 + 2MeOH = Me_2TiO_4 + FeO + H_2O \quad (6-3)$$
$$Al_2O_3 + 2MeOH = 2MeAlO_2 + H_2O \quad (6-4)$$
$$SiO_2 + 2MeOH = Me_2SiO_3 + H_2O \quad (6-5)$$
$$SnO_2 + 2MeOH = Me_2SnO_3 + H_2O \quad (6-6)$$

矿物反应分解生成正钽（铌）酸盐。反应结束后，将熔体用水浸出，正钽（铌）酸盐水解生成一系列的多钽铌盐：$Me_8(Ta, Nb)_6O_{19} \cdot nH_2O$、$Me_7(Ta, Nb)_8O_{16} \cdot nH_2O$、$Me_{14}(Ta, Nb)_{12}O_{37} \cdot nH_2O$ 等。

（1）NaOH 作熔剂。多钽（铌）酸钠与氧化铁（锰）在反应过程中均产生析出物，同时大量硅、锡、钨、铝等元素作为杂质进入溶液，使杂质与钽、铌分离。所得的沉淀物用盐酸进行溶解，氧化铁（锰）溶解，多钽（铌）酸钠反应生成钽（铌）的氢氧化物，经过滤、水洗、烘干即可获得最终产品——钽（铌）的氧化物。

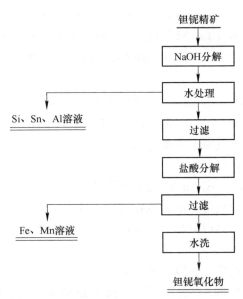

图 6-1 碱熔融分解法分解钽铌精矿流程

（2）KOH 作熔剂。利用水进行溶解处理，使大部分钽和铌都以可溶的多钽（铌）酸钾形式直接加入水溶液，氧化铁（锰）及其他钛酸钾盐残留于固体相中，大部分铝、硅、锡、钨也直接溶进水溶液中。向水溶液中直接加入氯化钠或氢氧化钠，则钽和铌以难溶的多钽（铌）酸钠的形式全部析出，完成与液相中杂质的脱离，再用盐酸进行处理析出杂质，即可获得钽和铌的混合氢氧化物。KOH 熔融法比较适合于制备不同较高纯度的钽铌混合氢氧化物，其操作过程的持续时间也较长。

碱熔法是我国钽铌湿法冶金工业上最早被广泛采用的一种生产方法，存在的主要缺点如下：碱熔法碱消耗量大，碱液和精矿质量比为 3∶1，碱液实际消耗量一般是理论碱耗量的 6~8 倍；载体容器坩埚损耗快、碱性熔体生产工艺操作困难；该方法钽铌单次回收率较低（低于 80%）、流程复杂，不利于工业快速生产。

B 碱性水热分解法

在碱熔融分解法的基础上，泽利克曼及奥列霍夫等人在 20 世纪 60 年代初期提出并开发了一种碱性水热法用以处理含铌钽的原矿，可使钽、铌的原矿提取率大于 90%。在 150~200℃ 下，钽铌原矿在 35%~45% 的 MeOH(NaOH 或 KOH) 溶液中的分解反应分两个阶段：第一阶段生成可溶性的六钽（铌）酸盐，第二阶段转化为不溶性偏钽（铌）酸盐，控制分解反应的条件可以使其分解出的产物主要为六钽（铌）酸盐或偏钽（铌）酸盐：

$$3(Fe, Mn)O(Ta, Nb)_2O_5 + 8MeOH + (n-4)H_2O =\!\!=\!\!=$$

$$Me_8(Ta, Nb)_6O_9 \cdot nH_2O + 3(Fe, Mn)O \tag{6-7}$$

$$Me_8(Ta, Nb)_6O_{19} \cdot nH_2O =\!\!=\!\!= 6Me(Ta, Nb)O_3 + 2MeOH + (n-1)H_2O$$

$$\tag{6-8}$$

(1) KOH 水热法。用 KOH 处理钽铌矿时，应控制反应产生易溶的六钽（铌）酸钾。依据六钽（铌）酸钾在浓 KOH 溶液和稀 KOH 溶液中的溶解度的差异，可制取纯净的六钽（铌）酸钾。经盐酸分解，制得纯钽与铌的混合氧化物，可直接用来制造钽铌合金。

(2) NaOH 水热法。用 NaOH 处理铌钽矿时，反应得到偏钽（铌）酸钠沉淀，沉淀经酸浸后，得到的不溶性偏钽（铌）酸钠可溶解在 10%～15% 的氢氟酸溶液中，实现钽、铌的提取分离。过剩的 NaOH 溶液中的杂质含量较低，可回收并加以循环再利用。

该方法的主要优点是：相较于碱熔法，碱性水热分解法反应温度大大降低、碱耗量少，仅为碱熔法的 1/6；缺点是：处理过程为带压操作、操作难度较大，因此一直未应用于工业化。

6.1.1.2 酸分解法

A 氢氟酸分解法

在 90～100℃ 温度下，用质量分数为 60%～70% 的氢氟酸分解钽铌矿，其主要反应如下：

$$(Fe, Mn)(Nb, Ta)O_3 + HF \longrightarrow H(Nb, Ta)F_7 + (Fe, Mn)F_2 + H_2O \tag{6-9}$$

除钽、铌、铁、锰外，其他元素如锡、钛、硅、钨也以络合酸的形式进入溶液，而稀土、碱土金属元素生成难溶的氟化物或硫酸盐残留在渣中。钽铌氟络合酸在一定酸度下能被有机溶剂选择性地萃取，从而与杂质分离。通过有机物萃取获得的产物，在经历多次酸洗、反萃钽、反萃铌、氨水的中和等多个工艺流程后即可得到纯钽、铌的混合氢氧化物，再经烘干、煅烧后得到氧化钽和氧化铌[4-5]。

氢氟酸法的突出优势是：精矿分解所需温度较低，温度范围为 90～100℃；工艺流程短，对高品位精矿的分解率高。缺点是：不适于处理低品位钽铌矿，分解率低，只有 85% 左右；精矿分解过程中，HF 挥发损失 6%～7%，加工后的残余物含量大、氢氟酸损耗大，钽铌矿与耗酸量在 1：4 左右；由于氢氟酸的高毒性和强腐蚀性，对设备材料要求极高，并需要完善通风设备和回收系统。

氢氟酸分解法分解钽铌精矿流程如图 6-2 所示。

B 硫酸分解法

为更有效地防止对含氟试剂的过度利用，科研工作者对资源化综合利用

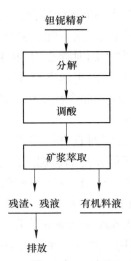

图 6-2 氢氟酸分解法分解钽铌精矿流程

H_2SO_4 体系直接处理精矿的方法开展了更深入的研究[7-8]。H_2SO_4 可以浸出烧绿石、铌铁金红石、铌锰矿、褐钇铌矿等大部分铌矿物。此外，该处理方法还具有较高的分解率和矿物转化率，可广泛应用于回收精矿物中的多种有价成分。在 120~200℃下，用浓硫酸处置易分解的钛钽铌复合精矿，就可以将各种精矿中的主要组分均转化成可溶性的硫酸盐。过滤复合精矿残渣后，再用少量水溶液加以稀释，碱土金属元素的硫酸盐水解形成沉淀。在析出沉淀后，通过调节 pH 值，可分别沉淀或析出钽、铌、钛的氢氧化物纯液。

还有学者[6-8]深入研究了江西宜春铌矿石（含 Nb_2O_5 14.23%）在硫酸介质中的加压浸出过程。研究表明，浓度为 10mol/L 的条件下，将矿物在 200℃下加压反应 2h，能浸出 98%以上的铌。动力学研究结果表明，铌矿物在硫酸溶液中的加压浸出在较大程度上取决于温度变化，并遵循表面反应控制动力学模式。在 100~200℃的范围内活化自由能为 43kJ/mol，与化学反应控制一致。杨小红用酸浸工艺技术处理某含铌稀有金属矿（含 Nb_2O_5 0.0465%），在温度为室温、液固比 2∶1、硫酸用量 60%、助浸剂用量 2.5%、浸出时间 36h 的条件下，Nb_2O_5 浸出率为 80%。

H_2SO_4 分解法避免了 HF 的使用，但其分解效率、浸出率等不如 HF 分解法，所以需要通过动力学弥补热力学上的不足。如可以在工艺上延长浸出时间、提高浸出压力、多段浸出等。缺点是：能耗和操作成本高，而且高浓度 H_2SO_4 具有较高密度和黏度，影响固-液间的传质，在一定程度上动力学过程又受到限制。

C 氟化物盐-酸法

由于 HF 具有高危险性，Majima 等人[9]从铌的溶解动力学方面提出氟化物盐类与酸协同浸出的可行性，并分别以 HF、HF-HCl、NH_4F-HCl、HF-H_2SO_4 和

NH_4F-H_2SO_4 的水溶液为介质进行铌的浸出研究。在 60~80℃ 的温度范围内研究了铌和钽的溶解动力学。研究结果显示，铌和钽具有相似溶解行为，反应中没有明显的机理差异。此外，浸出剂中同时存在 H^+ 和 F^- 可以使铌铁矿或钽铁矿快速溶解，这两种离子浓度的增加使得浸出速率有效提高。铌矿湿法浸出工艺有了新的研究思路：HCl、H_2SO_4 与 NH_4F 等中性氟化物盐类可组合使用作为 H^+ 和 F^- 的供给源和浸出剂，从而替代 HF。

Yang 等人[10]使用硫酸浸出江西宜春锰钽矿（含 Nb_2O_5 13.9%），结果显示只有 9.9% 的铌被浸出。为了获得较高的钽铌浸出率，将锰钽矿（74μm）与 50% 的 H_2SO_4 和 NH_4F 混合，其中，NH_4F 与锰钽矿的质量比为 0.8：1、液固比为 5：1，在 200℃ 下密闭容器中进行加压浸出 2h，可浸出 96% 以上的铌。该工艺与传统 HF 工艺相比，HF 浓度从 60%~70% 显著降低到 5.3%，挥发损失减少，且溶液中过量的氟可回收循环利用，并且几乎没有氟排放。此工艺主要缺点为氟化物盐类成本较高，而且其在高压酸体系中也可产生 HF，工艺在本质上没有变化。

D　盐酸分解法

Habashi 等人[11]在高压釜中使用 HCl 浸出 Quebec 的焦绿石（含 Nb_2O_5 57%）。焦绿石精矿可在 200℃ 下用 HCl(10mol/L) 浸出 4h 而转化为含至少 90% Nb_2O_5 的工业级氧化物，涉及如下两步反应：

$$3(Nb_2O_5 \cdot CaO) + 2HCl \Longrightarrow 2Nb_2O_5 + Ca_2Nb_2O_7 + CaCl_2 + H_2O \quad (6\text{-}10)$$
$$Ca_2Nb_2O_7 + 4HCl \Longrightarrow Nb_2O_5 + 2CaCl_2 + 2H_2O \quad (6\text{-}11)$$

此工艺将杂质溶解，使得铌元素和少量杂质元素钽、硅留在浸出渣中，在铌得以富集的情况下避免了 HF 的使用。但是由于大部分含铌矿物难以在 HCl 中分解，此工艺的应用范围非常受限，难以应用于低品位铌矿物的提取。

6.1.1.3　氯化法

氯化法[12]最早是由乌拉佐夫及马洛佐夫于 1936~1940 年期间提出的。该方法研究成功并实现工业化，工业上一般用氯化法处理复杂的钽铌精矿或锡渣。工艺流程为：在 400~800℃ 条件下，对混有还原剂（木炭、石油焦）的精矿进行氯化，可生成钽铌氯化衍生物。由于其沸点较低，钽铌氯化衍生物在氯化过程中可被气体带走，并在冷凝器中吸收，而高沸点的氯化物，包括稀土金属、钠、钙及其他氯化物则存留于氯化器中形成氯化物熔盐。由冷凝物制取的钽铌五氯化物的混合物经精馏分离得到五氯化钽和五氯化铌（见式 (6-12)~式 (6-15)）。

$$Nb_2O_5 + 5C + 5Cl_2 \Longrightarrow 2NbCl_5 + 5CO \quad (6\text{-}12)$$
$$Ta_2O_5 + 5C + 5Cl_2 \Longrightarrow 2TaCl_5 + 5CO \quad (6\text{-}13)$$
$$NbC + 5/2Cl_2 \Longrightarrow NbCl_5 + C \quad (6\text{-}14)$$
$$FeNb + 4Cl_2 \Longrightarrow NbCl_5 + FeCl_3 \quad (6\text{-}15)$$

氯化法虽适于处理复杂的钽铌精矿或锡渣，但由于在处理过程中存在设备腐蚀和环境污染严重、操作条件差、操作温度高等不足之处，目前工业上应用很少。

6.1.1.4 亚熔盐法

由于氢氟酸分解法会产生氟污染，张懿等人[13-14]根据清洁生产等原理提出一种清洁无污染的方法处理钽铌矿——亚熔盐法。该工艺通过研究溶液的平均离子活度系数与浓度的关系，得出亚熔盐介质具有优越的反应特性。因此，选用亚熔盐介质作为离子化溶剂可大幅度提高化学转化率。

该方法的工艺流程为：铌钽铁矿经亚熔盐分解后经反应分离耦合过程（稀释分离—正盐浸出）及结晶分离得到六铌钽酸钾晶体（正盐），再经酸化脱钾得到水合氧化铌（钽）沉淀，该沉淀纯度达99%以上，可直接溶于低浓度氢氟酸溶液（小于10%）中。分解反应中过量的 KOH 溶液先经稀释并与渣相分离后，再经蒸发浓缩并返回亚熔盐分解工序，实现介质的内循环，大大降低 KOH 的消耗。在该条件下，铌、钽回收率达95%以上，较现行氢氟酸工艺提高10%以上。亚熔盐清洁工艺使用无氟原料分解钽铌矿，从源头削减了氟污染，且氢氧化钾介质在体系中进行内循环，可大幅削减原料的工艺消耗，展现了很好的工业应用前景。

表 6-1 为钽铌精矿分解方法对比。

表 6-1 钽铌精矿分解方法对比

方　法		原材料	分解率/%	回收产物
碱分解法	碱熔融分解法	钽铌精矿	—	$Nb(Ta)_2O_5$
	碱性水热分解法	钽铌精矿	—	$Nb(Ta)_2O_5$
酸分解法	氢氟酸分解法	钽铌精矿	98~99	$Nb(Ta)(OH)_5$
	硫酸分解法	钛钽铌复合精矿	80.88	$Nb(Ta)(OH)_5$
	氟化物盐酸法	锰钽矿	—	Nb
	盐酸分解法	焦绿石精矿	—	Nb_2O_5
氯化法		钽铌精矿/锡渣	—	$TaCl_5/NbCl_5$
亚熔盐法		铌钽铁矿	95	$Nb(Ta)_2O_5H_2O$

6.1.2 金属铌的提取

金属铌制备的方法有传统热还原法和熔盐电解法。根据还原剂的不同，传统热还原法可分为金属热还原法和非金属热还原法，还原剂包括金属铝、钠和钙。非金属热还原法包括化学气相沉积法、碳热还原法等。熔盐电解法，是指在电场的作用下，将铌氧化物、氟络合物和氯化物进行还原制得金属铌。

6.1.2.1　金属热还原法

A　铝热还原法

铌的氧化物非常稳定，要获得金属铌需要使用强还原剂来还原。根据金属铝具有较强的还原性，可以利用铝热法还原金属铌。铝热还原流程如图 6-3 所示。

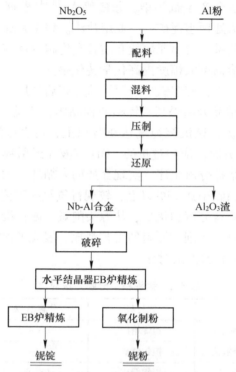

图 6-3　铝热还原法制备金属铌的流程

铝热反应方程式如下：

$$3Nb_2O_5 + 10Al \xlongequal{\quad} 6Nb + 5Al_2O_3 \tag{6-16}$$

此方法的具体过程为：混合氧化铌和铝粉并置于坩埚内，然后将坩埚加热到 1000℃点火反应。还原反应急剧进行，同时有大量的热量释放出来[15]。一般 Nb_2O_5 的铝热还原产物为铌铝热剂（Nb-Al-O 合金），其含有少量的铝和氧，这类杂质可通过真空加热至 2000℃并保温 8h 可去除[16]。在真空高温条件下加热数小时后，Al、Al_2O_3 和少量的 NbO 将从铌铝热剂中挥发，最后可得海绵状铌。铝热还原法的优点为工艺简单、易工业化，且还原在常压下进行；缺点为还原过程中所产出的副产物较难分离，需将 Al_2O_3 渣进行良好的分离。

B　钠热还原法

钠热还原法[17]是通过金属钠直接还原 $NbCl_5$ 制得铌粉。$NbCl_5$ 是一种含有

Nb_2Cl_{10} 复合物的黄色粉末，熔点为 200℃。在 450℃时，$NbCl_5$ 在 LiCl-KCl-NaCl 和 LiCl-KCl-$CaCl_2$ 熔盐体系中是以 $NbCl_6^-$ 存在。$NbCl_5$ 在 450℃时溶解到 LiCl-KCl-NaCl 和 LiCl-KCl-$CaCl_2$ 共晶熔盐体系中，可以发生式（6-17）的反应，当加入还原剂金属钠时可以获得铌金属粉末（见式（6-18））。

$$NbCl_5 + NaCl === NaNbCl_6 \qquad (6-17)$$

$$5Na + NaNbCl_6 === Nb + 6NaCl \qquad (6-18)$$

由此可得出，金属铌粉末可以在熔盐介质中还原 $NbCl_5$ 获得。

C 钙热还原法

钙热还原法制备金属铌的产物纯度可以达到 99.5%以上[18]。该方法主要包括三个过程：原料成型、钙蒸气还原铌的氧化物及还原后金属铌的洗涤。具体步骤[19-20]如下：（1）将 Nb_2O_5 与助熔剂 $CaCl_2$ 和黏结剂混合，搅拌成浆状，注入不同形状的不锈钢模具中成型。其中黏结剂是由硝化纤维溶解在不同配比的乙醇乙醚混合物中制成，助熔剂与黏结剂的配比决定了混合浆的黏性。（2）将脱模后的样品在 800℃烧结 1h，蒸干成型后样品中的水分和黏结剂，同时增加样品的强度。（3）将烧结后的样品放入不锈钢反应器中，反应器用钨焊接密封，反应器放入温度为 750~1000℃的电阻丝炉内，反应 6h 后将样品取出冷却至室温。（4）经洗涤及真空干燥等操作处理后得到最终产物。其流程示意图如图 6-4 所示。

钙热反应如下：

$$Nb_2O_5 + 5Ca === 2Nb + 5CaO \qquad (6-19)$$

钙热还原法减少了原料与反应器和还原剂的物理接触，通过添加不同成分和含量的助熔剂与黏结剂进而达到控制金属铌的纯度和粒度。此外，钙热还原法还原速度较快，但其缺点是要求还原剂具有较高的纯度。

6.1.2.2 非金属热还原法

A 真空碳还原法

目前国内外制备金属铌的主要方法之一为真空碳还原法。工业上有直接碳还原和间接碳还原两种工艺[21-22]。

直接碳还原法一般在真空碳管炉内进行。该法利用碳对氧的亲和力大于铌对氧的亲和力，用碳作还原剂直接还原五氧化二铌得到金属铌（见式（6-20））。直接碳还原生产出的铌呈海绵状，表面积较大、金属杂质和氮含量较低，该工艺适于生产电容器级铌粉。直接碳还原法工艺流程如图 6-5 所示。

$$Nb_2O_5 + 5C === 2Nb + 5CO \qquad (6-20)$$

直接碳还原法优点是产品收率高（大于 96%）、还原剂便宜、生产成本低，不需要湿法处理产生的副产物，可获得较高纯度的铌条和金属粉。

间接碳还原法是先将五氧化二铌和碳反应生成碳化铌，再将碳化铌与五氧化

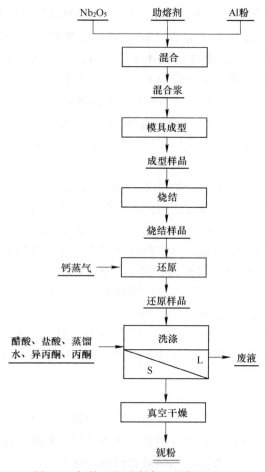

图 6-4 钙热还原法制备金属铌的流程

二铌进行充分混合，压制成片后放置在 1600℃以上高温真空炉内反应，最后得到金属铌粉末（见式（6-21）和式（6-22））。间接碳还原流程如图 6-6 所示。

$$Nb_2O_5 + 7C \stackrel{}{=\!=\!=} 2NbC + 5CO \tag{6-21}$$

$$Nb_2O_5 + 5NbC \stackrel{}{=\!=\!=} 7Nb + 5CO \tag{6-22}$$

间接碳还原的特点是设备生产能力大、工艺稳定，制得的金属铌条比较致密，外形尺寸比较规矩，适于做铌条、铌锭和铌加工材。

碳热还原法会生成 NbC、Nb_2C、NbO_2 和 NbO 等副产物，最后阶段碳、氧含量会降至饱和溶解度以下。Nb-C-O 熔融液可以进行脱氧除碳，若要保证碳完全除去需要有过剩的氧，在 O∶C=6∶1 时可获得最佳还原效果，反应方程式如下：

$$C(Nb) + O(Nb) \stackrel{}{=\!=\!=} CO \tag{6-23}$$

碳热还原法具有设备生产能力大、还原剂成本低、工艺稳定、产品收得率高（大于 96%）、产物比较致密等优点。

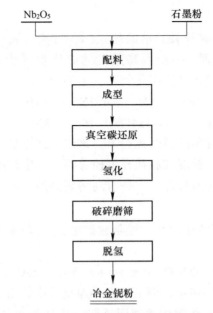

图 6-5 直接碳还原法流程

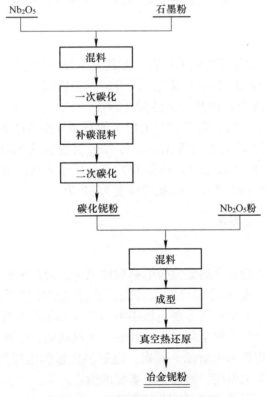

图 6-6 间接碳热还原法流程

B 气相还原法

气相还原法[23]是一种比较简洁的粉末制备方法。氢气还原法制取超细铌微粉末基于均相反应的原理，一般以易蒸发的卤化物（或其他化合物）为原料，在一定温度下用还原性气体还原卤化物蒸气来制取。反应方程式如下：

$$NbCl_5 + 5H_2 = 2Nb + 10HCl \qquad (6-24)$$

其中选定 40：1~200：1 作为最佳氢气比率，900~1000℃作为最佳反应温度范围，可获得粒度比较均匀的超微铌粉末。该法的优点是对设备的要求较低，所制备的粉末具有纯度高、粒度细和粒径可控等特点，生产能耗也比较低。缺点是反应源和余气易燃、易爆或有毒，设备有高耐腐蚀的要求。

C 硅热还原法

硅热还原法[24]所用的还原剂一般是含硅量大于 75% 的硅铁合金，按下列主反应进行：

$$2/5Nb_2O_5 + Si = 4/5Nb + SiO_2 \qquad (6-25)$$

硅与 Nb_2O_5 反应放出热量，但是，在还原过程中铁粉要吸收一部分热量，使还原反应所释放的热量远不能达到彻底还原所需的热效应。因此，可以利用从电炉排放的液态硅合金的显热补充热量，以减少冷态硅合金在加热过程的烧损。

D 氮化法

氮化法[25]以氧化铌或铌铁为原料，使其先和氨或氮进行碳反应生成氮化铌，氮化铌再在真空和 1830~2100℃温度下热分解成金属铌。

此法是基于 NbN 独特的热力学性质，即在 1577℃、1atm(101325Pa) 的氮气气氛下，氮化物是稳定的。但在 1877℃以上的高温真空条件下，它很容易分解成金属 Nb。因此，其工艺流程包括 Nb_2O_5 与 NH_3 反应生成 NbN，然后高温分解成纯 Nb；也可将 Nb_2O_5 与 C 混合加热至 1577℃，后通入 N_2，使 Nb_2O_5 变成 NbN，然后高温分解制得纯铌。此法可获铌的纯度为 99.7%。

6.1.2.3 熔盐电解法

A 直接电解法

直接电解法的原理是在熔融混合电解质体系中，通过电流作用，根据电解质分解电压的差异进行电解还原[26-28]。首先，熔盐电解质体系是电解过程的关键因素，在熔盐体系中电解质的分解电压必须高于金属化合物的分解电压以保证获得纯金属，且熔盐电解一般是采用导电性好、熔点较低、电解产物易于分离的碱金属氯化物和氟化物作为电解质。其次，电解温度根据电解质的组成进行确定，一般要高于电解质熔化温度，即高于电解质的熔点。

在传统熔盐电解法制取金属铌的过程中，采用 K_2NbF_7-NaCl 或者 K_2NbF_7-

KCl-NaCl 两种电解质降低操作温度和提高电解质的导电性。其电解反应如下：

$$K_2NbF_7 + 5Cl^- \rightleftharpoons 2K^+ + 7F^- + 5/2Cl_2 + Nb \tag{6-26}$$

B EMR 法

Okabe 和 Sadoway 于 1998 年提出了 EMR 法[19,29]，并在熔盐介质中采用镁热还原 $TaCl_5$ 获得了产物金属钽。继而采用钙（Ca-24.3%Al-12.0%Ni）将 Nb_2O_5 电解还原制备出金属铌。EMR 法工艺流程为：电解前将无水 $CaCl_2$ 电解质在 200℃的真空装置中干燥烘干 12h；其次加热反应器至 900℃，将 Nb_2O_5 在氩气气氛保护下进行电解，等待钙蒸气释放的电子将 Nb_2O_5 还原成金属铌；还原结束后经蒸馏水浸泡溶解 $CaCl_2$、醋酸和盐酸过滤得到金属铌粉；最后经过蒸馏水、酒精和丙酮清洗后进行真空干燥。其电化学步骤如下：

$$5Ca \rightleftharpoons 5Ca^{2+} + 10e \tag{6-27}$$

$$Nb_2O_5 + 10e \rightleftharpoons 2Nb + 5O^{2-} \tag{6-28}$$

C 电脱氧法

电脱氧法包括 FFC 剑桥工艺和 SOM 法。

a FFC 剑桥工艺

FFC 剑桥工艺以 $CaCl_2$ 为熔盐，直接电解 Nb_2O_5 制备金属铌，电解质的工作温度为 800~1000℃，工作电压为 2.80~3.20V[30-32]。由于铌在高温下氧化的氧势低，对气氛要求高，以及脱氧过程副反应略多，因此在电解过程中需要严格控制电解条件，采用高纯氩气保护。其电解反应见式（6-29）和式（6-30），工艺流程如图 6-7 所示。

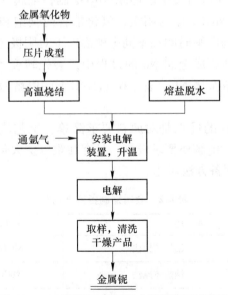

图 6-7 FFC 剑桥工艺制备金属铌的工艺流程

阴极总反应： $$[O]_{inNb} + 2e == O^{2-}_{influx} \qquad (6-29)$$

阳极总反应： $$O^{2-}_{influx} + C == CO + 2e \qquad (6-30)$$

邓丽琴等人在 $CaCl_2$-NaCl 的混合熔盐中 800℃ 的温度条件下，以烧结的 Nb_2O_5 为阴极，石墨坩埚为阳极制备了金属铌。结果表明：在烧结 1200℃、12h 条件下的阴极片电化学性能最好，阴极片的脱氧速度在电脱氧过程初期较快，随电解时间的增加，脱氧速度开始变慢，速率不均匀。

谢大海等人[32]同样通过熔盐电脱氧法电解制备金属铌，其电解质为熔融的 $CaCl_2$-NaCl，阴极为经粉末压制烧结后的 Nb_2O_5，阳极为石墨。并通过不同的工艺参数实验对比得出最佳的工艺参数为：烧结温度 1200℃、压制压力 12MPa、电解温度 800℃、电解时间 12h，即可获得纯度 99% 以上的金属铌。

b SOM 法

SOM 法制备金属铌是利用固体透氧膜控制 O^{2-} 的流动制备金属铌，其电解反应如下[16,29,33]：

阳极反应： $$O^{2-} + C == CO + 2e \qquad (6-31)$$

阴极反应： $$Nb^{5+} + 5e == Nb \qquad (6-32)$$

总反应： $$2Nb^{5+} + 5O^{2-} + 5C == 2Nb + 5CO \qquad (6-33)$$

电解过程中由于固体透氧膜对离子具有选择作用，阴极中的氧离解形成氧离子扩散到熔盐，通过固体透氧膜后，与碳饱和溶液中的碳反应生成 CO 或 CO_2 气体析出，而金属阳离子在阴极上获得电子，使金属析出。

何理等人采用 SOM 法直接电解还原 Nb_2O_5 制备金属 Nb。在 $CaCl_2$ 熔盐体系中，电解电压 3.2V，Nb_2O_5 作为阴极，氧化锆管内碳饱和的液态铜合金作为阳极。研究发现，在不同电解时间和不同电解温度下对阴极还原产物微结构产生的不同影响，Nb_2O_5 被还原成金属 Nb 的过程中，会先转变为 Nb 的一系列低价氧化物，进而才被还原成金属 Nb。该法在 1150℃ 下的电解效率可达 81.7%，电解效率高。

SOM 法制备金属铌的优点是对原料要求简单、工艺流程短、生产效率高且副产物较少；缺点是对电解质要求较高，且存在难以扩大化生产等问题。

表 6-2 为金属铌制备方法对比。

表 6-2 金属铌制备方法对比

工 艺 方 法		原材料	纯度/%
金属热还原法	铝热还原法	Nb_2O_5	99.0~99.9
	钠热还原法	$NbCl_5$	—
	钙热还原法	Nb_2O_5	99.5

工 艺 方 法		原材料	纯度/%
非金属热还原法	真空碳还原法	Nb_2O_5	96.0
	气相还原法	$NbCl_5$	—
	硅热还原法	Nb_2O_5	—
	氮化法	NbN	99.7
熔盐电解法	直接电解法	K_2NbF_7	—
	EMR 法	Nb_2O_5	—
电脱氧法	FFC 剑桥工艺	Nb_2O_5	99.0
	SOM 法	Nb_2O_5	81.7

Ono 和 Suzuki 提出了 OS 工艺制备金属铌，即采用钙合金作为还原剂平铺在反应器底部，Nb_2O_5 粉末分层平铺在反应器中部，800~1000℃高温真空加热 6~10h，此时升华后的钙蒸气会将 Nb_2O_5 粉末逐步还原成金属铌。

6.2 金属铌的提纯

通过氧化还原精炼铌化合物可以直接制得铌粉、海绵铌或其他脆性铌条，但这些铌精炼产物还可能含有一定含量的杂质，其中氢、氧、氮等杂质使铌产物极易产生发脆现象，因此它们需要进一步清除。铌精炼的主要目的有两个，即产物提纯和致密化，并且这两个精炼过程在现代工业生产中一般都是同时进行完成的。金属铌精炼的方法主要有真空烧结法、电子束熔炼工艺、电子束悬浮区域熔炼法、等离子弧熔炼法等[34]。

6.2.1 真空烧结法

真空烧结法提纯铌是在 10^{-6} kPa 的真空中，把粗铌加热至 2297℃就能脱除金属和非金属杂质，但其中钽含量没有变化。或在 1597℃下通过真空烧结有效地除杂，其原理就是在高温真空条件下，许多杂质（如 Fe、Na、K）易挥发除去，N、H 则由简单分解并脱气除去，其他 C、O、Al、S、Ti 则通过较复杂的脱氧过程去除。

6.2.2 电子束熔炼法

真空电子束熔炼在钛锭上的成功应用对铌和锆等金属的工业生产技术应用发展起到了很大的促进作用[35-40]。与以前采用传统的热高温凝固冶金熔炼方法获得的铌相比，采用该熔炼工艺得到的铌其残留的金属杂质质量分数更低。其原理是在较高的真空度下（10^{-2}~10^{-8} Pa），通过加热阴极材料使其逸出电子，并将电子聚焦加速轰击坯料，使得动能转化为热能，以此来加热熔炼金属[41]。在用电子束熔炼时，熔体的温度可以明显高于精炼金属铌和钽的熔点。该技术的特点是真空度高、熔体维持时间长、过热度大，有利于脱气和去除低熔点易挥发杂质。另外，通过该熔炼技术还可以灵活地控制在高热环境下熔融态金属的驻留时间，而这些对其他各种真空冶金提纯过程几乎是不可能完全实现的。Choi 等人[42] 利用真空电子束熔炼技术得到纯度达到 99.993%（含气体杂质）的高纯铌锭。

6.2.3　电子束悬浮区域熔炼法

李来平等人[38] 指出，电子束悬浮区域熔炼法实质上是在高温真空熔化环境中，原料棒被放入熔化的狭小区域内，借助其在熔化液面上的表面张力，使其保持在同一根原料棒的中间，并在同一移动方向上沿轴向缓慢移动。熔区内部金属杂质根据分配系数 k 在熔融固体和熔化液体中分别进行重新混合分布，从而实现难熔金属的提纯，甚至生长形成难熔金属单晶。该方法提纯的主要工作机理是熔化金属杂质的快速挥发和熔化气体内部杂质的良好脱除。Reedr 等人[39] 认为，在进行真空电子束悬浮区域熔炼时，真空度相当高，但是区域熔炼时的速度却非常慢，根据其中的工作原理，这种提纯技术对于单晶生长非常有利。同时，胡忠武等多位研究人员也一致认为，电子束悬浮区域熔炼工艺其实是个复杂的物理化学过程，金属的提纯和单晶的生长主要受熔区的温度梯度和液态金属化学成分的均匀性影响。目前，有特殊要求的单晶铌片常由电子束悬浮区域熔炼来制备，但是使用此法制备的高纯单晶铌由于内部可能存在大量的位错，因而不易获得高残余电阻率值。

6.2.4　激光精炼法

利用激光精炼法，研究人员成功将原料蒸气相组成为：Pr/Nb = 1/100 的 Nb 经激光束的照射精炼后得到 Pr/Nb = 1/100000 的 Nb。可见该工艺纯化效果相当显著，达 99.90%。该法对铌中那些平衡常数与铌近似的杂质元素脱除提纯具有很显著的效果，比如提纯 W、Ta。

6.2.5　固相电解法

不同于以往的物理、化学提纯方法，固相电解法本质是杂质离子进行迁移，以此实现铌的提纯。其提纯工作基本原理主要是将大量用于待纯化的各种原料细棒通过放置于超高真空或者在高温下的惰性气氛下，将数百安的直流电通过带有杂质的棒状试样，在各种强磁场和电场相互作用下，金属晶格中的杂质离子产生物理迁移相互作用现象，从而实现杂质去除，达到提纯的目的。其主要技术特点之一就是金属杂质离子在间隙杂质层中所发生物理迁移的速率比在金属晶格中的金属杂质离子所发生物理迁移的速率大 100 倍。该法能大大降低铌中的杂质金属离子。

6.2.6　非接触冷坩埚浮熔法

冷坩埚由两个小型弓形块互相连接起来，两组用于预热控制频率不同的高倾高压感应材料预热控制线圈用来提供用于控制预热熔炼时需要的能量，上部高倾高压感线圈主要专门用于材料预热，下部低频预热线圈主要专门用于预热材料浮熔。该法的提纯原理和提纯效果在工艺上类似于 EBM 提纯工艺，比固相电解提纯和激光精炼提纯两种工艺成熟，是金属铌提纯的一种新技术。

6.2.7　熔盐电解精炼法

熔盐电解精炼法是化学处理方法中的一种，可去除粗铌中的金属杂质。与铌化学性质相似的 Ta、Mo 等金属杂质用物理粗炼法不易去除，必须先行采用该方法除掉[37]。一般情况下，为了保证能够进行低温熔盐电解，使用氯化物作为电解液，但在粗铌精炼过程中使用氯化物进行熔盐电解容易形成各种不溶性的氯氧化物，在实际操作中很少使用纯氯化物熔盐作为电解质。目前，一般使用多种成分的混合电解熔盐（如 FLiNaK）作电解质。经过氯化物混合电解后铌中所含有的其他金属杂质含量低，但 Ta、W 和 Mo 等金属杂质的精制效果较差。在氟化盐电解后铌中 Fe、Al、Mg 和 Ni 等比铌蒸气压高的金属杂质去除率低，特别是 Fe 在产物中含量高，所以采用氟化物电解去除铌中的铁杂质困难。从 Schulze 的研究结果看，采用 FLiNaK 液氟化物电解精炼，去除 Ta、Mo 和 W 等高熔点杂质非常有效，铌的精制率高达 90% 以上。

表 6-3 为金属铌提纯的方法对比。

表 6-3　金属铌提纯的方法对比

方　法	条　件	纯度/%	文献
真空烧结法	高温 1197℃、真空 10^{-6} kPa	—	[24]
电子束熔炼法	真空 $10^{-2} \sim 10^{-8}$ Pa	99.993	
等离子弧熔炼法	高温（8000~12000℃）	—	
固态电迁移法	超高真空或高温惰性气氛	—	
激光精炼法	超高真空	99.9	
固相电解法	超高真空或高温惰性气氛	—	
非接触冷坩埚浮熔法	感应加热	—	
电子束悬浮区域熔炼法	高真空环境		[36]
熔盐电解精炼法	氟化物熔盐	90	[37]

6.3 钽铌分离

钽铌精矿在分解后，可以得到钽铌的混合化合物，由于钽和铌这两种金属的化学性质非常相似，因此要得到金属铌，需先将这两种金属进行分离。钽铌分离的方法[13]有以下几种：氯化物精馏法、分步结晶法、有机溶剂萃取法、离子交换法、选择还原法等。

6.3.1 氯化物精馏法

通过氯化法分解钽铌精矿或用氯化法处理钽铌混合氧化物时，可以得到钽铌氯化物的混合物[43]。$NbCl_5$ 的沸点是 248.3℃，而 $TaCl_5$ 的沸点是 234℃，两者沸点相差 14.3℃，因此氯化物精馏法的原理就是利用 $TaCl_5$ 和 $NbCl_5$ 的沸点不同，通过控制合适的温度达到钽铌分离的目的。氯化物精馏法与氯化法分解精矿的结合，能够大大简化整个铌钽冶金的流程。

精馏过程通过使用一个直径为 100mm、体积 0.2m³、有 40 个塔板的不锈钢精馏塔，对铌钽氯化物的混合物进行分离，其分离过程主要包括预精馏和主精馏两个分离阶段。在预精馏阶段，可使钽铌与其他元素进行分离；主精馏阶段则可得到高纯铌的氯化物和钽的富集物。经过这两个精馏阶段后，可以得到回收率为80%的钽和质量分数为79%（相对于钽铌总量）的钽分馏物，回收率为6%的钽质量分数 0.76% 的中间分馏物和回收率为 66% 的含钽 0.01%、含铁 0.002% 的铌分馏物，其中未发现铝、硅和钛。该方法精馏后得到的纯钽、铌的氯化物可用作纯金属钽、铌的生产原料。

6.3.2 分步结晶法

分步结晶法的原理是铌和钽能够在氢氟酸溶液中（1%HF）中生成氟氧铌酸钾（$K_2NbOF_5 \cdot H_2O$）和氟钽酸钾（K_2TaF_7），这两种化合物在该溶液中的溶解度相差 9~11 倍[43-44]。由于在氢氟酸溶液中的溶解度不同，可以通过控制溶液的温度和酸值，使得铌盐和钽盐结晶分离。

分步结晶法分为三步：溶解、沉淀结晶和蒸发结晶。

(1) 溶解。溶解是在 70~80℃ 的条件下，用 35%~40%HF 溶液溶解钽铌混合氧化物，溶解液经澄清后进行过滤；将滤液稀释，调整体积使 $K_2NbOF_5 \cdot H_2O$ 在溶液中的体积分数为 3%~6%，游离 HF 降低到 1%~2%。

(2) 沉淀结晶。将稀释后的溶解液进行加热，然后加入一定比例的 KCl，使溶液中的 H_2TaF_7 反应生成 K_2TaF_7 沉淀结晶，而 H_2NbOF_5 反应生成 K_2NbOF_5 仍保留在溶解液中；将沉淀物过滤后，可得到 K_2TaF_7 晶体，按产品纯度要求，在 1%~2%HF 溶液中对 K_2TaF_7 晶体进行再结晶加以提纯。

（3）蒸发结晶。将含铌的过滤母液进行蒸发浓缩、冷却结晶，可得到 $K_2NbOF_5 \cdot H_2O$ 晶体，使用再结晶法对晶体加以提纯。分步结晶法难以获得高纯度铌产品，Nb_2O_5 纯度一般仅为 99.17%。

6.3.3 有机溶剂萃取法

我国在工业生产上采用溶剂萃取法分离钽铌，主要有 HF-H_2SO_4-MIBK（MIBK 体系）、HF-H_2SO_4-仲辛醇（仲辛醇体系）、HF-H_2SO_4-TBP（TBP 体系）和 HF-H_2SO_4-乙酰胺（乙酰胺体系）四种萃取分离体系[43,45-51]。

6.3.3.1 HF-H_2SO_4-MIBK/仲辛醇萃取体系

MIBK 和仲辛醇的萃取分离体系工艺过程大致相同，工艺流程共四段，分别为钨/铌分离段、铌/钽分离段、反钽段和精洗段。

（1）钨/铌分离段。钨/铌分离段统称为酸洗段。有机相进料采用分馏萃取过程，该阶段是利用钽、铌和杂质元素在有机相和水相中的分配系数不同，直接使用酸洗液将钨的杂质相从有机原料相中清洗掉，贫有机相进行萃取，以便能保证铌钽段具有较高的回收率。

（2）铌/钽分离段。铌/钽分离段一般称为反铌提钽段，可分为反铌段和提钽段。有机相萃取进料仍然是采用有机分馏萃取法，在此过程中，一般采用的是硫酸溶液与反铌剂进行搭配使用的试剂。反铌段主要可将经过酸洗后的有机相中的铌进行反复萃取加入水溶液相，而提钽段则主要是将经过多次反复反铌段后的水溶液相与有机萃取剂进行逆流接触。将在反铌液中少量的钽复合萃取加入有机原料相，最大程度上确保钽和钒、铌的有机分离萃取效果。

（3）反钽段。反钽段采用溶液逆流和反复萃取相结合的方法。在此过程中，用纯水或某种盐的盐溶液来进行反萃钽，该萃取阶段钽可以被完全反萃取到水溶液相或某种盐溶液中，得到纯钽的水溶液。

（4）精洗有机段，也可以称作有机原料再生段。精洗有机段同样是采用有机逆流法和反复合萃取法的过程，洗液的种类不定。该萃取阶段主要是为了能清洗干净贫有机原料中存在的杂质，防止在铌钽分离段中，有机相中被带入除铌钽外的杂质，使得铌产品的质量不会受到较大影响。

在分离工艺中采用新型分解试剂替代 HF 和 H_2SO_4 进行分解。在分解温度为300℃、矿石粒度小于 76μm 条件下分解低品位钽铌原料 3h，其分解液采用甲基异丁基酮（MIBK），在低浓度酸和高浓度酸条件下萃取钽和铌，可得铌液中钽含量小于 0.1g/L、钽液中铌含量小于 0.1g/L。然后对钽液、铌液进行过氧化、沉淀和焙烧，可以得到粒径细、纯度高的产品 Ta_2O_5 和 Nb_2O_5。通过新工艺对钽铌原料进行分解，其分解率达 98% 以上，同时钽铌分离效果提高，钽、铌液中的杂质含量降低。

6.3.3.2 HF-H$_2$SO$_4$-TBP 萃取体系

在萃取过程中，磷酸三丁酯含氧萃取剂与水合质子结合生成大的阳离子，然后金属络阴离子缔合而发生萃取反应。当氢氟酸浓度为 4~5mol/L 时，磷酸三丁酯通过活性基团 P═O 与水合氢离子结合，形成大阳离子（H$_3$O(H$_2$O)$_3$·3TBP）$^+$，然后该阳离子再和溶液中的钽铌氟络合物阴离子结合而进入有机相。

与甲基异丁基酮、仲辛醇相比，磷酸三丁酯萃取流程存在以下缺点：（1）钽铌分离效果不太理想；（2）杂质分离，尤其是对钨和钛分离较差；（3）磷酸三丁酯在使用过程中有降解发生，导致产品含磷较高；（4）流程比较复杂。目前，磷酸三丁酯很少在钽铌萃取分离工业上使用。

6.3.4 离子交换法

离子交换法一般在酸性溶液中进行[13]。钽铌精矿经少量氢氟酸分解后获得钽、铌的酸性溶液。钽、铌在两种酸性溶液中主要以 TaF$_7^{2-}$ 和 NbF$_7^{2-}$ 两种形态存在，因此通常用强碱性或中等碱性的阴离子交换复合树脂从铌钽的酸性溶液中进行吸附 TaF$_7^{2-}$ 和 NbF$_7^{2-}$。离子交换树脂采用一种具有活性基（═N）和（═NH）的阴离子交换复合树脂，再加上使用不同浓度的酸性溶液（如 HCl）对其进行淋液清洗和除杂，可以达到快速分离和提纯铌钽的目的。

离子交换的工艺过程：含钛的钽铌混合氢氧化物溶于氢氟酸中，溶液通过阴离子交换剂柱，大约利用柱的交换容量的 40%（根据钽、铌和钛总量），此后通过三种溶液淋洗。因对离子交换剂的亲和性：钽>钛>铌，第一种溶液含 HCl 35g/L，洗出不含钽、铌、钛的全部铁，然后洗出约 80%铌；第二种溶液含 HCl 100g/L，洗出残余铌和全部钛；第三种溶液含 HCl 175~210g/L 和 HF 10g/L，洗出纯净钽。

由于钽铌在酸洗时易水解，该方法仅限于微量钽铌的分离，工业上应用很少。

6.3.5 选择还原法

在 1000℃下，+5 价铌氧化物被还原成+4 价氧化物，而+5 价钽氧化物不发生还原反应，故还原结束可获得含铌高的 Nb$_2$O$_4$ 相和含钽高的 Ta$_2$O$_5$ 的混合物。经反复选择还原操作，可达到初步分离钽铌的目的，但不能分离彻底。

还原结束后，温度降到 400~600℃，用氯气置换反应器中的氢气。在此温度下，Nb$_2$O$_4$ 用 Cl$_2$ 选择氯化，生成 NbCl$_5$ 和 Nb$_2$O$_5$，而 Ta$_2$O$_5$ 不与 Cl$_2$ 反应。NbCl$_5$ 通过蒸发，凝聚回收，达到钽铌分离目的。循环操作反复进行，可有效分离钽铌。

表 6-4 为钽铌分离方法的比较。

表 6-4　钽铌分离方法的比较

方　法	分　离　成　效	文献
氯化物精馏法	纯钽、铌的氯化物	[43]
分步结晶法	分离率 99.17%	[44]
有机溶剂萃取法	铌液中钽含量小于 0.1g/L，钽液中铌含量小于 0.1g/L	[50]
离子交换法	纯净的钽、铌	[13]
选择还原法	$NbCl_5$、Nb_2O_5 和 Ta_2O_5	[13]

参 考 文 献

[1] 喻文斌，鲁东，张伟宁，等．钽铌冶金中元素赋存形式及过程分析 [J]．广州化工，2020，48(21)：10-11，16.

[2] 有色金属提取冶金手册编辑委员会编．有色金属提取冶金手册（下）[M]．北京：冶金工业出版社，1999.

[3] 秦希黎．KOH 碱性水热法提铌基础研究 [D]．沈阳：东北大学，2015.

[4] 杨琦．适用于砂岩储层深部改造的潜在酸室内研究 [D]．成都：成都理工大学，2013.

[5] 杨秀丽，王晓辉，孙青，等．低浓度氢氟酸体系中 MIBK 萃取分离钽铌的研究 [J]．有色金属（冶炼部分），2012(11)：26-29.

[6] Yang X, Zhang J, Fang X. Kinetics of pressure leaching of niobium ore by sulfuric acid[J]. International Journal of Refractory Metals and Hard Materials, 2014, 45：218-222.

[7] 杨小红．含铌稀有金属矿中铌的分选与综合利用工艺研究 [D]．湘潭：湘潭大学，2014.

[8] 刘勇，刘牡丹，刘珍珍．复杂稀有金属伴生矿富集渣提取稀土和铌的工艺研究 [J]．稀有金属与硬质合金，2015，43(1)：21-25.

[9] Majima H, Awakura Y, Mashima M. Dissolution of columbite and tantalite in acidic fluoride media[J]. Metallurgical Transactions B, 1988, 19(3)：355-363.

[10] Yang X L, Huang W F, Fang Q. Pressure leaching ofmanganotantalite by sulfuric acid using ammonium fluoride as an assistant reagent[J]. Hydrometallurgy, 2018, 175：348-353.

[11] Toromanoff I, Habashi F. Hydrometallurgical production of technical niobium oxide from pyrochlore concentrates[J]. Journal of the Less Common Metals, 1983, 91(1)：71-82.

[12] 潘万成．溶剂萃取法从钽铌废料中回收钽、铌 [J]．化学世界，1991，6：249-251.

[13] 周宏明，郑诗礼，张懿．钽铌湿法冶金技术概况及发展趋势探讨 [J]．现代化工，2005，4：16-19.

[14] 周宏明，郑诗礼，张懿．难分解铌钽矿高浓氢氧化钾浸出机理研究 [J]．高校化学工程学报，2005，2：148-155.

[15] 朱骏，马春红，郭晓菲．气相还原制备超细微铌和钽粉末 [J]．稀有金属，2007，1：

53-56.

[16] 何理. 五氧化二铌熔盐电解直接制备金属铌的研究 [D]. 上海：上海大学, 2008.

[17] 王娜, 朱鸿民. 熔盐钠热还原 $NbCl_5$ 制备金属铌粉 [J]. 有色金属 (冶炼部分), 2012, 7：44-47.

[18] Okabe T H, Oda T, Mitsuda Y. Titanium powder production by preform reduction process (PRP)[J]. Journal of Alloys and Compounds, 2004, 364：156-163.

[19] 邓丽琴. 熔盐电脱氧法制备金属 Nb 及 Nb-Ti 合金 [D]. 沈阳：东北大学, 2006.

[20] 王震, 李坚, 华一新. 钛制取工艺研究进展 [J]. 稀有金属, 2014, 38(5)：915-927.

[21] 陈朝轶, 李军旗, 蒲锐. 金属铌制备工艺的发展趋势 [C]//冶金反应工程学学术会议, 2010.

[22] Kamat G R, Gupta C K. Open aluminothermic reduction of columbium (Nb) pentoxide and purification of the reduced metal [J]. Metallurgical and Materials Transactions B, 1971, 2 (10)：2817-2823.

[23] 刘志宏, 张淑英, 刘智勇. 化学气相沉积制备粉体材料的原理及研究进展 [J]. 粉末冶金材料科学与工程, 2009(6)：359-364.

[24] 石应江. 高纯铌的制备 [J]. 稀有金属与硬质合金, 1995(1)：41-48.

[25] Pbicc M, 胡金柳. 硅热还原法生产中间合金 [J]. 稀土与铌, 1974(3)：51-53.

[26] Okabe T, Deura T, Oishi T. Thermodynamic properties of oxygen in yttrium-oxygen solid solutions[J]. Metallurgical and Materials Transactions B, 1996, 237：841-847.

[27] Okabe T, Nakamura M, Oishi T. Electrochemical deoxidation of titanium[J]. Metallurgical and Materials Transactions B, 1993, 24B：449-455.

[28] Bossuyt S, Madge S, Chen G. Electrochemical removal of oxygen for processing glass-forming alloys[J]. Materials Science and Engineering A Structural Materials, 2004, 375：240-243.

[29] 刘建民. SOM 法用于金属制备的实验研究 [D]. 上海：上海大学, 2007.

[30] Yan X, Fray D. Production of niobium powder by direct electrochemical reduction of soild Nb_2O_5 in a eutectic $CaCl_2$-NaCl melt[J]. Metallurgical and Materials Transactions B, 2002, 33(5)：685-693.

[31] Chen G, Fray D, Farthing T. Directelectrochemical reduction of titanium dioxide to titanium in molten calcium chloride[J]. Nature, 2000, 407(21)：361-364.

[32] 谢大海, 王兴庆, 陈发允. 熔盐电脱氧制备金属铌的研究 [J]. 上海金属, 2011, 33 (2)：27-31.

[33] 陈朝轶, 茆志慧, 吕萤璐. 金属铌制备工艺的研究与开发进展 [J]. 广州化工, 2013, 8：26-29.

[34] 任军帅, 张英明, 郭学鹏, 等. 射频超导腔用高纯铌材制备 [J]. 稀有金属材料与工程, 2019, 48(2)：688-692.

[35] 郭学鹏. 射频超导腔用高纯铌板制备 [D]. 西安：西北有色金属研究院, 2018.

[36] 姚修楠, 郝小雷, 贾志强. 工业射频超导腔用高纯铌锭制备工艺综述 [J]. 宁夏工程技术, 2018, 17(2)：183-187.

[37] 董秀春. 功能材料高纯铌的制备和应用 [J]. 新疆有色金属, 1996(2)：43-47.

［38］李来平，胡忠武，殷涛，等．高纯难熔金属及其合金单晶的发展［J］．中国材料进展，2014，33（9）：560-567.

［39］Reedr E. Electron beam float zone melting and vacuum degassing of niobium single crystals［J］. Journal of Vacuum Science and Technology，1972，9（6）：1413-1418.

［40］马立蒲，刘为超．电子束熔炼技术及其应用［J］．有色金属加工，2008，37（6）：28-31.

［41］孙从熙，孙树学，赵昌吉．国产300kW电子束熔炼炉及其应用［C］//第四届电子束离子束学术年会、第二届电子束焊接学术年会论文集．1991：175-179.

［42］Choi G，Lim J，Munirathnam N. Purification of niobium by multiple electron beam melting for superconducting RF cavities［J］. Metals and Materials International，2009，15（3）：385-390.

［43］胡根火．钽铌湿法冶金分离方法评述［J］．稀有金属与硬质合金，2015，43（1）：29-32.

［44］汪加军，王晓辉，张盈，等．含钽铌废渣中钽铌资源的综合回收工艺研究［J］．稀有金属，2015，39（3）：251-261.

［45］王伟，李辉，郑培生．低品位钽铌原料的湿法冶金新工艺研究［J］．稀有金属快报，2008（4）：31-36.

［46］任卿，张锦柱，赵春红．钽、铌资源现状及其分离方法研究进展［J］．湿法冶金，2006，2：65-69.

［47］何季麟，王向东，刘卫国．钽铌资源及中国钽铌工业的发展［J］．稀有金属快报，2005，6：1-5.

［48］何季麟．中国钽铌工业的进步与展望［J］．中国工程科学，2003，5：40-46.

［49］尹有良．氟硅酸低浓度镀铬溶液光亮区域的"赫尔氏"表观曲线［J］．电子工艺技术，1983，6：23-27.

［50］佚名．仲辛醇-氢氟酸-硫酸体系萃取分离钽铌［J］．稀有金属，1978，1：38-49，53.

［51］佚名．影响液-液萃取分离钽铌的主要因素．稀有金属，1977（2）：60-67，16.

7 金属钽的提取与提纯

7.1 金属钽的提取

在金属钽提取前需对钽矿实施处理。铌钽精矿分解方法主要有酸法、碱法、氯化法等[1-2]，其中酸法和氯化法是工业中应用最广泛的两种方法，主要包括铌钽精矿的制备、酸浸取或碱浸取、沉淀、调 pH 值或萃取等过程。目前国内外常用的酸法主要有氢氟酸法、硫酸法或混合酸法，碱法中经常用到的碱性试剂为氢氧化钠和氢氧化钾。此外还有其他方法如氯化法、$K_2S_2O_7$ 法或 $KHSO_4$ 法及 KHF_2 熔融法等。当精矿品位较高或杂质较少时，宜采用酸法分解；当处理的精矿较复杂或者处理锡渣时，氯化法的效果更佳。

7.1.1 钽铌精矿的冶炼

7.1.1.1 酸法分解

酸法分解过程中，主体金属钽、铌及伴生矿物中的铁、锰、锡、钛、钨、硅等进入溶液，而稀土金属、铀、钍、钙等则生成沉淀物保留在渣中。酸法分解的主要优点有：流程相对简单、对高品位精矿的分解率高、易于对接溶剂萃取法。其主要缺点是：处理低品位钽铌矿的分解率偏低；分解过程中，氢氟酸挥发大，产生大量的含氟"三废"，治理费用高；由于氢氟酸具有高毒性和强腐蚀性，对酸法分解作业的一些主体设备（如分解槽、压滤机等）的材质要求高。

酸法分解处理钽铌精矿主要有硝酸法、硫酸分解法和氢氟酸分解法。因为铌钽具有极佳的耐腐蚀性，很难用廉价的工业无机酸溶解铌钽矿。硝酸法由于试剂昂贵，在工业上未获应用[3]；硫酸分解法仅适用于处理一些特定的钽铌矿（如低品位铌矿），且得到的产品纯度低、耗酸量大，在工业上应用较少；氢氟酸分解法特别适用于处理高品位钽铌精矿，国外普遍采用单一氢氟酸分解法，国内主要采用氢氟酸与硫酸混酸分解法。

A 氢氟酸法

氢氟酸法一般采用60%~70%的氢氟酸在 90~100℃下进行反应，浸取反应通常在内衬铅、钼镍合金或镶砌石墨板的反应器中进行[4-5]。浸出液中铌钽的存在形式与氢氟酸的浓度密切相关。除了钽、铌、锰、铁以外，伴生矿物中的其他元素如硅、钛、锡等也分别以复合酸 H_2SiF_6、H_2TiF_6、H_2SnF_6 的形式进入溶液，碱土金属元素、稀土金属等生成不易溶解的氟化物和硫酸盐残留在渣中，工艺流程如图 7-1 所示。

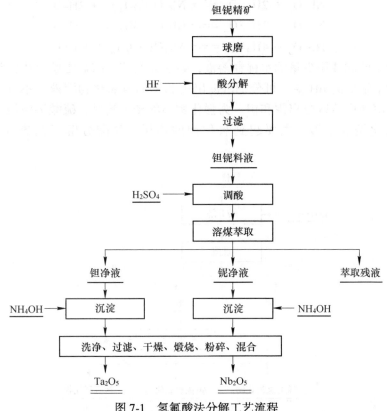

图 7-1 氢氟酸法分解工艺流程

单一氢氟酸分解法产生的分解渣量相对较少，且后续废水成分较单一，氟易于回收利用。氢氟酸法对高品位铌钽精矿作用明显（分解率高达 98%~99%）、流程简单，精矿的分解温度低（90~100℃），但氢氟酸的消耗量大。由于氢氟酸的高毒性和强腐蚀性，对分解作业的设备材质要求高，且在分解过程中，氢氟酸的挥发较大，试验时要有良好的通风装置。

B 硫酸法

硫酸法是在 120~200℃下，用浓硫酸处理易分解的钛钽铌矿复合精矿[6]。用浓硫酸处理可以使精矿中的大部分组分都转化成可溶性硫酸盐。该方法主要用于易分解的复合矿，可以回收矿石中的有价金属，有着较高的浸取率，但只适用于低品位铌钽矿的处理，操作复杂，得到的产品纯度低，硫酸的消耗量大，工业上一般应用较少。铌钽能和硫酸作用生成多种硫酸盐，不过铌更易于被还原成低价及发生水解。在硫酸介质中铌很容易被锌、汞、镁和碱金属还原到+3 价，而钽很难被还原，而且只能到+4 价。反应见式（7-1）~式（7-5）。

$$Ta_2O_5 + 5H_2SO_4 \Longrightarrow Ta_2(SO_4)_5 + 5H_2O \tag{7-1}$$
$$Nb_2O_5 + H_2SO_4 \Longrightarrow Nb_2O_4SO_4 + H_2O \tag{7-2}$$
$$Nb_2O_5 + 2H_2SO_4 \Longrightarrow Nb_2O_3(SO_4)_2 + 2H_2O \tag{7-3}$$
$$Nb_2O_5 + 3H_2SO_4 \Longrightarrow Nb_2O_2(SO_4)_3 + 3H_2O \tag{7-4}$$
$$Nb_2O_5 + 4H_2SO_4 \Longrightarrow Nb_2O(SO_4)_4 + 4H_2O \tag{7-5}$$

过滤后的滤液用少量的水稀释溶液，碱土元素的硫酸盐水解产生沉淀，分离沉淀后调节溶液的 pH 值，可分别沉淀出铌和钽的氢氧化物溶液，不过也可以直接从硫酸溶液中萃取分离铌和钽。为强化铌钽的浸出效果，硫酸溶液浸取过程中常加入氟化铵或硝酸，主要起到氧化剂的作用。硫酸分解工艺流程如图 7-2 所示。

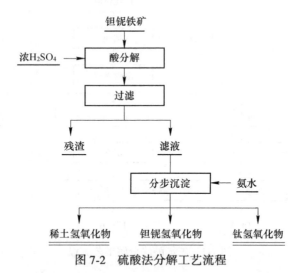

图 7-2 硫酸法分解工艺流程

国内主要采用氢氟酸与硫酸混酸分解法。硫酸的存在有利于降低酸性溶液沸点、减少氢氟酸挥发、改善工作环境，同时参与矿石分解，节省氢氟酸用量，提高钽铌的分解率，从而使一些难处理的原料得以利用；硫酸还有利于后续萃取工序分离除杂。

7.1.1.2 碱法分解

碱法分解钽铌矿主要采用氢氧化钠和氢氧化钾试剂，也常采用 NaOH + Na_2CO_3 或 KOH+K_2CO_3 的混合试剂来降低熔融物的熔点和黏度。按照分解工艺来说，碱法可以分为碱熔法、碱性水热法。

A 碱熔法

碱熔分解钽铌精矿主要将钽铌精矿与 NaOH 或 KOH 进行混合并熔融[7-8]，分解过程中钽铌转化为多钽（铌）酸钠或多钽（铌）酸钾熔体，熔体经水淬后再经水浸、沉淀、酸分解、水洗得到混合钽铌氧化物。反应见式（7-6）~式（7-9）。

$$FeTa_2O_6 + 6NaOH === 2Na_3TaO_4 + FeO + 3H_2O \qquad (7-6)$$

$$FeNb_2O_6 + 6NaOH === 2Na_3NbO_4 + FeO + 3H_2O \qquad (7-7)$$

$$MnTa_2O_6 + 6NaOH === 2Na_3TaO_4 + MnO + 3H_2O \qquad (7-8)$$

$$MnNb_2O_6 + 6NaOH === 2Na_3NbO_4 + MnO + 3H_2O \qquad (7-9)$$

NaOH 工艺是加入 $10\%Na_2CO_3$，而 KOH 工艺则加入 $10\%K_2CO_3$ 进行混合熔融来降低熔融物的熔点和黏度。NaOH 和 KOH 熔融分解工艺基本相同，不同之处在于 NaOH 熔融分解时生成的多钽（铌）酸钠难溶于水，与氧化铁、氧化锰等难溶物一起转入沉淀中，而硅、锡、钨、铝等杂质均以硅酸盐的形式转入溶液中，随后用盐酸处理沉淀物，最终可获得钽铌富集物；而 KOH 熔融分解时生成的多钽（铌）酸钾是可溶性盐，氧化铁、氧化锰和钛酸钾等不溶物则留在浸渣中，为了使钾盐转化为不溶性的钠盐，水浸渣中再加入 NaCl，可使钽铌以多钽（铌）酸钠的形式沉淀出来，进而实现铌钽与其他物质分离。其工艺流程如图 7-3 所示。

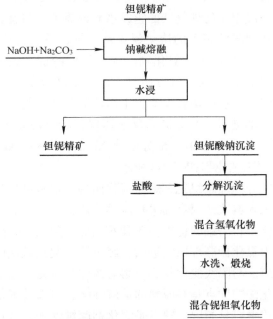

图 7-3　碱熔法分解工艺流程

碱熔法是分解铌钽矿最早采用的工业法，技术成熟，但碱消耗量大、坩埚寿命短、工作强度大、回收率偏低，工业上已经很少使用。

B　碱性水热法

碱性水热法采用质量分数为 30%~40% 的 NaOH 或 KOH 溶液在温度 150~200℃下与铌钽矿进行反应 2~3h[9]。分解过程中首先生成可溶性的多钽（铌）

酸盐，然后转化为不溶性的偏钽（铌）酸盐，得到的不溶性偏钽酸钠和偏铌酸钠在室温下即可被 10% ~ 20% 的氢氟酸所溶解，溶液进行澄清或过滤，即得铌钽混合氧化物，随后进入下一步的钽铌萃取分离。碱性水热法分解铌钽矿的优点是碱消耗量小、反应温度较低，钽铌的浸取率在 90% 以上；缺点是反应过程为带压操作，反应条件苛刻、操作难度大，不适用于分解低品位铌钽矿。由于在 20 世纪 60 年代氢氟酸萃取工艺已经成熟，铌钽矿分解大多采用酸法分解，碱性水热法仍停留在实验室阶段，目前尚未有工业化生产的报道。

7.1.1.3　氯化法分解

氯化法主要是利用铌钽矿中各元素的氯化衍生物的蒸气压的差别，把精矿中的主要组分加以分离。氯化时钽和铌化物的沸点低，被气体带走并在冷凝装置中冷凝。稀土元素、钠、钾、镁等的氯化物则存留在氯化器中，形成氯化物熔盐，从而实现铌、钽的分离（见式（7-10））。

$$2Ta_2O_5 + 5C + 10Cl_2 \Longrightarrow 4TaCl_5 + 5CO_2 \tag{7-10}$$

该法在工业上一般用于处理复杂的钽铌精矿或锡渣。将铌钽精矿与焦炭或石油焦一起加入处于热沸腾状态下的熔融氯化钾、氯化钠混合盐介质中，在 400 ~ 800℃ 下进行氯化反应，生成钽铌氧化物。沸点较低的铌、钽氯化衍生物在氯化过程中可被气体带走，经冷凝之后可回收。而沸点较高的氯化物，包括稀土金属、钠、钙及其他的氯化物则留在反应器中形成氯化物熔盐。还原剂的加入，可以使氯化反应能有效地进行，并能提高反应速率，起着还原与活化的双重作用。氯化反应时，铌主要生成 $NbOCl_3$，部分生成 $NbCl_5$；而钽主要生成 $TaCl_5$，少量生成 $TaOCl_3$，其主要工艺流程如图 7-4 所示。

氯化法工艺一般分为加碳氯化和熔盐氯化两种。加碳氯化是将钽铌精矿和还原剂混合配料后，加入料浆或煤焦油进行压团成块，干燥后在 700 ~ 800℃ 下进行焙烧氯化。熔盐氯化是将磨细的铌钽精矿和石油焦一起加到熔融的氯化钠和氯化钾混合盐中。氯气由氯化器底部风嘴进入，经过熔盐起到鼓泡的作用，使精矿中各组分发生氯化反应。与团块氯化相比，熔盐氯化具有氯化反应速度快并能连续化操作的优点。氯化法的优点是对原料的适应性强，可以处理低品位矿，也可以处理高品位矿，氯化物容易制取；缺点是氯化剂腐蚀性强、容易腐蚀设备、环境污染严重、操作条件差。

7.1.1.4　其他分解方法

前述的方法大多适用于高品位的精矿。对于难以富集的低品位矿而言，这些方法并不适用，尤其是对硅含量较高的铌钽矿，会引起大量的酸耗及碱耗并造成分离纯化困难。

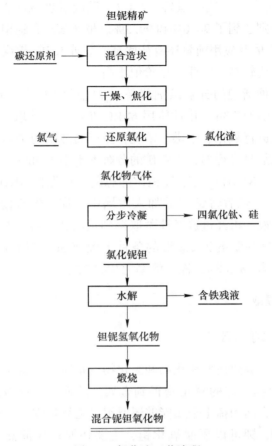

图 7-4 氯化法工艺流程

中国科学院过程工程研究所开发了 KOH 亚熔盐强化浸出低品位、难分解铌钽矿的清洁化工冶金共性技术[10]。亚熔盐作为原始创新的反应/分离介质，定义为提供高化学活性和高活度负氧离子的碱金属高浓度离子化介质，具有低蒸气压、沸点高、流动性好等优良物化性质和高活度系数、高反应活性、分离功能可调等优良反应、分离特性。该工艺利用高浓度介质沸点上升的原理，在常压下可使反应体系在较高温度下操作，强化了反应和传递过程，大幅度提高低品位铌钽矿的资源利用率。该方法强化了碱性水热法的浸出能力，并有效避免了碱熔法的缺点。通过各因素的考察，得到 KOH 亚熔盐浸出低品位钽铌矿的优化条件：浸取温度 300℃、KOH 浓度为 84%、反应时间 1h、碱矿比为 7∶1。铌、钽回收率分别在 98% 和 96% 以上，较现行的氢氟酸工艺提高了 10%，具有良好的应用前景。

El-Hazek 等人利用硫酸氢钾对埃及当地的铌钽原矿进行了煅烧浸取，系统考察了矿/硫酸氢钾质量比、煅烧温度、煅烧时间等因素对铌钽提取率的影响，确定出优化反应条件：矿∶硫酸氢钾 = 1∶3、反应温度 650℃、煅烧时间为 3h。铌、钽的提取率分别达到了 98.0% 和 99.3%。虽然该法在铌钽浸取率上几乎达到 100%，但其工业价值及应用前景还有待验证。另外 KHF_2 熔融法主要用于化学分析，这些试剂价格比较高，工业应用价值不高。

王伟等人用一种新型的分解试剂代替 H_2SO_4 和 HF[11]。使用这种试剂，在 300℃ 条件下分解铌钽矿 3h，并且使用 MIBK 在低浓度萃取钽，高浓度萃取铌。最后对钽液、铌液进行氧化、干燥、焙烧，生产高纯度的 Ta_2O_5 和 Nb_2O_5。该方法证实了该新型试剂是可行的，铌钽矿的分解率不小于 98%。

Kabangu 提出了 NH_4HF_2 分解铌钽矿的思路：首先将 NH_4HF_2 于钢质坩埚中熔化（200~350℃），然后将铌钽矿加入坩埚中反应，经水浸、过滤得到含钽、铌及部分杂质的滤液，再经过选择性萃取得到钽液和铌液。在钽铁矿与 NH_4HF_2 质量比为 1∶30、分解温度为 250℃ 的条件下混熔 3h，然后熔融物水浸 10min，最终可得钽分解率为 98.52%、铌分解率为 95.07%。

7.1.2　金属钽的提取

7.1.2.1　热化学还原法

研究人员通过计算热还原氧化物和氯化物吉布斯自由能变，发现在标准状态下钠和氢不能还原钽、铌的氧化物得到金属。然而，从反应的平衡常数分析，钙、镁、铝等碱土金属和稀土金属能够还原钽、铌氧化物。在有镁、钙、锶、钡卤化物存在下，钠、钾可以还原氧化钽，主要还原反应的热力学数据如图 7-5 所示。

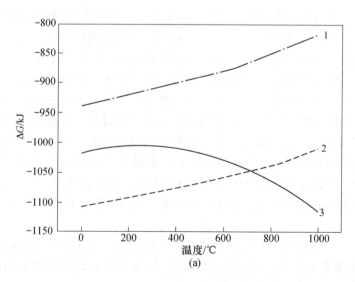

(a)

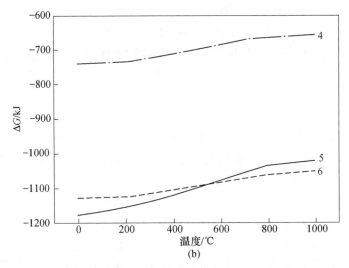

图7-5 不同还原剂还原氧化钽(a)和氯化钽(b)的吉布斯自由能

1—Ta$_2$O$_5$+5Mg = 2Ta+5MgO; 2—Ta$_2$O$_5$+5Ca = 2Ta+5CaO; 3—K$_2$TaF$_7$+5Na = Ta+5NaF+2KF;

4—TaCl$_5$+2 5Mg = Ta+2.5MgCl$_2$; 5—TaCl$_5$+5Na = Ta+5NaCl; 6—TaCl$_5$+2.5Ca = Ta+2.5CaCl$_2$

A 镁热还原法

德国施塔克公司采用碱土金属或稀土金属还原氧化钽制备金属钽粉[12-13]。其步骤是：在750~950℃用镁还原氧化钽后酸洗得到 TaO$_x$，然后再次进行镁还原并酸洗，以得到钽粉。这种方法制备的钽粉氧含量、镁含量高，但反应速度快并产生大量的热，因而得不到微细金属粉末。

当温度大于800℃时，镁有较高的蒸气压。如果采用气态镁还原氧化钽可以得到微细粉末。德国施塔克公司采用气态镁还原氧化钽制取微细钽粉，还原后产物经稀酸洗涤，进一步脱氧处理，可制得比表面积达 5~13m^2/g 的电容器级钽粉。该方法不足之处是对还原设备要求较高、设备复杂，需要进一步研究还原效果好、不污染产品的还原装置。

Okabe 等人[14-15]开发出一种预成型还原工艺制备钽粉的工艺。该工艺将氧化钽、助熔剂、黏结剂和水调成浆料，成型后在1000℃脱水和脱黏结剂。得到的烧结体在 700~1000℃保温 6h 后与镁蒸气反应，或将原料加热并进行搅拌还原。产物酸洗后得到较细的钽粉，但是杂质含量很高，有些杂质元素含量是钠还原钽粉的几百倍甚至更高。Okabe 等人研究了金属热还原反应的机理，提出了金属热还原电子转移路径的新机理[16-17]。金属热还原并不是简单的传质控制过程，而是伴随着有电子转移的还原反应，由此可以控制金属热还原反应生产的金属沉淀物的形态和分布。他们将 DyCl$_2$ 作为反应过程中的导电介质，不需要反应物直接接触才能进一步反应（见式（7-11）和式（7-12））。

$$TaCl_5 + 5Dy^{2+} === Ta + 5Dy^{3+} + 5Cl^- \tag{7-11}$$

$$Mg + 2Dy^{3+} === Mg^{2+} + 2Dy^{2+} \tag{7-12}$$

该方法突破了传统方法反应物必须直接接触才能反应的限制，引进了导电介质使间接反应成为可能，为改进钽粉生产找到了新思路。该工艺尚处于实验室研究阶段。

B 钠热还原法

氟钽酸钾钠热还原工艺以 K_2TaF_7 和 Na 为主要原料，用 NaCl 作稀释剂制备出高比容电容器级钽粉[18]。在氢气保护和一定的温度下，K_2TaF_7 与液态钠发生反应（见式（7-13））。

$$K_2TaF_7 + 5Na === Ta + 5NaF + 2KF \tag{7-13}$$

该工艺在反应开始后放出大量热，使反应速度过快，所以控制反应速度非常重要。实际生产过程中，通过控制升温曲线来控制还原过程是最终控制钽粉性能的关键环节。钽粉经水洗和酸洗后进行热处理，然后经镁还原脱氧即得到高纯钽粉。氟钽酸钾钠热还原制备钽粉的工艺一直存在能耗大、工艺复杂、环境污染大和杂质含量高等问题。工艺需要纯度很高的钠作原料，使钽粉生产成本大大提高，也令钽粉的收得率降低，使钽粉难以得到广泛应用。因此，研究人员围绕现有工艺展开了大量研究以期降低钽粉中氧和其他杂质的含量。

何季麟[19]开发出了一种利用碱金属和 $CaCl_2$ 还原 Ta_2O_5 制取高比表面积钽粉的新方法。该方法采用碱金属 Na、K 作还原剂，利用 Mg、Ca、Sr、Ba 的卤化物作为媒介还原 Ta_2O_5 制取钽粉（见式（7-14））。

$$Ta_2O_5 + 5CaCl_2 + 10Na === 2Ta + 10NaCl + 5CaO \tag{7-14}$$

该工艺技术路线是：备料、装炉—升温、热还原—破碎—水洗、酸洗—钽粉（原粉）—热团化处理—降氧—分析—团化钽粉。该方法还原得到的钽粉是团聚体粉末，粒径达到纳米级。但用该方法还原 Ta_2O_5 制备出的钽粉对温度敏感性大，在热处理中表面积损失大，只适合较低的赋能电压。由于该工艺采用 Ta_2O_5 而不是 K_2TaF_7 作原料，因此反应过程及产物中不含氟离子，减少环境污染。此外，该工艺设备简单、还原过程可控、有利于工业化生产，同时该工艺生产的钽粉比电容高，可以开发除电容器以外要求钽粉比表面积大的应用领域。

朱鸿民等人[20]认为，氟钽酸钾钠热还原法反应是在高温下进行的，这会造成钽粉晶核高速生长，且钠不溶于熔融盐，使还原产物的形核空间小。为此引进了液氨作为反应介质，将钠离子溶解为离子和电子。氨溶液有理想的电特性，在低温下可促进形核过程并限制反应速度，在液氨中容易进行均相反应。该反应的优势在于除了金属钽以外的其他反应物都溶于液氨中，可生产出纳米级钽粉。

$$TaCl_5 + 5Na === Ta + 5NaCl \tag{7-15}$$

该工艺步骤是：在室温下用氨气反应器氨化 12h，钠与 $TaCl_5$ 都形成氨溶液。

将钠氨溶液倒入 $TaCl_5$ 氨液后迅速发生化学反应，生产出超细纳米级的黑色钽粉，产物呈非晶态。与传统工艺相比，该方法反应温度低、设备简单、消耗低。该工艺钽粉粒度细且成本不会提高，而相应的性能指标却有较大的提高。

以上三种钽粉的制备工艺可以看出，钠还原工艺制备钽粉已日趋成熟且各自制备方法兼具优势和不足。钠还原 K_2TaF_7 工艺一直存在能耗大、工艺复杂、环境污染大和杂质含量高等问题。钠与 $CaCl_2$ 还原 Ta_2O_5 工艺制备的钽粉比表面积大、颗粒细小，而且杂质含量低、所需设备简单，容易实现工业化生产。但是，钽粉在热处理过程中比表面积损失很大，只适合低的赋能电压，制得的钽粉氧含量偏高，使其应用受到限制。同时，由于该方法需要在保护性气体下进行操作，为连续化生产带来困难。钠还原 $TaCl_5$ 工艺所需设备简单，反应在低温下进行，降低了能量消耗。该工艺成本低而相应的性能指标却有较大提高，但该方法需要扩大化生产的验证。

三种工艺的比较见表 7-1[21]。

表 7-1 不同钠还原工艺的比较

工 艺	Na 还原 K_2TaF_7	Na 还原 Ta_2O_5	Na 还原 $TaCl_5$
副产物量	随性能增加而增加	较少	较少
钽粉比表面积/$m^2 \cdot g^{-1}$	<4	4~12	>12
钽粉粒径/nm	≥100	100~50	≤50
环境影响	较大	极少	极少
后续处理工序	复杂	简单	简单

C 钙热还原法

Suzuki 等人[22-24]提出了在熔融的 $CaCl_2$ 中一种钙还原氧化钽制取钽粉的方法，反应见式（7-16）。

$$Ta_2O_5 + 5Ca =\!=\!= 2Ta + 5CaO \qquad (7-16)$$

使用 $CaCl_2$ 能够有效溶解反应中生成的 CaO，避免 CaO 存在于 Ta_2O_5 和 Ca 中间抑制反应进行。$CaCl_2$ 可以使反应变得均匀、平稳，使钽粉细化。该方法得到的钽粉收粉率为 94%~98%、氧含量为 0.57%~0.79%。

由于该反应为放热反应，粉末烧结且反应生成物 CaO 存在于氧化物和 Ca 中间阻碍了 Ca 进入氧化物和抑制了反应进行。通过增加 $CaCl_2$ 能使反应变得平缓、均匀，防止钽粉粗化。使用该方法所获得的钽粉是由细粉和枝状粉组成，形状像椰菜。作为电容器烧结阳极，颗粒连接紧密，由于枝状形成了骨架，烧结后的大孔有利于电解液的浸入；烧结后的椰菜状粉比具有相同比表面积的钠还原氟钽酸钾钽粉具有高的电容值。这种形貌的钽粉主要形成于 CaO 富集区。生成的钽粉氧含量为 0.57%~0.69%、杂质元素 C、Ca 含量高，比表面积为 1.0~1.6m^2/g，其比容达到 60500μF·V/g、漏电流为 195μA/g，比钠还原氟钽酸钾钽粉大，可能是碳含量高所致。将该钽粉在 1200℃ 烧结制成阳极，然后再把阳极块破碎，从其端面观察到氧化膜有裂缝，这与钠还原钽粉不同。该方法钽粉后收率为94%~98%。

D 稀土金属/稀土金属氢化物还原法

何季麟等人[25-26]研发了一种稀土金属或稀土金属氢化物多步还原制取高比容钽粉的方法。为获得流动性好的钽粉，需在第一步还原反应之前对氧化钽粉末进行团化和掺杂处理。之后进行压块然后在 1300℃ 烧结，最后在醋酸中施加 20V的电压形成钽阳极，得到的钽阳极的比容较高，适合作为超高比容电容器。

其工艺流程为：首先将氧化钽粉末与第一还原剂（第一还原剂为稀土金属、稀土金属氢化物及它们的混合物）的粉末混合均匀，而后在氢气和惰性气体或真空气氛中进行还原反应，获得钽的低氧化态粉末。将除杂后的钽低氧化态粉末与第二还原剂（第二还原剂选自稀土金属、稀土金属氢化物及它们的混合物）的粉末混合均匀后在氢气和/或惰性气体或真空气氛中进行还原反应，获得高氧钽粉。最后将除杂后的高氧钽粉与第三还原剂的粉末混合均匀，而后在氢气和/或惰性气体或真空气氛中进行还原反应，得到适合电容器用的钽金属粉末；第三还原剂是镁或镁合金，其中在每一还原步骤之后从反应产物中除去还原剂的氧化产物及残留的还原剂。

该方法采用三步还原法，避免了一步和两步法过程中还原剂加入过多、放热量大、还原温度高等缺点。但是该方法实现工业化还需要降低成本。

7.1.2.2 电化学还原

A 电脱氧法

FFC 工艺是一种由金属氧化物直接制备金属及其合金的方法[27]。其核心是将固态氧化物制成阴极，并在低于金属熔点温度和熔盐分解电压的条件下电解，其间金属氧化物被电解还原，氧离子进入熔盐并迁移至阳极放电，在阴极则留下纯净的金属或合金。FFC 工艺以 $CaCl_2$-$NaCl$ 熔盐为电解质在 800~900℃、氩气气氛下，以烧结后的 Ta_2O_5 作为阴极、石墨作为阳极，采用 2.8~3.2V 的电解电压进行电解[28]。产物钽粉的杂质含量见表 7-2。

表 7-2 钽粉主要杂质含量

杂 质	O	C	Fe	Cr	Ni	Si	Nb	Ti	Al	Ca
含量/μg·g^{-1}	3690	141	131	10	56	80	30	1	13	265

与传统氟钽酸钾钠热还原法相比，FFC 法对环境友好，所采用的熔盐价廉易得且无毒无害、生产设备简单、工艺流程短、能耗小。但该方法若实现工业化生

产，还需要解决不少难题。首先，FFC 工艺涉及固相反应，反应速度较慢、生产效率低，需要对阴极片的制备、电解过程的动力学研究进行深入探讨，以确定适宜的钽粉电解工艺条件。其次，此方法目前仅处于试验研究阶段，距走向工业化生产还有很长的距离。

Jeong 等人[29] 在 Li$_2$O-LiCl 中研究了 Ta$_2$O$_5$ 的电化学还原制备金属钽的反应特性，以提高电流效率和 O^{2-} 从阴极到电解质本体的扩散速率。宋秋实等人[30-31] 在不同氯化物熔盐中电脱氧制备了金属钽并分析了脱氧机理。Gasviani 等人[32] 在电解质中加入了氟离子，以研究氟离子对钽脱氧的影响。研究发现，氟离子影响钽的脱氧过程，随电解时间延长不断生成各种中间产物，最终得到金属钽。

SOM 法是一种利用固体透氧膜制备金属的工艺，鲁雄刚团队利用该技术成功制取了金属钽粉。SOM 法在阳极与电解质之间设置一个固体透氧膜，它能有效地将电解质与阳极隔离。当在阴阳两极加上所需的电解电压后，金属钽会在阴极析出。由于固体透氧膜对阴离子的选择性，只有氧离子在电场作用下迁移，透过固体透氧膜在阳极发生氧化反应，固体透氧膜只传导氧离子，可有效隔离阴阳两极。电解过程避免了副反应的发生，可阻止被还原金属的再次氧化。

陈朝轶等人[33-34] 采用 SOM 法在 CaCl$_2$ 电解质中电脱氧还原 Ta$_2$O$_5$ 制备金属钽并研究了阴极微结构对电解的影响，验证了三相界面反应机制的合理性，优化了阴极的制备工艺，为 SOM 法提取金属钽提供理论依据。其考察了 Ta$_2$O$_5$ 阴极结构对电解还原速度、产物形貌及其氧含量的影响，并且进一步探索了阴极孔隙率和粒度与三相界线的关系，确定了 SOM 法制备金属钽适宜的工艺参数，为该方法的开发应用提供了理论基础。

B 直接电解法

由于电脱氧法受制于动力学过程，有许多研究倾向于直接熔盐电解钽盐制备钽金属。该方法以熔盐为电解质并加入含有钽离子或钽酸根的盐，在惰性气体保护下电解得到金属钽。其主要优点是操作简单、沉积速率高和产物形貌良好。目前已经有许多关于熔盐电解含钽盐的相关基础电化学研究并且在不同基材上得到了致密、均匀的钽沉积物。

作为电解过程的载体，熔盐电解质的选择对熔盐电解过程具有重要意义。由于碱金属或碱土金属的卤化物盐在熔融状态下具有足够宽的电化学窗口，常作为电解质使用。在熔盐电解过程中，大部分稀有金属通常使用金属氯化物作为金属离子来源，而与其他稀有金属不同的是，在钽金属制备过程中，通常使用氟钽酸盐作为钽离子来源，而不是使用钽的氯化物，这主要是因为钽的氯化物在高温下易挥发，会导致较低的收得率。氟钽酸盐电解制备钽的反应见式 (7-17)。

$$TaF_7^{2-} + 5e \Longrightarrow Ta + 7F^- \tag{7-17}$$

有相关研究发现通过引入脉冲电源或加入 NaF 改变电解质成分能有效提高产

物性能，从而得到致密平整的钽。因此电解过程中熔盐体系的选择至关重要。

　　研究发现，在 LiF-NaF 或 LiF-NaF-KF 熔体中存在的氧化物杂质会与 K_2TaF_7 形成含氧氟钽酸盐，而含氧氟钽酸盐的电还原会导致钽氧化物的形成而不是钽金属的形成[35]。Kawaguchi 等人[36]尝试在足够负的电位下还原 LiF-NaF 中的氧氟钽酸盐时，发现了电沉积物中含钽的氧化物。同样条件下，在 LiF-NaF 中加入 10%CaF$_2$ 后沉积形成金属钽而不是氧化钽，这主要是由于 CaF$_2$ 的加入会吸收熔盐的氧离子，从而避免含氧氟钽酸盐的形成。

　　Mellors 和 Senderoff 开发了一种钽沉积工艺，即在 LiF-KF-NaF 熔盐体系中，以 K_2TaF_7 为钽源，使用计时电位法研究了钽离子的电化学还原机理，温度范围为 650~850℃、电流密度为 100mA/cm^2。Mazhar 等人改变实验条件，在 LiF-NaF-CaF$_2$ 熔体中分别以钨和镍作为工作电极，进行了关于钽电沉积机理方面的电化学研究，探索钽沉积的最佳工艺条件。Stern 和 Gadomski 等人使用含 K_2TaF_7 和 K_2CO_3 的熔盐在镍基体上电沉积了碳化钽层。Taranenko 等人在 420~760℃ 温度范围内研究了电流密度在 8.0~170mA/cm^2 变化的氟氯铝酸盐熔体中钽和铌的电还原。结果表明，在 10~50mA/cm^2 的电流密度下大于 650℃ 时会形成质量更好的钽沉积物。粉末状沉积物倾向于在较低温度下形成，而在较高电流密度下倾向于形成枝晶。Polyakova 等人[37]研究了氟钽酸钾电解时发生的二次过程，发现钽在 NaCl-KCl-CsCl-K_2TaF_7 中的阳极溶解会导致不同价态的钽的形成，主要有 +4 价和 +5 价的 Ta 与 Cl$^-$、F$^-$ 形成不同的络合物，其相对量取决于 K_2TaF_7 组成。

7.2　金属钽的提纯

　　经还原得到的原生钽粉通常是一种具有比表面积较高的多孔团聚体（二次粒子），微观结构上由许多的亚粒子（一次粒子）团聚而成。原生钽粉中通常含有 Fe、Ni、Cr、Cu 等金属杂质和 C、N、O、Si 等非金属杂质。这些杂质主要来源于原材料及添加剂、反应器等。金属杂质主要以单质和盐的形式存在，而非金属杂质则主要来源于反应过程中的气氛，主要以化合物的形式存在。由于 N 含量对钽电容器具有正面作用，适量的 N 掺杂有利于降低 O 含量，从而降低漏电流和增加电容量。

　　钽的物理提纯主要是利用蒸发、凝固、结晶、扩散、电迁移等方法原理。化学提纯分为火法和湿法两种提纯方法，其原理是借助氧化、还原、络合等化学反应来对杂质进行分离。

　　目前，高纯钽是通过钠或电解还原 K_2TaF_7 并结合高温真空烧结或电子束熔炼工艺实现纯化。

7.2.1　真空熔炼法

　　真空熔炼即真空重熔，是指在真空中将金属升温到温度高于熔点使金属熔化，金属中蒸气压较高的杂质（如 Mg、Al 等）优先蒸发，从而实现金属的提纯。真空重熔通常采用真空电弧或电子束加热。氟的定量去除至少需加热到1800℃，时间为30min；在200~700℃可使 C、O 和 N 显著地净化。

在真空熔炼过程中，将钽粉进行混合以提供最佳的碳/氧比从而去除这两种杂质[38]。过量氧最终通过钽的低价氧化物的挥发去除，该低价氧化物在高温下是一种稳定的物质。抽速、样品厚度、初始杂质水平决定纯化所需时间。

7.2.2 电子束熔炼法

电子束熔炼广泛用于钽的精炼。它可使杂质从熔融的钽表面甚至内部挥发，有效去除几乎全部气体元素（如 C、N、O、H）、低熔点金属元素（如 Mg、Al）和大部分的高熔点金属（如 Fe、Ni、Ti），以及 V、Cr 等有害的元素。

与铌相比，电子束熔炼对钽的净化程度更高，这是因为钽熔点比铌高。电子束熔炼已应用于钽提取冶金的许多领域。任志东等人[39]证明了真空电子束熔炼过程中杂质元素的挥发速度与多种因素有关，同时电子束熔炼过程中熔炼速度、真空度、功率等的控制对物料精炼效果影响显著。合理的熔炼工艺是钽精炼提纯的关键。保加利亚科学院电子学研究所对含钽废料进行电子束熔炼，成功提取得到了98.9%~99.95%的纯钽。Choi 等人[40]对原料重复进行多次电子束熔炼，成功制备了99.999%级钽粉。宝鸡稀有金属研究所以钽粉作为原料，添加金属钇细化晶粒，采用一次电子束熔炼的铸锭制取粗丝，探讨引起钽脆化的因素。结果显示，微量钇可提高钽的再结晶温度，使晶粒细化，提高钽抗脆性能。

7.2.3 固态电迁移法

固态电迁移法用于金属的最终提纯，对间隙杂质的去除效果尤其明显，适用于熔点高、蒸气压低、杂质迁移率高的金属。该方法的提纯时间较长，一般需数百小时，为避免炉体内残余气体对金属的污染，对真空度要求较高。

Carlson 等人[41]计算了铌和钽中碳的电迁移率；Kirchheim 等人[42]计算了铌和钽中氧和氮的电迁移率，结果表明与先前在相同质量分数的熔化温度下对钒获得的迁移率相似，电迁移可以用作制备少量超高纯铌或钽的精炼方法。

7.2.4 酸浸水洗法

目前常用的除杂工艺是酸浸水洗，其工艺参数包括酸洗溶液的配比、温度、搅拌速度、搅拌时间和水洗的工艺步骤等因素，这些因素对除杂效果具有至关重要的影响[13]。一般情况下，Cu、Fe、Ni、Cr 等金属杂质活性较高，非常容易被酸溶液（硝酸、盐酸、氢氟酸等）清洗掉。而 C、O 等非金属杂质由于活性较弱，而且存在于空气氛围中，不可避免在某些工艺环节又会重新污染已经提纯的钽粉，因此非金属杂质的除杂一直比较困难。James 等人在其专利中公开了一种制备钽粉的方法，该方法生产的钽粉 90% 的颗粒粒径尺寸低于 $55\mu m$，产品具有较好的流动性和机械强度。其流程是：首先配制浓度一定的硝酸水溶液（体积为 125mL）加入容器中搅拌（搅拌速度为 425r/min）；随后倒入 0.454kg 钽粉并加入一定浓度的氢氟酸混合反应 30min，反应完成后停止搅拌和加热，降温至 5℃ 后转移沉降的钽粉到大体积容器中进行水洗；最后在 82℃ 真空环境下烘干。

当反应温度较高时，由于反应剧烈，氢氟酸会溶解掉部分钽粉表面，使钽粉的粒径变小，比表面积变大，从而直接导致钽粉吸附氧的能力增加，增加钽粉的氧杂质浓度。因此仍然需要通过进一步的金属还原降氧处理，给钽粉提纯增加了时间成本和物料成本。低温反应的方法能有效降低反应速度，从而控制钽粉中氧的杂质含量，由于导致反应不够剧烈降低了酸洗的效率。

东方钽业公开的发明专利 CN102191389A 中提出了一种钽粉水洗的方法和装置。首先在 15~35℃ 冷水中清洗破碎后的钽粉，以洗去碱金属；然后在 40~80℃ 下滤洗 10~16h；紧接着进行酸洗再水洗，最后烘干。该方法的缺点是耗水量大，且易与碱金属反应生成高浓碱溶液从而腐蚀钽粉，同时除杂效率不高。因此东方钽业对装置、水洗条件和酸洗技术进行了改良。

对于 Fe、Ni、Cr、Cu 等金属杂质来说，由于其与酸（盐酸、硝酸、氢氟酸等）的反应较为剧烈，利用加热的酸溶液或混合酸溶液即可有效除去，生成的金属盐可通过大量的去离子水溶解并除掉。碳作为一种化学性能较为稳定的元素，在钽粉中主要以碳单质、TaC 和 Ta-C 固溶体三种形式存在，主要来源于生产过程中的反应氛围。由于碳杂质不溶于水，与酸溶液的反应速率较慢，因此应在生产钽粉过程中严格控制碳杂质的引入，以避免后续除杂的困难。由于碳的密度远小于 Ta 的密度，因此可通过重液分离法来去除游离碳。氧杂质的含量过高会直接导致电容器的漏电流过大，局部的氧化钽晶刺破表面的非晶氧化膜，降低电容器的耐压特性并使得阳极块脆化。目前报道的降氧方法很多，其中被广泛接受的是金属 Mg 还原降氧法，其流程如图 7-6 所示。杂质 Si 一般以 SiO_2 形式存在于原生钽粉中，其含量较低，可通过加入适量氢氟酸溶解掉。

该方法可以有效地水洗除掉钽粉中的杂质，不过产物中氧杂质的质量分数依然较高，需要进一步处理，如使用 Mg 降氧工艺进行研究。

7.2.5　熔盐电精炼法

熔盐电解精炼钽的原理是在电解质中通直流电，比钽更惰性的金属如 Fe、Ni、Mo、V 等仍留在阳极上，C、O、Si、N 等非金属杂质也保留在阳极，比钽更活泼的金属如 Al、Mg 等以离子形式进入电解质，是否与钽共沉积取决于该金属相比于金属钽的活度。

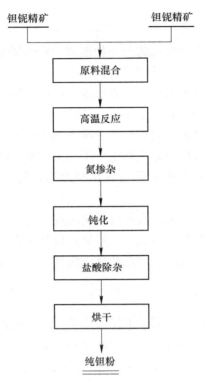

图 7-6　金属镁降氧流程

熔盐电精炼使用的阳极是待提纯的粗钽，阴极则是惰性电极如 Fe、Mo 或 Pt 等。电解时阳极中的钽不断以离子形式溶解到熔盐中，熔盐中的钽离子再在阴极析出。电解质体系应具有低熔点、宽电化学窗口的性质，尽量避免使用吸水性和腐蚀性强的电解质。通常选择碱土金属氯化物盐体系，不但可以降低熔盐电解温度而且对于降低难以去除的间隙杂质（C、O、N）也有益处。

Nair 等人采用铝热还原钽粉作可溶性阳极，从 NaCl-KCl-K_2TaF_7 电解质中电解精炼钽。结果显示，杂质 Al、Fe、Si、O 和 N 可以有效除去，在 95% 的电流效率下钽的纯度提高到 99.8%。

电解精炼所获得的金属钽的杂质较低，甚至与钽的化学性质相似的铌在精炼后也可有效去除。钽中大量间隙杂质影响金属钽的物化性能，熔盐电解精炼工艺中大部分的碱金属和间隙杂质被留在阳极或电解质中。就金属杂质而言，熔盐电精炼获得的钽粉比用其他方法或得到的钽粉要好。

熔盐电解精炼的难度在于对电解质纯度和坩埚要求很高，阴极纯金属与粘附其上熔盐的完全剥离等都比较困难。电解精炼过程中温度控制、间隙杂质 O、C 的去除及高温熔盐对坩埚材料的腐蚀都亟待解决。

7.2.6　外部吸收法

当固体表面与化学活性更大的另一种固体、液体甚至气体接触时，可以比较完全地除去固体晶隙杂质，这种除气方式称为外部吸收。比较常见的例子是钢铁熔炼过程中在富氧状态下去除碳，此方法也可应用于除去钽金属中的碳[43]。

碱土金属脱氧技术得到广泛应用，待提纯金属在高温下直接与碱土金属接触，此时已经扩散到金属表面的氧与作为吸气剂的碱土金属反应生成更为稳定的氧化物，随后再用化学或机械方法除去。用碱土金属作吸气剂的缺点是金属中氮和碳的脱除无效，需用对晶隙杂质更具亲和力的金属（如钛、锆和稀土）作吸气剂。

综上所述，每种精炼方法都有各自的优缺点，没有任何一种方法对于钽金属的所有杂质的提纯均有效果。所以，一般是几种精炼方法联合使用。各种稀土金属所适宜的提纯方法由蒸气压、熔点和反应活性三个主要物理化学性质确定。

7.3　钽铌分离

铌钽化学性质非常相似，原子半径也几乎一样，铌钽分离较为困难。通常在钽铌精矿冶炼时进行铌、钽的分离。铌钽分离主要包括溶剂萃取法、离子交换法和氟化物分步结晶法等[2,44]，其中溶剂萃取法是目前工业应用最多的方法。

7.3.1　溶剂萃取法

溶剂萃取法是历史悠久且广泛应用于冶金和石油化工的分离工艺，是铌钽冶金工业中用的最多的方法[44-45]。现行工业生产均是在高浓度氢氟酸下使铌钽共同萃取然后分别反萃分离铌钽。目前应用较多的萃取剂种类有甲基异丁基酮（MIBK）、磷酸三丁酯（TBP）、仲辛醇（2-OCL）和乙酰胺（DMAC）等，各种萃取剂的优缺点见表 7-3。

表 7-3　各种萃取剂的优缺点

萃取剂	优　点	缺　点
甲基异丁基酮	选择性高、纯水反萃钽饱和容量大、密度小、黏度小、操作稳定	水溶性大、挥发大、损耗大、价格贵
磷酸三丁酯	挥发性小、劳动条件好	选择性差、产品质量不稳定
仲辛醇	选择性好、水溶性小、成本低	黏度大、操作难控制、有刺激性气味
乙酰胺	水溶性小	选择性差、不能用纯水反萃取钽

钽铌萃取分离包括钽与铌的分离和钽（铌）与杂质的分离，主要靠调整萃取原液中的 HF 酸度和 H_2SO_4 酸度实现。当溶液中 HF 浓度为 4mol/L 时，钽被萃

取，铌几乎不被萃取，由此达到铌钽分离的目的。钽（铌）与杂质的分离主要是依据钨、钼、铁、锡等杂质在氢氟酸溶液中的分配系数远小于铌和钽的分配系数，因而易和钽铌分离。钽铌精矿经酸分解、调酸后的溶液作为萃取料液，萃取体系主要有 HF-H_2SO_4-MIBK 和 HF-H_2SO_4-仲辛醇。

钽铌分离主要工艺步骤为：（1）钽铌共萃取，获得负载有机相和大部分杂质分离；（2）负载有机相酸洗，利用主体金属钽、铌与杂质元素间的分配系数差，将少量已萃取进入有机相中的杂质从负载有机相中反萃下来，以洗掉杂质；（3）钽、铌分离，即反萃铌提钽，通常用稀硫酸溶液作为铌反萃剂，经过反萃后获得铌液，用于生产氧化铌；（4）反萃取钽，通常用去离子水作为钽的反萃取剂，经反萃后获得钽液，用于生产氧化钽或氟钽酸钾；（5）卸载有机相的再生，即采用不同的洗液清洗除去有机相中的残余杂质，再生后返回萃取槽作萃取剂用。

溶剂萃取法的优势在于分离效率高、处理能力大、劳动强度小，容易实现自动化；而其主要弊端在于萃取剂对环境伤害大，萃取剂的回收也比较困难，且氢氟酸消耗量大，反萃过程中萃取剂易损失导致生产成本的增加。

7.3.2 分步结晶法

分步结晶法是基于氟钽酸钾和氟铌酸钾在氢氟酸中的溶解度不同，使钽盐和铌盐先后结晶出来[46]。钽和铌在较低酸度（1%HF）条件下分别生成 K_2TaF_7 和 $K_2NbOF_5 \cdot H_2O$，这两种化合物在该酸度条件下的溶解度相差 9~11 倍。因此，通过控制温度和酸度，采用分步结晶法可使两者分离（见式（7-18）和式（7-19））。

$$Ta_2O_5 + 14HF + 4KOH =\!=\!= 2K_2TaF_7 + 9H_2O \qquad (7-18)$$

$$Nb_2O_5 + 10HF + 4KOH =\!=\!= 2K_2NbOF_5 + 7H_2O \qquad (7-19)$$

分步结晶工艺包括溶解、沉淀结晶和蒸发结晶三道工序。将钽铌混合氧化物在 70~80℃ 的条件下用 35%~40% HF 溶液溶解，溶解液经澄清后过滤，滤液经稀释调整体积使 $K_2NbOF_5 \cdot H_2O$ 在溶液中的体积分数保持在 3%~6%，游离 HF 降低到 1%~2%；将稀释后的溶解液加热并加入一定比例的 KCl 使 H_2TaF_7 反应生成 K_2TaF_7 沉淀结晶，而 H_2NbOF_5 反应生成 K_2NbOF_5 仍保留在溶解液中。将沉淀物过滤得到 K_2TaF_7 晶体，按产品纯度要求，在 1%~2% HF 溶液中对 K_2TaF_7 晶体进行再结晶加以提纯。含铌的过滤母液进行蒸发浓缩、冷却结晶，得到 $K_2NbOF_5 \cdot H_2O$ 晶体，同样可用再结晶法加以提纯。分步结晶法难以获得高纯度铌产品，Nb_2O_5 纯度一般仅为 99.17%，但获得的 K_2TaF_7 晶体一般均较纯。

该方法曾是工业上最早使用的分离提纯的重要方法。然而，其难以获得高纯度的铌产品。由于钛作为和铌钽共生的杂质，其生成的钛盐络合物的溶解度远低于铌盐的溶解度，当铌盐析出时，钛盐也同时析出，铌难与钛彻底分离。由于操作烦琐、产品纯度不高，尤其是除铁困难，目前已经被萃取法取代，但是该方法仍然广泛地用来生产氟钽酸钾与氟铌酸钾。

7.3.3　离子交换法

离子交换法一般在酸性溶液中进行。钽铌精矿经氢氟酸分解后，钽、铌在酸性溶液中主要以 TaF_7^{2-} 和 NbF_7^{2-} 形态存在。因此可以选择对 TaF_7^{2-} 和 NbF_7^{2-} 吸附能力强的碱性阴离子采用交换树脂选择性吸附 TaF_7^{2-} 和 NbF_7^{2-}，再用不同浓度的酸进行淋洗除杂，进而达到分离提纯钽、铌的目的，其流程如图 7-7 所示。

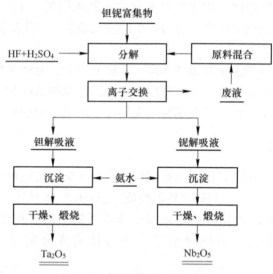

图 7-7　离子交换法工艺流程

离子交换法的优点是工艺操作简单、生产成本低，能够节省大量有机溶剂。缺点是生产效率低于萃取法、生产周期长、环境污染严重，且铌钽在酸液淋洗时易水解，所以该方法仅限于微量铌钽的分离，迄今尚未在工业生产中应用。

7.3.4　氯化物精馏法

氯化物精馏法是利用 $TaCl_5$ 和 $NbCl_5$ 的沸点不同，控制适当温度使其分离。在经过预精馏和主精馏后得到相对于铌钽总量80%的钽的分馏物，回收率为6%、钽质量分数为0.76%的中间分馏物及铁质量分数为0.02%、铌质量分数为0.01%的铌分馏物（其中未发现 Ti、Al 和 Si），总回收率为66%。该法和氯化法分解精矿相结合时，能够使整个铌钽冶金流程大大简化，但目前尚处于半工业性试验阶段。

铌钽矿物属于难分解的矿物之一，从铌钽矿中提钽需先行分解铌钽精矿使铌钽转变为可溶性化合物并进入溶液，然后从溶液中分离铌和钽。通过比较铌钽矿分解和铌钽分离的几种方法可知，氟化物分步结晶法和氯化法存在明显不足，均未得到广泛工业应用；酸法分解、溶剂萃取法技术成熟，已占据主导地位。目前国内外铌钽矿的冶金技术主要以氢氟酸法为主。由于利用高浓度的氢氟酸产生的苛性条件分解铌钽矿不仅对操作环境及周围环境有危害，浸取之后的废渣同样给环境带来了巨大的污染。因此，寻找无氟化高效提取铌钽的工艺路线，开发环境友好的铌钽分离工艺，是当前铌钽工业需要解决的难题之一。另外，我国的铌钽矿多为低品位难处理矿，如何开发出较为经济合理的处理低品位铌钽矿的工艺路线，是我国铌钽工业亟须解决的另一个问题。

参 考 文 献

[1] 胡根火. 钽铌湿法冶金分离方法评述 [J]. 稀有金属与硬质合金, 2015, 43: 29-32.

[2] 刘建迪, 陈小红. 钽的提取研究进展 [J]. 矿产保护与利用, 2021, 41(2): 163-173.

[3] Baba A, Adekola F, Dele-Ige O, et al. Investigation of dissolution kinetics of a nigerian tantalite ore in nitric acid[J]. Journal of Minerals and Materials Characterization and Engineering, 2008, 7(1): 83-95.

[4] Zhu Z, Cheng C. Solvent extraction technology for the separation and purification of niobium and tantalum: A review[J]. Hydrometallurgy, 2011, 107: 1-12.

[5] 杨继红. 低品位难分解钽铌矿加压酸分解工艺的试验研究 [J]. 稀有金属与硬质合金, 2013, 41(3): 4-7.

[6] 武彪, 尚鹤, 温建康. 低品位难处理钽铌矿中铌的浸出试验研究 [J]. 稀有金属, 2013, 37(5): 791-797.

[7] 刘宁平, 刘建章, 孙洪志, 等. 钽铌工业生产及其展望 [J]. 稀有金属快报, 2005, 24(9): 1-6.

[8] 周宏明, 郑诗礼, 张懿. 难分解铌钽矿高浓氢氧化钾浸出机理研究 [J]. 高校化学工程学报, 2005, 2: 148-155.

[9] 高文成, 温建康, 武彪, 等. 处理铌钽矿的冶金技术进展概况 [J]. 稀有金属, 2015, 40(1): 77-84.

[10] 周宏明, 郑诗礼, 张懿. KOH 亚熔盐浸出低品位难分解钽铌矿的实验 [J]. 过程工程学报, 2003, 5: 459-463.

[11] 王伟, 李辉, 郑培生. 低品位钽铌原料的湿法冶金新工艺研究 [J]. 稀有金属快报, 2008, 27(4): 31-36.

[12] 李海军, 李慧, 潘伦桃. 还原氧化钽和氧化铌制备电容器用粉末的方法评述 [J]. 稀有金属快报, 2007, 26(10): 7-13.

[13] 苏龙兴, 颜晓勇. 金属钽粉的生产及提纯工艺进展 [J]. 粉末冶金工业, 2021, 31(1): 91-97.

[14] Okabe T, Iwata S, Imagunbai M, et al. Production of niobium powder by magnesiothermic reduction of feed preform[J]. ISIJ international, 2003, 43(12): 1882-1889.

[15] Okabe T, Iwata S, Imagunbai M, et al. Production of niobium powder by preform reduction process using various fluxes and alloy reductant [J]. ISIJ international, 2004, 44 (2): 285-293.

[16] Okabe T, Sadoway D. Metallothermic reduction as an electronically mediated reaction [J]. Journal of Materials Research, 1998, 13(12): 3372-3377.

[17] Okabe T, Waseda Y. Producing titanium through an electronically mediated reaction[J]. JOM, 1997, 49(6): 28-32.

[18] 何季麟. 世界钽粉生产工艺的发展 [J]. 中国工程科学, 2001, 12: 85-90.

[19] 何季麟. 钽铌电子材料新进展 [J]. 中国有色金属学报, 2004, 14(1): 291-301.

[20] Zhu H, Sadoway D. Synthesis of nanoscale particles of Ta and Nb_3Al by homogeneous reduction in liquid ammonia[J]. Journal of Materials Research, 2001, 16(9): 2544-2549.

[21] 夏明星, 郑欣, 李中奎, 等. 电容器用钽铌粉的研究进展 [J]. 材料导报, 2009, 23 (S1): 109-111, 116.

[22] Baba M, Ono Y, Suzuki R. Tantalum and niobium powder preparation from their oxides by calciothermic reduction in the molten $CaCl_2$ [J]. Journal of Physics and Chemistry of Solids, 2005, 66(2/3/4): 466-470.

[23] Baba M, Suzuki R O. Dielectric properties of tantalum powder with broccoli-like morphology [J]. Journal of Alloys and Compounds, 2005, 392(1/2): 225-230.

[24] Suzuki R, Ono Y, Yamamoto K. Formation of broccoli-like morphology of tantalum powder[J]. Journal of Alloys and Compounds, 2005, 389: 310-316.

[25] 王东新, 李军义, 孙本双, 等. 钽粉制备新工艺研究进展 [J]. 湖南有色金属, 2011, 27(3): 34-37, 64.

[26] 王东新, 李军义, 孙本双, 等. 还原氧化钽制备钽粉工艺研究进展 [J]. 中国材料进展, 2011, 30(10): 54-58.

[27] Chen G, Fray D, Farthing T. Direct electrochemical reduction of titanium dioxide to titanium in molten calcium chloride[J]. Nature, 2000, 407(6802): 361-364.

[28] Wu T, Xiao W. Thinpellets: Fast electrochemical preparation of capacitor tantalum powders [J]. Chemistry of materials, 2007, 19(2): 153-160.

[29] Jeong S M. Characteristics of an electrochemical reduction of Ta_2O_5 for the preparation of metallic tantalum in a LiCl-Li_2O molten salt[J]. Journal of Alloys and Compounds, 2007, 440 (1/2): 210-215.

[30] Song Q, Xu Q, Kang X, et al. Mechanistic insight of electrochemical reduction of Ta_2O_5 to tantalum in a eutectic $CaCl_2$-NaCl molten salt [J]. Journal of Alloys and Compounds, 2010, 490(1/2): 241-246.

[31] 陈义武, 谢宏伟, 屈佳康, 等. LiCl-NaCl 熔盐中金属钽电化学脱氧过程研究 [J]. 稀有金属与硬质合金, 2021, 49(1): 13-18.

[32] Gasviani N, Khutsishvili M, Abazadze L, et al. Electrochemical behavior of tantalum (V) oxide in chloride-fluoride melts [J]. Russian journal of electrochemistry, 2007, 43 (2): 211-216.

［33］陈朝轶，鲁雄刚，李重和，等. 三相界面反应机制在 SOM 法制备金属钽中的应用［J］. 中国有色金属学报，2009，19(3)：583-588.

［34］陈朝轶，鲁雄刚，李军旗，等. 阴极结构对 SOM 法制备金属钽的影响［J］. 稀有金属材料与工程，2012，41(3)：522-526.

［35］Kuznetsov S. Electrochemical synthesis of nanomaterials in molten salts［J］. ECS Transactions，2016，75(15)：333.

［36］Kawaguchi N，Maekawa H，Sato Y，et al. Electrodeposition of tantalum on tungsten and nickel in LiF-NaF-CaF$_2$ melt containing K$_2$TaF$_7$-electrochemical study［J］. Materials Transactions，2003，44(2)：259-267.

［37］Polyakova L，Polyakov E，Sorokin A. Secondary processes during tantalum electrodeposition in molten salts［J］. Journal of Applied Electrochemistry，1992，22(7)：628-637.

［38］Gupta C K. Extractive metallurgy of niobium，tantalum，and vanadium［J］. International Materials Reviews，1984，29(1)：405-444.

［39］任志东，白掌军，李树荣，等. 真空电子束熔炼制备超高纯钽锭工艺研究［J］. 湖南有色金属，2020，36(6)：53-55.

［40］Choi G，Lim J，Munirathnam N，et al. Preparation of 5N grade tantalum by electron beam melting［J］. Journal of Alloys and Compounds，2009，469(1/2)：298-303.

［41］Schmidt F，Carlson O. Electrotransport of carbon in niobium and tantalum［J］. Journal of the Less Common Metals，1972，26(2)，247-253.

［42］Kirchheim R，Fromm E. Electrotransport of oxygen and nitrogen in niobium and tantalum［J］. Acta Metallurgica，1974，22(11)：1397-1403.

［43］侯庆烈. 难熔金属的固态精炼提纯［J］. 稀有金属，1995，19(5)：390-393.

［44］韩建设，周勇. 钽铌萃取分离工艺与设备进展［J］. 稀有金属与硬质合金，2004，32(2)：15-20.

［45］万明远. 低品位钽铌矿物萃取分离工艺的改进［J］. 硬质合金，2002，19(1)：29-31.

［46］任卿，张锦柱，赵春红. 钽、铌资源现状及其分离方法研究进展［J］. 湿法冶金，2006，25(2)：65-70.

8 金属钼提取与提纯

8.1 金属钼的提取

自然界中已探明的钼矿物有 20 余种，具有工业开发价值的是辉钼矿、钼酸钙矿、钼酸铁矿和钼酸铅矿。其中辉钼矿的工业价值最高、分布最广，约有 99%的钼呈辉钼矿形态存在，占世界开采量的 90% 以上[1]。而辉钼矿中的钼元素主要是以二硫化钼的形态存在，因此钼金属只有经过还原才能得到。钼冶金的一般工艺流程如图 8-1 所示。

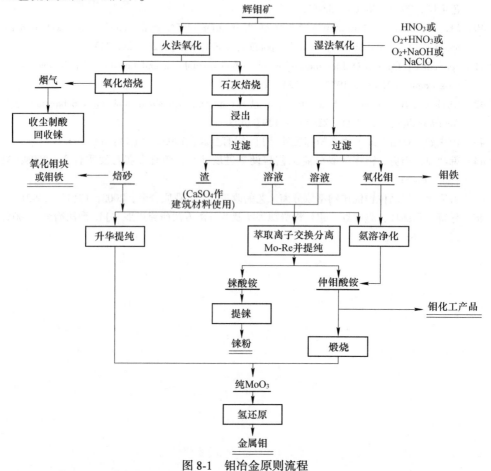

图 8-1　钼冶金原则流程

钼冶金过程最主要的目标是将二硫化钼中的硫与钼进行分离。在传统冶金过程中，把辉钼矿进行氧化处理便能实现这一目标。钼硫的氧化分离常使用火法或湿法的工艺处理，得到焙砂或钼酸盐，之后进一步分离提纯钼的化合物。得到三氧化钼后再利用还原法制得金属钼。金属钼可直接提纯得到高纯钼，也可直接作为钼铁及其他钼合金的制备原料。总之，金属钼的制备可以分为三个过程：辉钼矿的氧化、纯钼化物的制取和钼粉的制备。目前工业上最经典、应用最广泛的钼冶金工艺仍是焙烧—氨浸工艺。

8.1.1 辉钼矿的氧化

根据辉钼矿中钼元素的含量，可将辉钼矿分为高品位矿（钼含量45%以上）和低品位矿（钼含量20%~40%）。钼品位为40.41%的辉钼矿的主要成分见表8-1。除了二硫化钼以外，其主要杂质成分为铜铁化合物及脉石[1]。目前，工业上为了将二硫化钼中的硫与钼进行分离，常使用氧化的方式，而辉钼矿的氧化主要分为火法氧化和湿法氧化两大类。高品位矿石钼含量较高，杂质含量较少，不参与炉内反应，常以火法氧化方式提炼；低品位辉钼矿钼含量低，SiO_2、CaO、MgO、Cu、Fe 等杂质含量较多，工艺较为复杂，主要以湿法氧化的方式提炼。

表 8-1　钼品位为 40.41%的辉钼矿的主要成分

主要成分	Mo	S	Cu	Re	Fe	SiO_2	CaO	Al_2O_3	MgO
含量/%	40.41	32.6	5	0.01	4	11.99	0.13	3.12	0.07

8.1.1.1 火法氧化辉钼矿

火法氧化辉钼矿是通过氧化焙烧的方式将二硫化钼氧化，实现钼和硫的分离。火法工艺较为成熟，同时又具有易于操作、设备简单、投资少等优点，因此至今在工业上仍在广泛应用。按照焙烧所用的化学试剂不同，焙烧方法可分为氧化焙烧、氯化焙烧、MnO_2 焙烧和苏打烧结法等[2]。

A　氧化焙烧

氧化焙烧是利用氧气作为氧化剂对辉钼矿进行焙烧，而国内的企业通常直接利用空气进行焙烧。对于焙烧分类标准，可根据焙烧设备的不同，将辉钼矿的氧化焙烧工艺分为多膛炉焙烧、流态床焙烧、回转窑焙烧、反射炉焙烧和闪射炉焙烧等[2]。焙烧之后得到焙砂，其主要成分为三氧化钼，随后采用湿法提纯或者升华提纯得到更纯的三氧化钼或钼酸铵。氧化焙烧工艺流程如图8-2所示。

在氧化焙烧时发生的主反应为 MoS_2 的氧化反应，见式（8-1）~式（8-3）：

$$MoS_2 + 3O_2 \longrightarrow MoO_2 + 2SO_2(g) \tag{8-1}$$

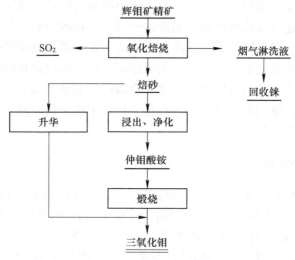

图 8-2 氧化焙烧工艺流程

$$2MoO_2 + O_2 \longrightarrow 2MoO_3 \tag{8-2}$$

$$MoS_2 + 6MoO_3 \longrightarrow 7MoO_2 + 2SO_2(g) \tag{8-3}$$

除发生 MoS_2 的氧化反应外，辉钼矿在焙烧过程中存在其他副反应，即伴生金属（Me）硫化物被氧化生成氧化物和硫酸盐，见式（8-4）~式（8-6）：

$$2MeS + 3O_2 \longrightarrow 2MeO + 2SO_2(g) \tag{8-4}$$

$$2MeS + 4O_2 \longrightarrow 2MeO + 2SO_3(g) \tag{8-5}$$

$$2MeO + 2SO_2 + O_2 \longrightarrow 2MeSO_4 \tag{8-6}$$

MoO_3 和杂质氧化物、硫酸盐和硫化物相互反应生成钼酸盐等，见式（8-7）~式（8-9）：

$$MeO + MoO_3 \longrightarrow MeMoO_4 \tag{8-7}$$

$$MeSO_4 + MoO_3 \longrightarrow MeMoO_4 + SO_3(g) \tag{8-8}$$

$$MeCO_3 + MoO_3 \longrightarrow MeMoO_4 + CO_2(g) \tag{8-9}$$

辉钼矿氧化焙烧时所用的氧化剂为空气，便宜易得，并且产出的钼焙砂质量较高、产量较大、性价比高，因而是一种应用广泛的焙烧辉钼矿的方法。但是该工艺的缺点也是较为明显的：（1）烧结温度高，而 MoO_3 在 700℃时会发生升华现象，使 MoO_3 气体被炉气带走，造成钼的大量损失，并且辉钼矿中的稀有金属铼在焙烧过程中，也会大量进入烟气中无法回收，造成资源的极大浪费[3]；（2） MoS_2 的氧化反应为放热反应，导致温度上升；（3） MoO_3 的熔点为 795℃，当温度高于熔点时，MoO_3 便会熔化和一些金属氧化物生成低熔点共熔物，进而在焙烧时产生结块烧结现象。这样会使得内部物料氧化不充分，含硫量高，减少 MoO_3 的产量。在环境影响方面，该工艺产生 SO_2，会造成大气污染。因此，在对辉钼矿进行加工时要综合考虑各个方面的利弊关系。

B 氯化焙烧

Medvedev 等人[4]将氯化钠混入辉钼矿中，在空气条件下进行焙烧。高温下 MoS_2 被氧化反应生成 MoO_3 和 SO_2。由于 NaCl 的存在，SO_2 和 O_2 反应生产 Na_2SO_4，MoO_3 则与 NaCl 反应生成 Na_2MoO_4 和 MoO_2Cl_2，见式（8-10）~式（8-12）：

$$2MoS_2 + 7O_2 === 2MoO_3 + 4SO_2(g) \tag{8-10}$$

$$2NaCl + SO_2 + O_2 === Na_2SO_4 + Cl_2(g) \tag{8-11}$$

$$2MoO_3 + 2NaCl === Na_2MoO_4 + MoO_2Cl_2 \tag{8-12}$$

总反应见式（8-13）：

$$2MoS_2 + 11O_2 + 10NaCl === 4Na_2SO_4 + 4Cl_2(g) + Na_2MoO_4 + MoO_2Cl \tag{8-13}$$

氧化氯化焙烧处理辉钼矿流程如图 8-3 所示。

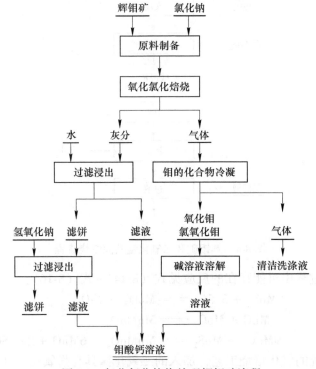

图 8-3 氧化氯化焙烧处理辉钼矿流程

相较于单一空气体系焙烧，NaCl 的加入不仅可以减少 SO_2 的排放和空气污染，还可以把焙烧温度降低至 450℃ 左右，减少能耗。通常情况下，把焙烧温度控制在 450℃ 左右，加入 150% 过量的 NaCl，焙烧 90min，钼的回收率可达 98% 以上。但是该工艺的缺点也较为明显，即在工艺流程中采用了大量的化学试剂，对辉钼矿的品质有一定的要求，即只能适用于高品质的辉钼矿。

C MoS_2 和 MnO_2 共同焙烧

吴江丽等人[5-6]研究了辉钼矿和二氧化锰共同焙烧的新工艺。即按一定的物质量比，在辉钼矿中加入二氧化锰后磨碎并充分混合均匀，置于马弗炉中焙烧，每隔一段时间将焙烧样搅拌一次。充分反应后得到焙砂，其主要成分为 $MnMoO_4$，之后可通过酸浸、过滤、氨浸的提取得到钼酸铵，进而完成钼的制备。该反应的焙烧流程如图8-4所示。

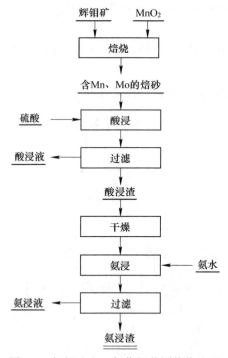

图8-4   辉钼矿和二氧化锰共同焙烧流程

其在焙烧过程中可能存在的反应见式（8-14）~式（8-16）：

$$MoS_2 + 3.5O_2 \rlap{=\!=} MoO_3 + 2SO_2 \tag{8-14}$$

$$MnO + MoO_3 \rlap{=\!=} MnMoO_4 \tag{8-15}$$

$$9MnO_2 + MoS_2 \rlap{=\!=} MnMoO_4 + 6MnO + 2MnSO_4 \tag{8-16}$$

相较于传统的氧化焙烧工艺，加入的二氧化锰具有强氧化性和较强的固硫效果，能够提升钼金属的回收率。此外，吴江丽等人还针对各种参数对 MoS_2 分解的影响进行了系统研究：在二氧化锰和辉钼矿共同焙烧时，MoS_2 的分解率随温度的提高缓慢增大。与辉钼矿单独焙烧相比，分解温度降低，并且认为450℃的温度下，焙烧2h效果较好。物料的配比对 MoS_2 的分解率没有温度对其的影响大；是否压制成型对 MoS_2 分解率均没有太大的影响；MnO_2 对辉钼矿的相混性能较好，不会阻碍气体的扩散，可以强化 MoS_2 的氧化分解[2,5]。

D 苏打烧结法

吴建中等人[7]在辉钼矿中加入碳酸钠进行焙烧，被称为苏打烧结法，其工艺流程如图 8-5 所示。将辉钼矿和苏打按一定的比例混合加入炉中，加热至700℃，使其在熔融状态下进行反应。并且在混合物料中加入一定的硝酸钠作为氧化剂，将矿物中的硫化物氧化为氧化物，使其与苏打反应生成钼酸钠。

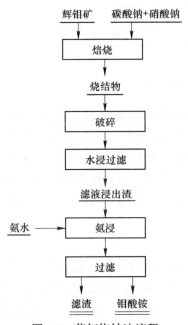

图 8-5 苏打烧结法流程

主要的反应见式（8-17）~式（8-19）：

$$2NaNO_3 =\!=\!= Na_2O + 2NO + 1.5O_2(g) \tag{8-17}$$

$$MoS_2 + 3.5O_2 =\!=\!= MoO_3 + 2SO_2(g) \tag{8-18}$$

$$MoO_3 + Na_2CO_3 =\!=\!= Na_2MoO_4 + CO_2(g) \tag{8-19}$$

该工艺的反应为放热反应，当达到反应温度时，便可自动进行。产物以熔融态存在，经冷却结块、破碎、过滤、氨浸，钼的浸出率高达99%。但该工艺的缺点也较为明显，即浸出液过滤后加入氨水进行氨沉时，对溶液的 pH 值要求较高，需控制在 2 左右。如果对熔融态的处理不够彻底，会影响钼的浸出率。而且反应会放出氮化物和二氧化硫气体污染环境[2]。

各种火法工艺相关参数的对比见表 8-2，这 4 种火法氧化工艺产生的产物主要成分为钼酸盐或者三氧化钼。其中钼酸盐通常通过氨浸便可转换为钼酸铵，以便后续制备金属钼。

表 8-2　不同火法工艺参数对比表

工艺名称	温度/℃	氧化剂	添加剂	产　物	含硫产物
氧化焙烧	<700	空气	无	MoO_3	SO_2
氯化焙烧	450	空气	NaCl	Na_2MoO_4、MoO_2Cl	SO_2、Na_2SO_4
MoS_2 和 MnO_2 共同焙烧	450	MnO_2	无	$MnMoO_4$	$MnSO_4$
苏打烧结法	700	$NaNO_3$	$Na2CO_3$	Na_2MoO_3	SO_2

8.1.1.2　湿法氧化辉钼矿

湿法氧化分解工艺是指利用氧化剂在溶液中将辉钼矿中的钼氧化为+6 价，硫氧化成 SO_4^{2-} [9]，不经焙烧实现硫与钼的分离，再通过离子交换或萃取回收钼的化合物，提纯得到高纯钼。相较于火法工艺，湿法从工序上有效解决了 SO_2 气体的环境污染问题。目前，湿法已经在工业生产中得到广泛的应用，可以分为硝酸氧化分解法、酸或碱介质中加压氧分解法、次氯酸钠浸出法和电氧化浸出法[10]。

A　硝酸氧化分解法

硝酸氧化分解工艺是利用硝酸强氧化性和酸性，把辉钼矿中 MoS_2 氧化，得到钼氧化物浸出渣和钼离子浸出液，见式（8-20）和式（8-21）：

$$MoS_2 + 18HNO_3 = MoO_4^{2-} + 2SO_4^{2-} + 18NO_2(g) + 6H^+ + 6H_2O \quad (8\text{-}20)$$

$$MoS_2 + 6HNO_3 = MoO_3 \cdot nH_2O + 2H_2SO_4 + 6NO(g) + (1-n)H_2O$$

$$(8\text{-}21)$$

Kholmogorov 等人[11]研究了 NO_2 和 HNO_2 对 MoS_2 的氧化作用，发现 HNO_2 分解产生的氮氧化物能够增强 MoS_2 的氧化。浸出渣中的氧化物较容易提取，而浸出液中钼离子在溶液中比较容易水解和聚合，进而生成杂多酸或同多酸，存在形式比较复杂，这使得从浸出液中回收钼比较困难。

随着技术的进一步发展，提出了硝酸加压氧化酸浸法，即在原有的技术基础上施以高压，见式（8-22）：

$$MoS_2 + 9HNO_3 + 3H_2O = H_2MoO_4 + 2H_2SO_4 + 9HNO_2 \quad (8\text{-}22)$$

在高压作用下，产出的 HNO_2 快速分解为 NO_2 和 NO，NO_2 与水结合生成 HNO_3。在氧气存在下，NO 氧化为 NO_2，然后又生成 HNO_3[9]，见式（8-23）~式（8-25）：

$$2HNO_2 = NO_2(g) + NO(g) + H_2O \quad (8\text{-}23)$$

$$2NO + O_2 \xrightleftharpoons{} 2NO_2(g) \tag{8-24}$$

$$3NO_2(g) + H_2O \xrightleftharpoons{} NO(g) + 2HNO_3 \tag{8-25}$$

HNO_3 的再生，可以减少其使用，相较于理论添加量，实际添加量只有其 20%。同时通氧加压使得钼转化率高、酸浸速率更快。但是该工艺也存在一定的问题，如 HNO_3-H_2SO_4 混合体系腐蚀能力较强，对设备的耐腐蚀性要求较高；反应初期剧烈，难以精确控制；过程中有污染的氮氧化物产生，需考虑气体处理工序。

B 酸或碱介质中加压氧分解法

酸或碱介质中加压氧分解法实质是在酸性或者碱性条件下，把氧气通入高压釜制造氧高压条件，使 MoS_2 氧化为钼酸盐溶于溶液之中，进而直接沉析钼酸或转化成为钼酸盐。该工艺最主要优点是原辅料消耗低、金属回收率高，能避免生成 SO_2 气体。但缺点也较为明显：要求高温高压、且腐蚀性大、对设备要求严格[12]。加压浸出技术是现阶段较好的工艺技术，在工业上有较为广泛的应用。

辉钼精矿酸介质中加压氧分解法，即在酸介质中加氧氧化二硫化钼，常采用硝酸或硝酸盐作为添加剂[13]，在加压釜中发生反应，见式（8-22）~式（8-25），其中使用硝酸作为酸性介质的最常见工艺便是塞浦路斯钼提取工艺，其工艺流程如图 8-6 所示，其浸出过程技术指标见表 8-3。

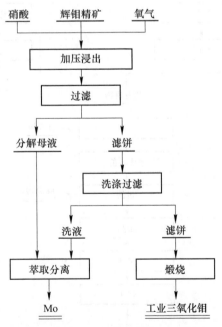

图 8-6 氧压硝酸分解辉钼矿工艺流程

表 8-3 塞浦路斯钼提取工艺指标

项 目	指标	项 目	指标
浆料温度/℃	150~160	每吨钼的氧气消耗/t	1.8
高压釜上部温度/℃	205	每吨钼的钼酸消耗/t	0.2
高压釜上部气压/MPa	0.65	钼氧化率/%	95~97
分解时间/h	1.5		

碱性条件下高压氧化浸出法工艺流程如图 8-7 所示，其主要工艺条件为温度 130~200℃、总压力 2.0~2.5MPa、反应时间 3~7h、NaOH 用量为理论量的 1.0~1.03 倍[8]。在高压氧碱性介质中，O_2 氧化 MoS_2 反应生成 Na_2MoO_4 和 Na_2SO_4，见式（8-26）：

$$2MoS_2 + 12NaOH + 9O_2(g) = 2Na_2MoO_4 + 4Na_2SO_4 + 6H_2O \quad (8\text{-}26)$$

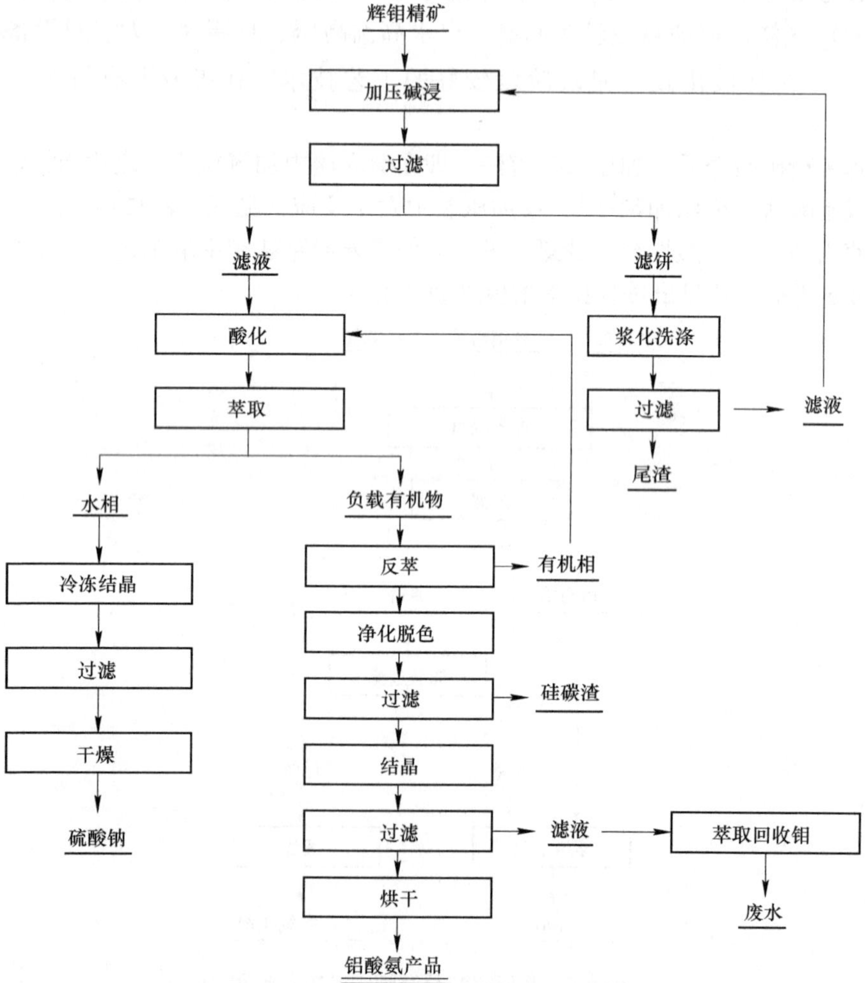

图 8-7 辉钼精矿加压碱浸制取钼酸铵工艺流程

与高压氧酸浸相比，高压氧碱浸温度和压力都较低，钼以盐的形式全部进入溶液，回收率更高。并且高压氧碱浸出液杂质含量少，体系腐蚀性更弱。但该工艺也存在一定的不足，如碱耗大、反应时间长、对辉钼矿中的硫利用不足，硫转换为 Na_2SO_4，后续的经济价值不高。

C　次氯酸钠浸出法

次氯酸钠浸出法是一种处理低品位钼矿物原料的有效工艺。在碱性条件下，次氯酸钠几乎能氧化所有硫化矿物，并且在常温条件下，次氯酸钠对 Fe、Cu 硫化物的氧化速率比辉钼矿慢。将辉钼矿加入次氯酸钠中进行氧化浸出，次氯酸钠本身具有强氧化性，同时也会缓慢分解产生氧，进一步氧化 MoS_2 及其他杂质金属。生成的杂质金属的离子和氢氧化物又会与钼酸根生成钼酸盐沉淀，形成钼的浸出渣。其他金属硫化物的氧化浸出，可以通过进出条件控制（见式（8-27））。

$$MoS_2 + 9ClO^- + 6OH^- \rightleftharpoons MoO_4^{2-} + 9Cl^- + 2SO_4^{2-} + 3H_2O \qquad (8\text{-}27)$$

次氯酸钠浸出法反应条件温和、生产过程容易控制、对设备要求及投资成本低，并且该方法对于低品位的钼矿、尾矿的浸出效果较好。但该工艺的次氯酸钠原料消耗量大，致使成本增加。虽然其改进工艺可以适当降低药剂成本，但是次氯酸钠的供给限制及产生的氯污染问题仍需要考虑。

D　电氧化浸出法

电氧化法处理辉钼矿是由 NaClO 浸出法改进而来，即在电解槽中发生 NaClO 的生成和 MoS_2 的氧化。将浆化的辉钼矿物料加入装有 NaCl 溶液的电解槽中，通入直流电后，电解槽两极发生反应，见式（8-28）和式（8-29）：

阳极反应：

$$2Cl^- \rightleftharpoons Cl_2 + 2e \qquad (8\text{-}28)$$

阴极反应：

$$2H_2O + 2e \rightleftharpoons 2OH^- + H_2 \qquad (8\text{-}29)$$

阳极产生的氯气与水反应生成 ClO^-，NaClO 氧化辉钼矿，使钼以钼酸根形态进入溶液中，后续的处理工艺和次氯酸钠浸出法相似。

电化学方法可提供极强的氧化、还原能力，并且较为容易控制电化学因素，如电极电位、电流密度、电催化选择性及活性等，较为方便地控制、调节反应的方向、限度、速率。电氧化法继承了次氯酸钠法操作简单、反应温和无污染、金属浸出率较高的特点[2]。曹占芳等人[14]研究发现，采用超声波强化浸出过程，可以加速辉钼矿的氧化分解过程，辉钼矿浸出率可以达到99.6%。

8.1.2　钼化物的提取

对于辉钼矿，无论是用氧化焙烧、加碱焙烧、苏打焙烧和加二氧化锰焙烧产出的焙砂，还是用湿法加酸或加碱氧化出来的滤渣（钼酸滤饼），它们除主要含三氧化钼外，还含有钙、铁、铜、铅、锌等的钼酸盐及钙、铜的硫酸盐，以及三氧化二铁、二氧化硅、二氧化钼和没氧化的辉钼矿等杂质。在制取金属钼原料或作为原料制取钼化合物过程中，都必须经过除杂，提升纯度。钼化合物的提纯方法有湿法冶金法、火法升华（蒸发）法。湿法提纯又分为经典氨浸出、萃取、离子交换等三种方法[15]。

8.1.2.1　氨浸出法

钼的氨浸出是指将钼焙砂或滤渣置于氨水中，其中，三氧化钼溶解生成钼酸铵溶液使浸出渣分离，从而达到提纯钼的目的。

氨浸出的主要反应见式（8-30），焙砂或滤渣在氨浸过程中，MoO_3 生成 $(NH_4)_2MoO_4$ 进入溶液：

$$MoO_3 + 2NH_4OH === (NH_4)_2MoO_4 + H_2O \tag{8-30}$$

其中，铜、锌、镍的钼酸盐和硫酸盐也分别被浸出，见式（8-31）和式（8-32）：

$$MeMoO_4 + 4NH_4OH === [Me(NH_3)_4]MoO_4 + 4H_2O \tag{8-31}$$

$$MeSO_4 + 6NH_4OH === [Me(NH_3)_4](OH)_2 + (NH_4)_2SO_4 + 4H_2O \tag{8-32}$$

钼酸亚铁、钼酸铁与氨水反应时生成覆盖膜 $Fe(OH)_2$ 或 $Fe(OH)_3$，故反应缓慢。另一部分+2价铁氨络合物进入溶液，其主要反应见式（8-33）和式（8-34）：

$$FeMoO_4 + 2NH_4OH === (NH_4)_2MoO_4 + Fe(OH)_2 \tag{8-33}$$

$$Fe(OH)_2 + 4NH_4OH === [Fe(NH_3)_4](OH)_2 + 4H_2O \tag{8-34}$$

$CaSO_4$ 与浸出液中的 MoO_4^{2-} 生成 $CaMoO_4$ 沉淀，见式（8-35）：

$$CaSO_4 + MoO_4^{2-} === CaMoO_4(s) + SO_4^{2-} \tag{8-35}$$

$CaMoO_4$ 不与 NH_4OH 反应，但 CO_3^{2-} 存在时，发生如式（8-36）的反应：

$$CaMoO_4 + (NH_4)_2CO_3 === CaCO_3 + (NH_4)_2MoO_4 \tag{8-36}$$

由于 CO_3^{2-} 的存在有利于 $Fe(OH)_2$ 变成 $FeCO_3$，钼酸铁溶于氨水时，大部分铁以氢氧化亚铁形态存在。这种氢氧化亚铁呈胶态很难沉降，以薄膜的形式包裹着焙砂颗粒阻碍三氧化钼的溶解。若焙砂中的+2价铁含量高，则浸出渣中的可溶钼含量提高，只有极少量的氢氧化亚铁可生成铁的络合物溶于溶液[15]。焙砂中的 MoS_2、MoO_2 不溶于氨水，进入残渣。

工业上氨浸过程氨浓度为 8% ~ 10%，在室温 40 ~ 50℃ 下进行。固液比为 1 : 3 ~ 1 : 4，通常还会加入理论量的 120% ~ 140% 的 NH_3，钼浸出率为 80% ~ 95%，渣含钼为 5% ~ 25%，有一定钼的损失。

提高钼的浸出率方法主要有两种。首先，在浸出过程中加入 $(NH_4)_2CO_3$，一方面减少生成 $CaMoO_4$、$FeMoO_4$ 沉淀，另一方面减少胶态 $Fe(OH)_2$ 对矿粒的包裹作用，使焙砂中大量三氧化钼溶于浸出液中。其次焙砂先用酸或 $HCl+NH_4Cl$ 处理，其中的盐酸可以将某些金属杂质溶解，使 $CaMoO_4$、$FeMoO_4$ 等难以浸出的钼酸盐预先转化成 MoO_3 或多钼酸铵。邱冠周等人[16]提出钼氨浸渣的优化条件为：Na_2CO_3 浓度 70g/L、浸出温度 190℃、浸出时间 1.5h、液固比 7：1。最终钼氨浸渣中钼浸出率达到 91.4%，渣含钼量降至 1.91%。

8.1.2.2 钼的萃取

辉钼矿石灰焙烧和湿法氧化产生的溶液中还有金属铼和钼元素，因此需使用萃取实现提纯，得到铼酸铵和仲钼酸氨。溶剂萃取是一种利用物质在互不混溶的两相中的溶解度或分配系数不同来分离混合物进行分离的方法。通常萃取所用水和与水不混溶的有机溶剂，利用萃取的原理使得一种或多种组分进入有机相，而另外一些组分仍留在水相中，从而实现富集和分离。根据萃取剂种类的不同，可分为碱性萃取剂萃取法、中性萃取剂萃取法和酸性萃取剂萃取法。

A 碱性萃取剂萃取钼

碱性萃取剂又称胺类萃取剂，根据结构的不同主要包括伯胺、仲胺、叔胺及季铵盐四大类[17]。工业上应用最广泛的萃取剂是叔胺类萃取剂，其中 N235 是萃取钼的典型代表。在酸性条件下，N235 与氢离子结合形成胺阳离子并与溶液中的各种金属阴离子结合达到萃取的目的[18]。其萃取钼的机理通常是酸化后的 N235 与溶液中含钼的阴离子如 MoO_4^{2-}、$Mo_8O_{26}^{4-}$ 等各种多钼酸根阴离子结合，反应见式（8-37）：

$$2R_3NH^+ + MoO_4^{2-} \Longrightarrow (R_3NH)_2MoO_4 \tag{8-37}$$

工业上用叔胺盐从加压氧分解辉钼矿的母液中分离钼铼母液，钼、铼溶剂萃取工艺流程如图 8-8 所示，其中母液中的钼和铼主要以 $Mo_8O_{26}^{4-}$、$MoO_2(SO_4)_2^{4-}$、ReO_4^{2-} 等形态存在。萃取流程为：先用低浓度叔胺（N235）萃铼，然后用高浓度叔胺萃钼。如压煮母液中含有 0.1~0.2g/L 的 Re，8~11g/L 的 Mo 和 1.8~2.5mol/L H_2SO_4。首先萃取铼，在相比（O/A）= 1：5，所用有机相为 2.5% N235-10%仲辛醇-煤油，之后用氨水反萃铼，加入 KCl 制成高铼酸钾产品。萃铼后的水相中含有钼，在相比（O/A）= 1：5 的条件下，使用 20% N235-10%仲辛醇-煤油萃钼，用氨水反萃钼得到钼酸铵溶液[15]。最后进行净化，得到高纯的钼酸铵溶液。

肖连生等人[19-20]采用 N235 从镍钼矿盐酸浸出液中萃取钼，分析了温度、萃取有机相的组成、相比（O/A）、混合振荡时间等条件对钼萃取的影响。研究发现，温度在 35℃时，有机相组成为 20%N235-10%仲辛醇-70%磺化煤油、相比（O/A）= 1：3、混合时间 20min，钼的 1 级萃取率为 85%左右。此时钼进入有机相，镍基本留于水相中，经过 5 级逆流萃取，最后钼萃取率可达 98%以上，镍的损失率小于 1%。大量研究结果均显示出 N235 对钼具有良好的萃取性能，但是不能完全除磷、砷、硅、铁等杂质，必须经过后续深度除杂，才可制取更纯的钼酸铵产品。另外，在强酸条件下，N235 的水溶性较大，且不稳定[21]。

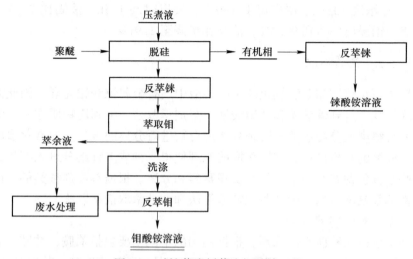

图 8-8 碱性萃取剂萃取钼酸钠工艺

B 中性萃取剂萃取钼

钼在酸性溶液中通常以 MoO_4^{2-}、MoO_2^{2+} 形式存在，其中 MoO_2^{2+} 在酸性溶液中可以与 Cl^-、SO_4^{2-} 发生配位反应，生成逐级络阴离子甚至中性化合物。中性萃取剂中磷氧 $P=O$ 的给体能力强于碳氧中性萃取剂的 $C=O$，因此可以用磷酸三丁酯（TBP）、三辛基氧化磷（TOPO）等中性萃取剂萃取钼[21]。

在硫酸体系中，TBP 和 TOPO 对钼的萃取曲线随酸度和浓度变化的规律相似[22-23]。钼萃取所需的分配比随着酸度的增加先增高后减少，硫酸浓度为 0.02mol/L 时达到峰值，在硫酸浓度为 0.2mol/L 时降至最低，之后分配比随酸度升高再次升高。TOPO 萃取钼与 TBP 萃取的规律有些许不同：TOPO 萃取钼在硫酸浓度为 3.5mol/L 时分配比达到峰值，而 TBP 后分配比则在硫酸浓度高于 0.4mol/L 基本保持不变[24]。

TOPO 的平衡表达式见式 (8-38) 和式 (8-39)：

低酸度：

$$H_2MoO_4 + TOPO \Longrightarrow H_2MoO_4 \cdot TOPO \tag{8-38}$$

高酸度：

$$MoO_2SO_4 + 2TOPO \Longrightarrow MoO_2SO_4 \cdot 2TOPO \tag{8-39}$$

TBP 的平衡表达式见式 (8-40) 和式 (8-41)：

当硫酸浓度小于 0.3mol/L 时：

$$3TBP + [Mo_2O_5(SO_4)_2]^{2-} + 2H^+ \Longrightarrow 3TBP \cdot H_2Mo_2O_5(SO_4)_2 \tag{8-40}$$

当硫酸浓度大于 0.3mol/L 时：

$$3TBP + MoO_2^{2+} + SO_4^{2-} \Longrightarrow 3TBP \cdot MoO_2SO_4 \tag{8-41}$$

在处理低品位辉钼矿酸性氯化浸出液时，肖连生等人[25]使用 TRPO（三烷基氧化磷）从酸性氯化浸出液中萃取钼。研究发现，使用 30%TRPO 煤油溶液、相比 O/A=1:3、30℃下通过 2 级逆流萃取，钼的萃取率达到 99.5%。中性磷类萃取剂在盐酸体系的萃取能力效果较好，而在硫酸体系中萃取钼能力较弱。在酸性体系中，TBP 多作为添加剂用于钼萃取[24]。

C 酸性萃取剂萃取钼

当溶液酸度较大时，钼主要以 MoO_2^{2+} 存在，因此可选用酸性萃取剂萃取钼。可选萃取剂主要包括膦酸、硫代膦酸、羧酸及羟肟酸等[24]。磷酸萃取反应见式 (8-42)：

$$MoO_2^{2+} + (HR_2PO_4)_2 \longrightarrow MoO_2(R_2PO_4) \cdot 2HRPO_4 + H^+ \qquad (8\text{-}42)$$

一般在 pH 值为 2 实施萃取。pH 值过高时钼主要以 $Mo_7O_{24}^{6-}$ 等阴离子的形式存在，钼萃取率低；pH 值过低钼的分配比也会降低，不利于萃取反应的进行[15]。要注意的是，萃钼之前需实施除铁，否则 Fe^{3+} 会与 MoO_2^{2+} 同时萃取影响钼的产率。

李建等人[24]分别用乙酸丁酯、二甲苯和煤油稀释酸性磷类萃取剂 P_2O_4(二(2-乙基己基) 磷酸)，系统研究了 P_2O_4 从硫酸体系中萃取钼的性能。研究表明，3 种稀释剂与 P_2O_4 组成的有机相均有良好的萃钼性能。萃钼的最佳条件为：pH=2、10%P_2O_4+煤油溶液、相比 O/A = 1:1、萃取时间 10min。使用 3mol/L $NH_3 \cdot H_2O$+1mol/L NH_4Cl 缓冲溶液反萃，一次可反萃完全得到钼酸铵。总之，在采用酸类萃取剂进行钼萃取时，应避免与钼金属性质相似的金属离子的影响，并且保证钼的存在形态为氧化态。酸性膦类萃取剂对以杂多酸形式存在的钼的萃取能力较低，当采用酸性膦作萃取剂时应尽可能避免水相料液中有钼杂多酸的形成。

目前，萃取法已经广泛应用于钼的提取，其优点也比较明显，萃取所用的酸价廉易得、对设备材质防腐要求低、工艺流程简单。但是，萃取过程中需要设计过程避免杂质与钼形成杂多酸，提高反萃效果。

8.1.2.3 钼溶液离子交换制备钼酸铵

利用离子交换剂与溶液中的离子发生交换反应广泛应用于溶液的分离、富集和提纯。离子交换工艺操作简便、设备要求低、环境友好、对人体危害小，并且离子交换的树脂具有再生能力，可以反复使用，但树脂循环再生次数和吸附容量有限，溶液量大、时间较长[27-28]。利用离子交换法也可以分离、富集和提纯含钼溶液。近年来，离子交换工艺已在我国钼湿法冶金行业中得到推广应用[15]。

采用离子交换技术处理氢氧化钠高温浸出焙砂形成的粗钼酸钠溶液，产出精钼酸铵溶液。浸出时用强碱分解，浸出得到的粗钼酸钠溶液不含有氨氮。将粗钼酸钠溶液稀释，再通过强碱性阴离子交换树脂的吸附、洗涤、解吸、再生。由于溶液中的 MoO_4^{2-} 可以被交换树脂上的官能团选择性吸附，以离子缔合物形式吸附在离子交换树脂表面，而其他离子无法被吸附，进而有效地除去杂质离子 P、As、Si 等，选用解吸剂（NH_4Cl+NH_4OH 混合液）解吸，实现钼的转型，得到纯净的精钼酸铵溶液[29]。离子交换主要过程见式（8-43）和式（8-44）：

吸附：$\quad Na_2MoO_4 + 2(R_4N)Cl \Longrightarrow (R_4N)_2MoO_4 + 2NaCl \qquad (8-43)$

解吸：$\quad (R_4N)_2MoO_4 + 2NH_4Cl \Longrightarrow 2(R_4N)Cl + (NH_4)_2MoO_4 \qquad (8-44)$

离子交换法生产四钼酸铵的工艺流程如图 8-9 所示，将离子交换得到的纯净钼酸铵溶液经过真空蒸发脱氨、浓缩、结晶，析出钼酸铵，产品经过洗涤、干燥过筛获得钼酸铵产品[29]。

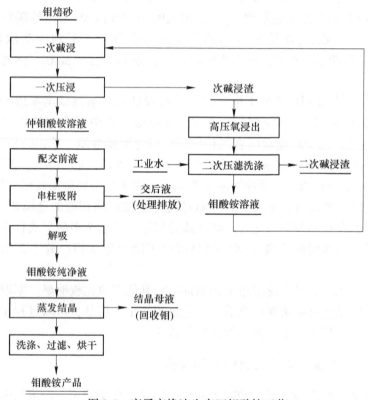

图 8-9 离子交换法生产四钼酸铵工艺

陈昆昆等人[30]研究发现，从含钼酸浸液中吸附钼的适宜条件为：选用 D296 强碱性阴离子交换树脂（饱和吸附容量为 50mg/g），温度 25℃、流速 45mL/h 及料液 pH 值为 2。在此条件下，当吸附后液中钼浓度为 0.01g/L 时，钼吸附率达到 98.45%。从 D296 负载树脂上解吸钼的适宜条件为：流速 10mL/h，选择 5% $NH_3 \cdot H_2O + 30g/L$ NH_4Cl 溶液作为解吸液，解吸液用量为 80mL。在此条件下，当解吸后液中钼浓度为 3.282g/L 时，钼解吸率达到 99.52%。将含钼解吸液蒸发浓缩使钼浓度达到 60g/L 以上时，冷却至常温结晶 12h 以上，得到白色的钼酸铵晶体，其纯度达到 97.95%。

8.1.2.4 钼升华法制备三氧化钼

空气氧化法得到的焙砂和湿法制备的 MoO_3 含有大量的杂质。由于 MoO_3 的熔点和沸点均比大多数杂质低，可以利用升华法来提纯氧化钼。将焙砂加热至高于 MoO_3 熔点，Mo 元素则迅速以 $(MoO_3)_3$ 形态挥发。在 950~1100℃ 条件下，焙砂中含 Ca、Mg、Fe 的钼酸盐及 SiO_2 均不挥发而不进入气相，$PbMoO_4$ 少量挥发，进而提纯得到 MoO_3[31]。升华法工艺路线的优点在于产品纯度高、不消耗任何化学试剂、没有酸碱对环境的污染、工艺流程短。缺点是升华产出的 MoO_3 密度低（仅 $0.2g/cm^3$）、气态 MoO_3 体积大、运输不方便，需要淋湿压块、烘干包装[32]。

无论是用湿法生产还是用升华法都能制备三氧化钼，并且能得到较纯的三氧化钼，处理后的成分见表 8-4。综合来看升华法得到的产物纯度较高、效果好。

表 8-4 不同方法提取钼化物的产物物质含量

物质	MoO_3	重金属	氯化物	硫酸盐	磷	硝酸盐	氨
湿法/%	≥99.50	≤0.005	≤0.005	≤0.005	≤0.005	≤0.005	≤0.003
升华法/%	≥99.80	≤0.001	≤0.001	≤0.010	≤0.005	≤0.001	—

8.1.3 金属钼的制备

钼化物的提取产物为较纯的钼酸铵或三氧化钼。而钼粉的生产可用二氧化钼、三氧化钼、钼卤化物，甚至还可用仲钼酸铵或辉钼矿为原料。经氢或碳等还原方法制取，也可用热分解法或用辉钼矿混合石灰碳还原法制取金属钼粉。生产钼粉的方法是用还原剂还原三氧化钼，可用的还原剂有氢、碳、铝、镁等。生产钼粉的原料是 MoO_3 或钼酸铵。若用钼酸铵做原料，则要增加钼酸铵焙烧工序，工序排列是钼酸铵焙烧→三氧化钼→氢还原→二氧化钼→氢还原→钼粉。也有用两步还原制粉工艺，即钼酸铵→焙烧→二氧化钼→钼粉[32]。

工业钼酸铵的种类、成分和钼酸铵分解反应方程式见表 8-5。焙烧后得到较纯的三氧化钼即可进行还原。

表 8-5 钼酸铵的种类、成分和分解方程式

名　称	质量分数/%		分解反应方程式	工业应用
	MoO_3	Mo		
4MSA 正钼酸铵	91.72	62.13	$(NH_4)_2O \cdot 4MoO_3 = 4MoO_3 + 2NH_3(g) + H_2O(g)$	常见
仲钼酸铵	81.55	54.35	$3(NH_4)_2O \cdot 7MoO_3 \cdot 4H_2O = 7MoO_3 + 6NH_3(g) + 7H_2O(g)$	常见
二水四钼酸铵	86.74	57.81	$(NH_4)_2O \cdot 4MoO_3 \cdot 2H_2O = 4MoO_3 + 2NH_3(g) + 3H_2O$	较多

8.1.3.1　氢还原法

焙烧得到的三氧化钼可经过两步氢还原得到钼粉，也可以直接还原成钼粉。三氧化钼用氢直接还原成钼粉的反应机理见式（8-45）：

$$MoO_3 + 3H_2 === Mo + 3H_2O \qquad (8-45)$$

三氧化钼经过两步氢还原成钼粉的反应机理见式（8-46）和式（8-47）：

$$MoO_3 + H_2 === MoO_2 + H_2O \qquad (8-46)$$

$$MoO_2 + 2H_2 === Mo + 2H_2O \qquad (8-47)$$

在25℃时，还原过程第一阶段是放热反应，$\Delta H = -84.8J/mol$；还原过程第二阶段为吸热反应，$\Delta H = +105.3J/mol$。

工业上采用三种不同的氢还原工艺制备钼粉，即用三氧化钼直接进行氢还原、二氧化钼进行氢还原及三氧化钼经三次还原。这三种工艺的钼粉质量比较见表8-6。经对比，三氧化钼三次还原得到的钼粉粒度最小、含氧量最低。

表8-6　三种还原方法生产金属粉末比较

还原方法	温度范围/℃	松装密度/g·cm⁻³	平均粒度/μm	含氧量/%	单台生产能力/kg·d⁻¹
一阶段	400~920	0.9~1.2	3~6	0.1~0.3	100
二阶段	350~920	0.8~1.1	3~4	0.06~0.2	80
三阶段	500~1050	—	2.5~4	0.01~0.1	65

近些年来，科研人员对 MoO_3 还原为 MoO_2 及 MoO_2 还原为 Mo 粉进行了更系统的研究。Sloczynski 等人[33]通过大量实验，验证自催化反应模型的科学性，即 Mo_4O_{11} 是反应 MoO_3 被还原为 MoO_2 的一个中间产物。Ressler 等人[34]研究发现，当反应温度低于425℃时，MoO_3 一步还原成 MoO_2；当温度高于425℃时，可以观察到 Mo_4O_{11} 的生成。关于反应速度的影响因素，Dang 等人[35]发现，$MoO_3 \rightarrow Mo_4O_{11}$ 的速率控制步骤是界面化学反应，而 $Mo_4O_{11} \rightarrow MoO_2$ 的速率控制步骤是随温度而变化的。对于 MoO_2 还原为 Mo，Dang 等人[36]指出氢气还原 MoO_2 过程受化学反应控制。反应机理的进一步探明，将对工业生产具有指导意义。

氢气还原氧化钼工艺较为简单，不容易引入其他杂质。但氢气在制取、运输、储备及使用过程中存在安全隐患[37]，且还原工艺过程难以控制，最后得到的钼粉粒度较粗。如果将这种品质的钼粉作为原料制备烧结制品，烧结坯紧密性不足、延伸性较差，不能用于制备钼丝等产品[38]。

8.1.3.2　碳热还原法

在1100~1300℃时，碳还原三氧化钼的综合反应见式（8-48）：

$$MoO_3 + 3C === Mo + 3CO \qquad (8-48)$$

还原过程起主要作用的是 CO, 还原过程分三步进行, 其反应见式 (8-49) ~ 式 (8-52):

$$MoO_3 + 2CO = MoO + 2CO_2 \qquad (8-49)$$

$$Mo_3O_7 + CO = 3MoO_2 + CO_2 \qquad (8-50)$$

$$MoO_2 + 2CO = Mo + 2CO_2 \qquad (8-51)$$

碳与二氧化碳相互作用时, 又重新生成一氧化碳:

$$C + CO_2 = 2CO \qquad (8-52)$$

碳还原可采用 CO 气体, 也可用木炭、炭黑或含碳物质作为还原剂。碳还原是在碳管电炉内或坩埚内进行。碳还原会不可避免地引起一定量碳残留, 使金属钼含 1%~3% 的碳, 后续可以加工生产为碳化钼, 供加入钢中及生产含碳所允许的各种合金之用[15]。

林宇霖等人[39]在高纯 MoO_3 中直接加入碳粉, 在 7MPa 下混合混匀, 分别在 650℃ 和 1100℃ 的条件下碳还原氧化钼获得纯度高于 99% 的金属钼。在碳还原氧化钼过程通入氩气, 既可以作为保护气又可带走 CO_2、CO 和 $MoO_3(g)$, 使反应向有利于 Mo 生成的方向进行, 减少或防止其他副反应发生。

就生产钼粉而言, 虽然碳热还原工艺可以制备钼粉, 但由于碳热还原过程既会产生 CO_2 又有 CO, 且两者比例受温度、气流、料层厚度等因素的影响而无法精准配碳, 存在难以精准控制碳含量的问题[40]。

随着技术的发展, 周国治团队[41-43]提出了 "缺碳预还原+氢气深脱氧" 工艺制备超细钼粉。即先进行缺碳还原 MoO_3 制备含少量 MoO_2 的钼粉; 之后在氢气氛下对剩余的 MoO_2 进行还原。该工艺以炭黑作为碳源, 可制备出 0.02% 的纳米钼粉。研究发现, 温度对碳热还原钼粉的粒度和纯度具有重要影响。温度越低, 钼粉粒度越细, 但是残余碳含量越高。周国治等人[44]继续利用 "缺碳预还原+氢气深脱氧" 工艺证实碳热还原温度对产物粒径有显著影响。当 C/MoO_3 的摩尔比为 2.1 时, 随着还原温度从 950℃ 增加到 1150℃, 氢还原产物的平均粒径从 100nm 增加到 190nm, 且残碳量由 0.030% 降低到 0.009%。

8.1.3.3 流化床还原法

Tuominen 等人[45]通过两阶段流化床还原法直接把颗粒状或粉末状的 MoO_3 还原成金属钼粉。还原反应见式 (8-53) 和式 (8-54):

第一阶段: 还原气体为氨气, 在 400~650℃ 下将 MoO_3 还原为 MoO_2:

$$3MoO_3 + 2NH_3 = 3MoO_2 + 3H_2O + N_2(g) \qquad (8-53)$$

第二阶段: 还原气体为氢气, 在 700~1400℃ 下将 MoO_2 还原成金属 Mo:

$$MoO_2 + 2H_2 = Mo + 2H_2O \qquad (8-54)$$

原料 MoO_3 中杂质铅和锌的质量分数分别为 0.02% 和 0.04%, 经流化床还原可分别除去90%和97%。由于在流化床内气–固之间能进行最充分的接触，床内温度均匀，因而反应速度快、产品性能均匀、氢耗少、生产成本低。通过对工艺工程的控制，可有效地实现对钼粉粒度和形状的控制[46]。所以，该法生产出的钼粉颗粒很细小而且呈多面体、粉末流动性好。与氢气还原法相比，该工艺所得到的金属粉末的烧结密度高。

8.1.3.4　金属热还原法

原料 MoO_3、MoO_2 易被铝、镁、钙等活性金属还原成金属钼，且放出大量的热量，反应见式（8-55）~式（8-60）：

$$MoO_3 + 3Ca = Mo + 3CaO \tag{8-55}$$
$$MoO_2 + 2Ca = Mo + 2CaO \tag{8-56}$$
$$MoO_3 + 3Mg = Mo + 3MgO \tag{8-57}$$
$$MoO_2 + 2Mg = Mo + 2MgO \tag{8-58}$$
$$MoO_3 + 2Al = Mo + Al_2O_3 \tag{8-59}$$
$$3MoO_2 + 4Al = 3Mo + 2Al_2O_3 \tag{8-60}$$

例如，铝热还原 MoO_3 首先将铝屑与 MoO_3（或 MoO_2）及熔剂 CaO 组成的混合料装入反应器内。为使反应开始进行，放入引火料 $KClO_3$ 和 Al。通电使引火料燃烧发热，促使其附近的炉料反应并进一步放热以至反应迅速扩展到整个炉料。同时生成物熔化，生成的 Al_2O_3 与之前配入的熔剂 CaO 造渣与液态钼分层，冷却后得到钼锭，其中，杂质 Al 含量为3%~5%。钼锭再经电子束熔铸精炼后，使铝的含量大幅下降。还原过程中以 MoO_3 作原料时，回收率达91.2%~93.6%；以 MoO_2 或 $CaMoO_4$ 作原料时，回收率达98%~98.5%[47]。

8.1.3.5　熔盐电解法

钼电化学冶金中，熔盐电解质起着重要作用，用不同载钼物质做活性物质离子，可形成多种不同的钼熔盐体系。包括钼氯化物、钼氟化物和一些钼的氧化物。工业上用 $NaCl-NaF-Na_2B_4O-MoO_3$ 作为电解质，可以从 MoO_3 中电解沉积出纯度为99.5%的钼[32]。电解法不仅可以处理三氧化钼，也可以处理二硫化钼。宋建勋等人[48-49]采用原位电脱硫工艺获得了金属钼及单质硫。相关研究选定 NaCl-KCl 作为电解质对二硫化钼进行电解。结果显示，二硫化钼在熔盐中的电化学还原路径为：$MoS_2 \rightarrow L_2Mo_3S_4 \rightarrow Mo$（L 为碱金属元素），对应电位为−0.37V 和−0.61V（vs. Pt）；对于+6价钼离子，在 NaCl-KCl 熔盐中的还原步骤主要分为三步：$Mo^{6+} \rightarrow Mo^{4+} \rightarrow Mo^{2+} \rightarrow Mo$，分别对应电位为0.15V、−0.40V 和−0.54V（vs. Pt）。二硫化钼在不同电解条件下的恒电位电解研究发现，二硫化钼的电脱硫过程分为三个阶段，在−2.4V 及更高的电位条件下可以成功地制备金属钼，并使脱除的硫在阳极发生氧化以硫单质的形式在阳极富集。经长时间电解，钼金属纯度可达99.95%以上，且可以得到较高利用价值的单质硫。

8.1.3.6 其他化合物制备钼粉

从钼精矿到钼粉的制备工艺已很成熟，但工艺流程较长、需要的设备较多，而且在生产中会产生大量的废水、废气、废渣等，对环境和人体健康都有不利的影响。因此，需要探索新型钼冶金工艺。

A 石灰-碳还原法

Afsahi等人[50]把MoS_2粉末与氢的反应置于有CaO的条件下，所得产物中既有钼酸盐又有金属钼粉。同时提出了"过滤—还原"处理辉钼矿的方法，其工艺流程图8-10所示。

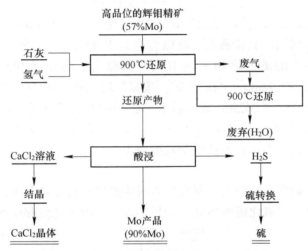

图 8-10 用石灰和氢气还原法制取钼粉工艺

该工艺首先将低品位的辉钼矿的品位提高。焙烧之前以CaO作固硫剂，使辉钼矿被氢还原。随着温度进一步升高，氢气使用效率增加，再将产物直接焙烧，得到金属Mo的纯度较高，是一种具有应用前景的提取Mo的方法[9]。与此同时，为进一步提升还原效果，科研人员提出用石灰、碳和辉钼矿混合高温直接生产钼粉的方法。其可进一步提升对辉钼矿的还原效率，其反应机理如下[15]：

采用H_2直接还原，主要反应见式（8-61）：

$$MoS_2(s) + 2CaO(s) + 2H_2 === Mo(s) + 2CaS(s) + 2H_2O(g) \quad (8-61)$$

MoS_2-C-CaO混合物通过以下反应形成中间产物氧化钼，见式（8-62）：

$$MoS_2 + 2CaO === MoO_2 + 2CaS \quad (8-62)$$

过量的CaO存在下，MoO_2变得不稳定，按式（8-63）反应：

$$3MoO_2 + 2CaO === 2CaMoO_4 + Mo \quad (8-63)$$

钼氧化物在碳环境下按式 (8-64)~式 (8-67) 反应，还原成 Mo 和 Mo_2C：

$$MoO_2 + C \Longrightarrow Mo + CO_2(g) \tag{8-64}$$

$$2CaMoO_4 + 4C \Longrightarrow 2CaO + 2Mo + 2CO(g) + 2CO_2(g) \tag{8-65}$$

$$2MoO_2 + 4C \Longrightarrow Mo_2C + 2CO(g) + CO_2(g) \tag{8-66}$$

$$2CaMoO_4 + 5C \Longrightarrow 2CaO + Mo_2C + 2CO(g) + 2CO_2(g) \tag{8-67}$$

MoS_2-C-CaO 混合物在反应过程中，用 CaO 直接氧化而发生了石灰的硫化，并作为中间产物产生了 MoO_2 及其 $CaMoO_4$，而后又被碳还原成金属钼粉或碳化钼粉，其过程可简化为式 (8-68)~式 (8-71)：

$$MoS_2 + 2CaO \Longrightarrow MoO_2 + 2CaS \tag{8-68}$$

$$3MoO_2 + 2CaO \Longrightarrow 2CaMoO_4 + Mo \tag{8-69}$$

$$2CaMoO_4 + 8CO(g) \Longrightarrow Mo_2C + 2CaO + 7CO_2(g) \tag{8-70}$$

$$C + CO_2(g) \Longrightarrow 2CO(g) \tag{8-71}$$

石灰石作为硫的接受体，把辉钼矿和空气生成 SO_2 和 CaS，解决了 MoS_2 分解后排出的 SO_2 问题。其步骤是：将碳含量大于 99.2% 以上的活性炭经过筛后，纯度为 99.5% 以上的碳酸钙粉末在 1000℃ 的温度下热分解 10h 制得的 CaO 与 MoS_2 含量为大于 97.1% 以上的辉钼矿。按摩尔比 MoS_2：CaO：C = 1：2：2 制成 1.2~1.8g 的圆柱状小粒或混合成的粉末，在 1200℃ 温度下经 20min 可使 MoS_2 完全转化成金属钼或 Mo_2C。钼粉或 MoS_2 与 CaO 和杂质的分离可采用物理法的筛分法或重力法，也可采用化学法的稀盐酸浸出法，得到金属钼。

B　热分解法

随着绿色冶金概念的提出，研究学者对钼矿进行直接热分解，硫组分以单质的形式脱出，避免二氧化硫的生成。钼精矿真空分解工艺流程如图 8-11 所示。

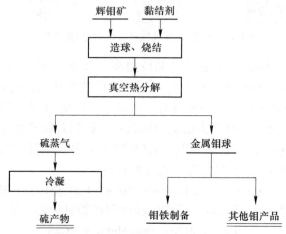

图 8-11　真空热分解硫化钼工艺流程

首先把辉钼矿和黏结剂混匀后造粒；接着在室温下将其送入炉膛，对炉膛抽真空并升温热解；MoS_2 发生分解反应，分解完毕后通入 H_2，在还原气体的氛围中得到金属钼球和单质硫蒸气，反应见式（8-72）和式（8-73）：

$$4MoS_2 \rule[0.5ex]{2em}{0.4pt} 2Mo_2S_3 + S_2(g) \tag{8-72}$$

$$2Mo_2S_3 \rule[0.5ex]{2em}{0.4pt} 4Mo + 3S_2(g) \tag{8-73}$$

真空热分解工艺得到的金属 Mo 比较纯，Mo 含量大于 99.6%，Fe、Cu 和 SiO_2 的含量分别小于 0.2%、0.03% 和 0.07%[2]。热力学分析可知，为使硫化钼在大气压下自发进行热力学反应，分解温度必须高于 1830℃，因此需引入高压降低分解温度。该工艺对实验设备的要求比较高，必须具有较高的耐压性能和耐高温性能，同时高温烧结也会使能耗增加。

钼化合物组成不同，热分解法制取钼粉工艺也不相同。钼的化合物若为氢氧化钼，可采用一定量的尿素在玻璃瓶内熔化后添加适量的盐、氧化物、氢氧化钼进行搅拌使其熔解。接着将烧瓶封闭加热至生成缩二脲化合物，得到的钼化合物置于真空条件下进行热分解，热分解温度为 540℃、分解时间为 40~60min 后冷却到室温取出金属钼粉末[15]。

钼的化合物若为羰基钼，则采用温度为 350~1000℃、常压氮气氛围，进行蒸汽热分解处理。羰基化合物分解后，在气相中形核、结晶及晶核长大，得到金属钼粉，其中 60%~70% 钼粉表面不光滑且呈凸形，平均粒度为 2~4μm[51-52]。

利用 $Na_2MoO_4 \cdot H_2O$ 热分解工艺制备钼粉的原料时，在热分解之前必须用水清洗以去除钠，之后施以高温使其分解制取钼粉。产物平均粒度小于 0.05mm、松装密度为 1.85g/cm³、钼含量为 99.75%、氧含量为 0.2%、其他杂质含量为 0.05%。

热分解制备钼粉工艺简单，不需要昂贵的药剂，但对设备要求较高。

C 卤化钼蒸发氢还原法

卤化钼蒸发氢还原法利用 MoX_4-H_2（X 为卤族元素）的气相反应制备出颗粒极细的钼粉[51]。由于卤化物（如氯化钼和碘化钼等）比它所含的杂质更容易升华，在氢气中加热能容易地还原成金属，其反应方程式见式（8-74）和式（8-75）：

$$MoCl_4 + 2H_2 \rule[0.5ex]{2em}{0.4pt} Mo + 4HCl(g) \tag{8-74}$$

$$MoI_4 + 2H_2 \rule[0.5ex]{2em}{0.4pt} Mo + 4HI(g) \tag{8-75}$$

在还原过程中，析出的氯化氢和碘化氢是一种易与各种杂质元素发生氢化反应和碘化反应的活泼物质。所生成的卤化物又能够通过氢和碘升华达到除掉杂质的目的。因此，在氢还原过程中，能够除去一系列在卤化钼提纯过程中未被除去的各种杂质元素的卤化物。用卤化物制取钼粉的优点是能进行有效的优先提纯，以制得纯度高的钼粉。

8.2 金属钼的提纯

钼的纯度一般在 99%~99.9% 之间，纯度在 99.9% 以上的称为高纯金属钼。

高纯钼要求超低间隙杂质、碳、氧含量，因此需要对钼进行精炼得到高纯钼。图 8-12 为制取高纯钼的主要方法，包括电弧熔炼法、电子束熔炼法、区域熔炼法、电解精炼法和电迁移法等方法。

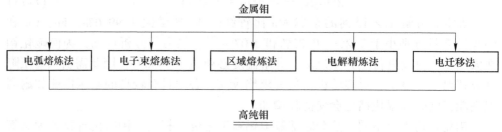

图 8-12　制取高纯钼的主要方法

8.2.1　电弧熔炼法

采用电弧熔炼法生产高纯钼，可使钼在熔化过程中最大限度地脱氧。熔炼时可用碳、锆、钛作脱氧剂，得到钼中氧含量低于 0.002%。后续工艺再采取有效的脱氧措施，可使高纯钼中的杂质降到极限值，如氧为 0.0001% ~ 0.0003%、氮为 0.001% ~ 0.0001%、氢为 0.00001% ~ 0.00002%[15]。高纯钼中的其他杂质、高蒸气压低熔点杂质，如 Pb、Sn、Cu 等，在钼条烧结过程中大部分已经蒸发，再经过自耗电极真空电弧熔炼，可以把这些杂质的含量降低到非常低的水平。而饱和蒸气压低的元素，如 Fe、Si 等，在熔炼过程中蒸发量有限，在真空自耗电极电弧熔炼以后，这类杂质被进一步净化[32]。

李国玲等人[53]通过大量研究发现，在高温氩气氛围中通入适量的氢气，由于氢原子反应活性强，能够对金属纯化起到促进作用，致使提纯效果更加显著。同时氢气的加入体现出较好的脱氧、脱碳及脱氮效果。

8.2.2　电子束熔炼法

在高纯钼电子束熔炼提纯过程中，温度应保持在 2900 ~ 3000℃、压力为 10^{-5}mmHg(0.00133Pa)，比钼蒸气压高的杂质（O、N、C、Fe、Cu、Ni、Co 等）都可以从液态金属中除去[15,54]。在 2800 ~ 3000℃时，仅有铼、钨、钽的蒸气压比钼低，不能被除去，但可通过后续其他工艺进一步去除。由于氧、氮、碳杂质含量降至固状金属钼中溶解度的极限值，在晶界上基本不存在析出的氧化物、氮化物、碳化物，降低了金属的力学性能。北京有色金属研究总院开发的废钼回收再利用技术，将回收得到粗钼粉经过化学、物理等方法（超声波清洗、压制烧结等工艺）进行表面净化。净化后的原材料进行电子束熔炼为高纯钼锭，得到产品钼密度为 10g/cm³、直径为 50 ~ 150mm、长度大于 1000mm，其钼纯度为 99.99%。

由于电子束熔炼可使液态钼适当地（有条件）过热，并在一定时间内保持液体状态，有利于气体的析出。因此，相较于电弧熔炼法，钼电子束熔炼从钼中除气体的能力更强。另一特点是能熔炼任意形状的钼，如钼条、钼粉、钼屑等。

8.2.3 区域熔炼法

区域熔炼法是将被提纯的细钼棒垂直固定在真空室内，用电子束或感应圈对中间某一小段加热，使其熔化并形成一个微小的熔化区，熔化区按同一方向重复移动几次以达到提纯的目的。

区域熔炼的基本原理为杂质在金属中的溶解度随温度变化，并且杂质在液体和固体中的溶解度区别很大，液态中的溶解度远大于在固态中的溶解度，当加热产生液态的微小熔化区时，钼棒中的杂质向液态金属迁移。利用这个原理，移动电子枪或感应圈沿着被提纯钼棒长度方向缓慢移动，杂质因其在钼棒固液状态中的溶解度不同，而向液态的微小熔化区迁移。熔化区移动，钼棒中杂质也跟着移动，当熔化区达到细钼棒的端头时，让熔化区凝固，杂质就固定在端头处。熔化区按同一方向重复移动几次，最终杂质都被移动集中到一端，钼棒取得高度提纯净化效果。在微小熔化区向前移动时，熔化区的前沿固态金属缓慢熔化，而熔化区后沿的金属同步缓慢凝固，没有坩埚和铸模，液态金属避免了和外界的一切接触污染[32]。钼棒重复几次区域熔炼以后，杂质含量（质量分数）大大下降，Ca< 0.0001%、Na < 0.001%、C < 0.0015%、K < 0.001%、Fe < 0.001%、Si < 0.0001%、O<0.0001%。区域熔炼技术相比其他提纯方法效果见表8-7，相比较于真空电弧提纯，区域熔炼提纯钼的效果更好。

表 8-7　几种材料的提纯方法提纯后的杂质含量

材料及制造方法	杂质含量（质量分数）/%		
	O	H	N
烧结钼条	0.02	—	0.04
两次真空电弧重熔钼锭	0.003	0.003	0.001
区域熔炼钼	0.0008	0.0004	0.0006

8.2.4 电解精炼法

电解精炼工艺以粗金属为可溶性阳极，以高纯金属板为阴极实施电解。高纯钼熔盐电解技术，以低纯度钼作为阳极，高纯钼棒或者薄钼板作为阴极。在氩气氛下，合理地控制阴极和阳极的电流密度，可获得不同形态和品质的高纯钼。电解过程中比钼还原电位正的杂质发生电化学溶解，比钼还原电位负的杂质成为阳极泥。而阳极中的气体杂质氧和氮以氧化物和氮化物的形态存在于金属之中，在电解过程中不溶解，不参与电解过程，并留存在阳极泥里。电解精炼消除金属中气态杂质（O、N等）是很有效的。至于阳极发生氧化和阴极发生还原过程的分离程度，取决于正在运行的电极电位和电极附近或电极体内各种物质的相对浓度。经过多次电解后，杂质含量将大大降低，$C \leqslant 1 \times 10^{-4}\%$、$O \leqslant 2 \times 10^{-4}\%$，$N \leqslant 1 \times 10^{-4}\%$、$Cu < 1 \times 10^{-4}\%$、$Mg < 1 \times 10^{-4}\%$、$Fe \leqslant 2 \times 10^{-4}\%$。

8.2.5 电迁移法

电迁移法即当直流电通过液态或固态钼金属时，杂质组分原子发生相对的电迁移，样品中出现杂质的再分配，从而达到提纯钼的目的。其基本原理为：在外电场作用和高温条件下，杂质原子朝负极或朝正极方向迁移。电迁移一般适用于条状、片状等钼的小样品[55]。

电迁移提纯钼方法与区域熔炼法提纯钼不同。在电迁移工艺中，杂质的再分配发生在一个相中而不是在两个不同相中，使浓度分布曲线偏移。电迁移法从金属相中除去杂质是在原相中被取代，并不改变键的总数和影响熵变。因此对杂质有很高的亲和力的金属可以用电迁移方法来处理。电迁移提纯钼，相对来说耗能大、速度慢、尚未在工业上大规模使用，仅在研究领域中制取少量超高纯钼。

参 考 文 献

[1] 李相良，王政，王玉芳，等. 辉钼矿氧化焙烧试验研究 [J]. 中国资源综合利用，2017，35(9)：29-31，39.

[2] 卜春阳，曹维成，王璐，等. 辉钼矿冶炼工艺综述及展望 [J]. 中国钼业，2017，41(6)：5-11.

[3] Kim H, Park J, Seo S, et al. Recovery of rhenium from a molybdenite roaster fume as high purity ammonium perrhenate[J]. Hydrometallurgy, 2015, 156：158-164.

[4] Aleksandrov P, Medvedev A, Kadirov A, et al. Processing molybdenum concentrates using low-temperature oxidizing-chlorinating roasting[J]. Russian Journal of Non-Ferrous Metals, 2014, 55(2)：114-119.

[5] 吴江丽. 辉钼矿和二氧化锰共同焙烧新工艺的研究 [D]. 长沙：中南大学，2005.

[6] 符剑刚，钟宏，吴江丽，等. 软锰矿在辉钼矿焙烧过程中的固硫作用 [J]. 中南大学学报（自然科学版），2005(6)：994-1000.

[7] 吴建中. 苏打压煮分解钨精矿过程的强化 [J]. 江西冶金，1982(4)：47-49，55.

[8] 张启修，赵秦生. 钨钼冶金 [M]. 北京：冶金工业出版社，2005.

[9] 徐双，余春荣. 辉钼精矿提取冶金技术研究进展 [J]. 中国钼业，2019，43(3)：17-23.

[10] 陈洁，李典军，刘大春，等. 辉钼矿冶炼技术研究进展 [J]. 甘肃冶金，2009，31(1)：25-28.

[11] Kholmogorov A, Kononova O. Processing mineral raw materials in Siberia：ores of

molybdenum, tungsten, lead and gold[J]. Hydrometallurgy, 2005, 76(1/2): 37-54.

[12] 吴红林, 黄成雄, 李加平, 等. 硫化钼精矿酸性加压氧化试验研究 [J]. 世界有色金属, 2016, 24: 24-26.

[13] 谢铿, 王海北, 张邦胜. 辉钼精矿加压湿法冶金技术研究进展 [J]. 金属矿山, 2014, 1: 74-79.

[14] 曹占芳, 钟宏, 闻振乾, 等. 超声电氧化辉钼精矿研究 [J]. 中国矿业大学学报, 2009, 38(2): 229-233.

[15] 向铁根. 钼冶金 [M]. 长沙: 中南大学出版社, 2009.

[16] 范晓慧, 曾金林, 甘敏, 等. 从钼氨浸渣中提取钼的研究 [J]. 稀有金属与硬质合金, 2016, 44(2): 1-5.

[17] 罗进爱. 钼无污染冶金工艺及机理研究 [D]. 桂林: 桂林理工大学, 2020.

[18] 邓攀. 从含低浓度钼的亚砷酸还原终液中提取钼的研究 [D]. 赣州: 江西理工大学, 2013.

[19] 朱薇, 肖连生, 肖超, 等. N235 萃取镍钼矿硫酸浸出液中钼的研究 [J]. 稀有金属与硬质合金, 2010, 38(1): 1-4, 29.

[20] 肖朝龙, 肖连生, 龚柏凡. 采用 N235 从镍钼矿盐酸浸出液中萃取钼的研究 [J]. 中国钼业, 2011, 35(2): 7-11.

[21] 廖小丽. 从高酸度溶液中萃取钼及回收酸的研究 [D]. 长沙: 中南大学, 2014.

[22] Sato T, Watanabe H, Suzuki H. Liquid-liquid extraction of molybdenum(Ⅵ) from aqueous acid solutions by TBP and TOPO[J]. Hydrometallurgy, 1990, 23(2): 297-308.

[23] Keshavarz Alamdari E, Sadrnezhaad S K. Thermodynamics of extraction of MoO_4^{2-} from aqueous sulfuric acid media with TBP dissolved in kerosene[J]. Hydrometallurgy, 2000, 55(3): 327-341.

[24] 李波. 酸性体系中钼的溶剂萃取研究进展 [J]. 有色金属科学与工程, 2013, 4(6): 33-36.

[25] 成宝海, 肖超, 肖连生. 溶剂萃取法从酸性氯化浸出液中提取钼 [J]. 中国钼业, 2010, 34(1): 29-31.

[26] 李建, 刘建. 磷类萃取剂萃取钼(Ⅵ) 的性能研究 [J]. 湿法冶金, 2007(3): 146-149.

[27] 邹建辉, 张文宏, 刘刚, 等. 铼的资源和提取技术研究进展 [J]. 中国资源综合利用, 2015, 33(2): 40-44.

[28] 王丹. 溶剂萃取法富集铼的研究 [D]. 郑州: 郑州大学, 2016.

[29] 陈志刚. 离子交换法生产钼酸铵工艺研究 [D]. 长沙: 中南大学, 2008.

[30] 陈昆昆, 王治钧, 吴永谦, 等. 离子交换法从含钼酸浸液中提取钼 [J]. 稀有金属, 2015, 39(11): 1024-1029.

[31] 王武. 钨钼混合粗精矿直接制备高纯度钨钼粉的研究 [D]. 郑州: 郑州大学, 2017.

[32] 徐克玷. 钼的材料科学与工程 [M]. 北京: 冶金工业出版社, 2014.

[33] Słoczynski J. Kinetics and mechanism of molybdenum(Ⅵ) oxide reduction[J]. Journal of Solid State Chemistry, 1995, 118(1): 84-92.

[34] Ressler T, Jentoft R E, Wienold J, et al. In situ XAS and XRD studies on the formation of Mo suboxides during reduction of MoO$_3$ [J]. The Journal of Physical Chemistry B, 2000, 104 (27): 6360-6370.

[35] Dang J, Zhang G, Chou K, et al. Kinetics and mechanism of hydrogen reduction of MoO$_3$ to MoO$_2$ [J]. International Journal of Refractory Metals and Hard Materials, 2013, 41: 216-223.

[36] Dang J, Zhang G, Chou K. Study on kinetics of hydrogen reduction of MoO$_2$ [J]. International Journal of Refractory Metals and Hard Materials, 2013, 41: 356-362.

[37] 王久维, 韩强. 浅析钼粉工艺原理与生产实践 [J]. 中国钼业, 2003, 1: 41-43.

[38] 周存. 钼粉的制备工艺与进展 [J]. 世界有色金属, 2020, 3: 9-10.

[39] 林宇霖, 陈同云, 黄宪法, 等. 碳还原三氧化钼制取金属钼 [J]. 中国钼业, 2012, 36 (2): 43-45.

[40] Lassner E, Schubert W. Tungsten: properties, chemistry, technology of the elements, alloys, and chemical compounds[M]. Springer Science & Business Media, 1999.

[41] Sun G, Zhang G. Novelpathway to prepare Mo nanopowder via hydrogen reduction of MoO$_2$ containing Mo nanoseeds produced by reducing MoO$_3$ with carbon black[J]. JOM, 2020, 72 (1): 347-353.

[42] Wang D, Sun G, Zhang G. Preparation of ultrafine Mo powders via carbothermic pre-reduction of molybdenum oxide and deep reduction by hydrogen[J]. International Journal of Refractory Metals and Hard Materials, 2018, 75: 70-77.

[43] Sun G, Zhang G, Ji X, et al. Size-controlled synthesis of nano Mo powders via reduction of commercial MoO$_3$ with carbon black and hydrogen[J]. International Journal of Refractory Metals and Hard Materials, 2019, 80: 11-22.

[44] 张勇, 张国华, 周国治. 缺碳预还原MoO$_3^+$氢气深脱氧工艺制备超细钼粉 [J]. 粉末冶金技术, 2021, 39(4): 339-344, 357.

[45] Tuominen S, Carpenter K. Powder metallurgy molybdenum: influence of powder reduction processes on properties[J]. JOM, 1980, 32(1): 23-26.

[46] 徐志昌, 张萍. 钼酸铵的硫化床热分解与还原 [J]. 中国钼业, 1995(4): 3-6.

[47] 李洪桂. 稀有金属冶金学 [M]. 北京: 冶金工业出版社, 1990.

[48] Lv C, Jiao H, Li S, et al. Liquid zinc assisted electro-extraction of molybdenum [J]. Separation and Purification Technology, 2021, 279: 119651.

[49] Lv C, Jiao H, Li S, et al. Study on the molybdenum electro-extraction from MoS$_2$ in the molten salt[J]. Separation and Purification Technology, 2021, 258: 118048.

[50] Afsahi M, Sohrabi M, Ebrahim H. A model for the intrinsic kinetic parameters of the direct reduction of MoS$_2$ with hydrogen[J]. International Journal of Materials Research, 2008, 99 (9): 1032-1038.

[51] 林小芹, 贺跃辉, 王政伟, 等. 钼粉的制备技术及其发展 [J]. 粉末冶金材料科学与工程, 2003(2): 128-133.

[52] 夏明星, 郑欣, 王峰, 等. 钼粉制备技术及研究现状 [J]. 中国钨业, 2014, 29(4): 45-48.

［53］李国玲，田丰，李里，等．氢等离子体电弧熔炼技术在难熔金属提纯中的应用［J］．稀
　　　有金属材料与工程，2015，44（3）：775-780.

［54］刘春东，张东辉，马轶群，等．电子束熔炼技术及发展趋势浅析［J］．河北建筑工程学
　　　院学报，2008，26（4）：67-68，71.

［55］侯庆烈．难熔金属的固态精炼提纯［J］．稀有金属，1995，5：390-393.

9　金属钨的提取与提纯

我国的钨矿种类以白钨矿为主，黑白混合钨矿与黑钨矿为辅，白钨矿虽储量丰富，但传统的白钨冶炼工艺冶炼难度大、成本高且环境污染严重。钨的提取和提纯主要分为钨矿物原料的分解、纯钨化合物的制取、金属钨的制备、钨的提纯四个部分，图 9-1 为高纯钨的制备工艺流程。

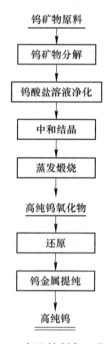

钨矿物原料

钨矿物分解

钨酸盐溶液净化

中和结晶

蒸发煅烧

高纯钨氧化物

还原

钨金属提纯

高纯钨

图 9-1　高纯钨制备工艺流程

9.1　金属钨的提取

9.1.1　钨矿物原料的分解

钨矿物原料的分解是利用化学试剂与钨矿作用破坏其化学结构，使其中的钨与伴生元素得到初步分离。从反应温度和化学试剂使用的角度，金属钨的冶炼主要有火法冶炼和湿法冶炼两种。我国的火法冶炼主要沿用苏打烧结工艺，这种工艺既适用于处理黑钨精矿，也适用于处理白钨精矿或混合矿低品位中矿。利用常见的湿法冶金工艺可将钨精矿转化为钨的中间化合物，主要有仲钨酸铵（APT）、钨酸、氧化钨等。钨的湿法冶炼向着降低碱耗、提高钨分解率同时减少杂质的浸出率方向发展。

工业上分解钨矿物的方法主要为碱分解法和酸分解法（主要针对白钨精矿），以使钨矿物分解生成水溶性的钨酸盐。同时，也有理论证明高温氯化物法及氟化法能够很好地分解钨矿石，但其目前并未投入大规模生产当中。目前国内大部分企业采用碱分解法处置钨精矿。碱分解法主要有苏打烧结—水浸法、苏打溶液压煮法、苛性钠溶液浸出法、苛性钠压煮法等，而苛性钠溶液浸出法最为常用。然而，随着黑钨矿的日益枯竭，怎样才能在原有苛性钠浸出生产线的基础上，使其能处理黑白钨混合矿甚至白钨矿，也是摆在冶金工作者们前面的一个难题[1-4]。经过多年研究，我国冶金科研工作者陆续开发了一些新工艺，如机械活化、碱压煮、硫磷混酸浸出等。

9.1.1.1 苏打烧结—水浸法

苏打烧结—水浸法将钨矿原料与苏打及其他添加物混合，在800~900℃进行反应，使矿石中的钨转变为水溶性的钨酸钠，而其他伴生元素生成不溶水的化合物，用水浸出实现钨酸钠与杂质的分离。

在空气环境和一定的温度条件下，苏打与白钨精矿发生的主要反应为：

$$Na_2CO_3 + CaWO_4 = Na_2WO_4 + CaCO_3 \tag{9-1}$$

$$Na_2CO_3 + (Fe, Mn)WO_4 = Na_2WO_4 + (Fe, Mn)CO_3 \tag{9-2}$$

碳酸钙是白钨矿焙烧过程中形成的反应产物之一。根据焙烧温度的不同，碳酸钙会进一步分解，产生如式（9-3）所示的氧化钙。

$$CaCO_3 = CaO + CO_2 \tag{9-3}$$

在苏打有效分解钨酸钙的前提下，可以直接升高温度进行熔炼，利用产物钨酸钠与氧化钙熔点的差异，实现其分离。或者在一定温度下添加造渣剂，使之与氧化钙形成一种低熔点、低黏度、低密度的熔渣，利用熔渣与钨酸钠物性（密度、熔点、黏度等）的差异，使得钨酸钠与渣相分离，得到含杂质较低的钨酸钠产品。该法既能用于处理黑钨精矿，也能用于处理白钨精矿和黑白钨混合的低品位中矿。其不足之处在于工艺复杂并产生大量粉尘和废气、杂质含量高，许多技术经济指标（如回收率）略低于各种湿法分解方法。因此，逐渐被苏打压煮法和苛性钠压煮法所取代。钨资源日益复杂化和贫化，优质钨精矿越来越难以获得，低品位复杂混合钨矿物的处理成为现实需要，该法在一些小型的钨冶炼企业仍有使用[2-4]。

9.1.1.2 苏打高压浸出法

苏打高压浸出法可用于处理白钨和黑钨矿物原料。浸出过程在压煮器中进行，原料磨至 0.048mm（300 目），钨浸出率与苏打用量、浸出压力、浸出温度有关。此法的优点是适用性较好，不仅适用于处理低品位白钨矿（5%~15%），还适于处理含钨硫化精矿，如钨铋中矿、铋钼钨中矿。高硫钨中矿浸出时，锡石、辉锑矿和辉铋矿残留于渣中，氧化物中的全部铜、部分氧化硅、氟、磷、砷等杂质与钨一起转入浸液中，浸液送净化处理[2-3]。

苏打高压浸出法的反应原理为：

$$CaWO_4(s) + Na_2CO_3(aq) === Na_2WO_4(aq) + CaCO_3(s) \qquad (9-4)$$

$$FeWO_4(s) + Na_2CO_3(aq) === Na_2WO_4(aq) + FeCO_3(s) \qquad (9-5)$$

$$MnWO_4(s) + Na_2CO_3(aq) === Na_2WO_4(aq) + MnCO_3(s) \qquad (9-6)$$

$$FeCO_3(s) + H_2O(aq) === FeO(s) + H_2O(aq) + CO_2(s) \qquad (9-7)$$

$$3MnCO_3(s) + 0.5O_2 === MnO_4(s) + 3CO_2(g) \qquad (9-8)$$

9.1.1.3 苛性钠浸出法

苛性钠浸出法在我国钨冶炼厂被广泛采用，也是当前工业分解黑钨精矿的主要方法。随着热碱球磨技术的发展使其应用范围扩大到包括白钨精矿和中矿在内的各种钨矿物原料。它使用氢氧化钠溶液作为分解剂，使钨矿物中的钨发生复分解反应而生成可溶于水的钨酸钠，从而与大量不溶性杂质分离。然而，热碱球磨法较多地用在中小规模的生产厂家，且其设备成本较高、安全性有待改善。

苛性钠浸出法的主要反应及热力学条件如下：

（1）黑钨矿与 NaOH 溶液发生反应：

$$(Fe,Mn)WO_4(s) + 2NaOH(aq) ===$$
$$Na_2WO_4(aq) + Fe(OH)_2(s)（或 Mn(OH)_2) + H_2O \qquad (9-9)$$

$Fe(OH)_2$ 进一步分解：

$$Fe(OH)_2(s) === FeO + H_2O \qquad (9-10)$$

（2）白钨矿与 NaOH 溶液发生反应：

$$CaWO_4(s) + 2NaOH(aq) === Ca(OH)_2(s) + Na_2WO_4(aq) \qquad (9-11)$$

常压下苛性钠溶液浸出白钨矿的反应为可逆反应。一般应采用苛性钠和硅酸钠的混合溶液作浸出剂，如果白钨矿原料中含有大量氧化硅时，可以只使用单一的苛性钠。

主要步骤为：将质量分数为 35%~40% 的苛性钠溶液加温至 110~120℃，在加压条件下浸出磨细的矿物原料，使钨呈可溶性钨酸钠的形态转入浸出液中。浸出钨的方法有两种：一是直接稀释至密度为 1.3g/cm³ 后送去净化；二是将其蒸发至密度为 1.45g/cm³ 析出钨酸钠晶体。最后将结晶体水溶液送去净化。此法与苏打烧结—水浸法相比，可以处理含硅较高的钨细泥和钨锡中矿等钨矿物原料。

为保证钨精矿苛性钠分解有足够充分的浸出率，应保持较高的温度。但当温度超过溶液沸点时，应在高压下工作。实验证明，在处理钨矿混合物时，碱浓度的提高可以大大促进钨矿物的浸出，它不仅能使反应的平衡常数值增加，反应速度加快，还能使反应的沸点升高。因此苛性钠分解浸出钨精矿可以保持精矿有较细的粒度，在较高的温度下工作，有条件的情况下最好能运用机械活化等强化手段[3]。

9.1.1.4 苛性钠压煮法

经湿磨后的矿浆，加一定比例的液碱、水和添加剂后，泵入压煮反应釜，在高温、高压下完成分解反应即为苛性钠压煮法。利用苛性钠压煮法处理白钨矿的工艺流程与处理黑钨矿的流程基本相同。苛性钠压煮法的主设备为压煮反应釜，其关键在于加热方式为远红外辐射加热，与目前工业上其他几种处理白钨矿的方法相比，苛性钠压煮法有以下特点：

(1) 对矿石的适应性强。针对不同的矿石，适当调整工艺，可处理白钨精矿、中矿和黑白钨混合矿。处理中矿时，反应釜内固液比较大，反应的传质会受到一定影响，因而从生产效率和过程控制的难易程度看，苛性钠压煮法比较适合处理白钨精矿[2]。

(2) 分解率高、杂质浸出率低。在高温高压和添加剂存在的情况下，采用远红外线辐射加热技术，使工艺过程同设备有机结合，从热力学和动力学两个方面为反应过程创造有利条件，从而达到高的分解率。工业生产统计结果表明，分解率可稳定在 98.5%~99.0%。同时，在高温下反应后期随着碱浓度的下降，前期浸出的 P、Sn、Si、As 等杂质与分解产物 $Ca(OH)_2$ 形成沉淀重新进入渣相，且随着温度的升高，某些杂质如 As 的浸出率有下降的趋势。

(3) 工艺及设备简单，易于实现规模化生产。苛性钠压煮法批处理量大、周期短、设备的安全性能好、工艺及设备的操作较简单，因而适合于大规模工业生产[5]。

9.1.1.5 酸性分解法

相对于碱分解法，酸分解法具有流程短、成本低的优点。酸分解法可用于处理白钨矿和黑钨矿两种原料，用 32%~38%浓盐酸或硝酸作浸出剂，在 100℃左右的温度下使钨矿直接分解而生成钨酸沉淀。为提高钨的浸出率须将物料磨至 0.048mm(300 目)，酸分解时相当部分杂质进入溶液中经固液分离使其与钨酸分离。为使钨酸与残渣分离，常用碱熔法使钨以碱金属钨酸盐形态转入溶液中，得到较纯净的钨酸钠或钨酸铵溶液。酸分解钨的浸出率高，但试剂耗量大[1]。

A 盐酸分解法

白钨矿易于与盐酸反应，且具有很强的反应趋势，钨酸钙与盐酸反应式为：

$$CaWO_4(s) + 2HCl(aq) \Longrightarrow H_2WO_4(s) + CaCl_2(aq) \qquad (9\text{-}12)$$

该反应的平衡常数 $K_c = 1.0 \times 10^4 \sim 1.5 \times 10^4 (20 \sim 100℃)$。单从反应平衡常数来看，即使盐酸过量也很少能使反应完全进行。但在实际生产中却不是如此，郑昌琼等人对盐酸浸出白钨矿和人造白钨矿的动力学进行研究，发现反应速度受到致密固体产物层扩散控制。在反应过程中，白钨矿颗粒与盐酸反应生成固体钨酸包裹矿物颗粒，影响传质过程和浸出速率从而导致浸出率下降。因此，为提高浸出率，主要目标是削弱钨酸膜的影响。主要方法是：一方面提高反应温度、减小钨矿粒度、增加有效反应面积；另一方面强化搅拌，破坏阻隔反应的钨酸膜。

B 硝酸分解法

与盐酸分解白钨工艺相同，HNO_3 同样具有较高的反应趋势，其反应为：

$$CaWO_4(s) + 2HNO_3(aq) \Longrightarrow H_2WO_4 + Ca(NO_3)_2(aq) \qquad (9\text{-}13)$$

硝酸分解白钨矿的反应机理与盐酸大致相同，只不过硝酸分解白钨矿对设备耐腐蚀性要求相对较低。同样的，硝酸分解同样也存在钨酸膜包裹矿物颗粒的问题，解决方法与盐酸分解白钨矿大致相同。

C 硫磷混酸分解法

赵中伟等人[7]通过利用钨与磷可形成杂多酸的性质，采用硫酸和磷酸混合浸出体系，在常压下从高磷白钨矿中分解出钨，经济效益显著。其分解反应式为：

$$CaWO_4(s) + H_3PO_4 + H_2SO_4 \longrightarrow$$
$$CaSO_4 \cdot nH_2O(s) + H_3[PW_{12}O_{40}](aq) + H_2O \qquad (9\text{-}14)$$

从硫磷混酸分解白钨的反应式可看出，1mol 的磷能够络合 12mol 的钨，只需要少量的磷即能高效地浸出白钨。钙以硫酸钙的形式进入渣相，钨则以可溶性磷钨杂多酸的形式进入液相中，从而完成 Ca^{2+} 与 WO_4^{2-} 的分离目标。硫磷混酸浸出工艺不仅能实现钨的高效提取，对于钨矿中伴生元素钼、磷等的回收也表现出独特的优势。

赵中伟等人通过试验得出结论：浸出时间 $3 \sim 4h$、温度为 $80 \sim 90℃$ 时，白钨标矿浸出率达 99% 以上。相比传统的白钨矿分解工艺，硫磷混酸协同分解工艺具有对白钨原料适应性强、络合剂磷酸耗量小、浸出效率高、废水量少等优点。

9.1.1.6 分解钨矿物的其他方法

针对白钨矿分解方法存在高温、高压和高碱等问题，钨冶金学者近年来开发了一些新技术[8]。

A 磷酸铵—氟盐分解法

梁勇等人提出了采用 NH_4F 和 NH_4OH 浸出白钨矿的方法，并对氟盐溶液浸出白钨矿反应进行了热力学分析，主要反应原理为：

$$CaWO_4(s) + 2NH_4F(aq) == (NH_4)_2WO_4(aq) + CaF_2(s) \quad (9-15)$$

由于受热或遇热水，NH_4F 分解为氨气和氟化氢气体。此方法很难完全浸出白钨矿。

国外学者采用 $(NH_4)_3PO_4$ 和 NH_4OH 浸出白钨矿，其反应原理为：

$$3CaWO_4(s) + 2(NH_4)_3PO_4(aq) == 3(NH_4)_2WO_4(aq) + Ca_3(PO_4)_2(s)$$

$$(9-16)$$

由于 NH_4OH 为弱碱，WO_4^{2-} 为弱酸，在 $pH=10$ 以下的条件下，$(NH_4)_3PO_4$ 在水溶液中的主要存在形式为 HPO_4^{2-}，且 PO_4^{3-} 浓度较低。$CaHPO_4$ 的溶解度大于 $CaWO_4$，但磷酸铵很难完全浸出白钨矿，且氨水随高温易挥发。日本学者在 1972 年用 8 倍理论量的磷铵、13.8mol/L 氨、200℃和 6.5MPa 下浸出白钨矿[9]。

B 钙盐焙烧—氨浸法

处理钨精矿制备仲钨酸铵（APT）工艺可分为酸性浸出法、碱或烧碱浸出法和铵盐浸出法。前两种方法均为常规工艺，所得钨酸或钨酸钠需转化为钨酸铵生产 APT，浸出试剂回收难、废水量大、辅料大量消耗。铵盐浸出法可以直接得到钨酸铵溶液，因而引起了广泛关注。生产 APT 常用黑钨矿精矿或白钨矿与黑钨矿混合精矿。为此，研究了白钨矿与黑钨矿天然混合精矿制备 Ca_3WO_6 的工艺。

齐天贵等人[10] 对钨酸三钙（Ca_3WO_6）的焙烧工艺进行了系统研究。热力学分析和实验结果表明，$CaWO_4/Fe(Mn)WO_4$ 在空气中与 CaO、$Ca(OH)_2$ 或 $CaCO_3$ 反应可以生成 Ca_3WO_6。提高焙烧温度不仅加快了 $CaWO_4$ 向 Ca_3WO_6 的转化，而且消除了转化率对钙化合物类型的依赖。添加 CaF_2 可大幅度降低焙烧温度，使白钨矿/黑钨矿混合精矿中含钨矿物完全转化为 Ca_3WO_6。此外，混合精矿制备的 Ca_3WO_6 熟料在碳酸铵水溶液中具有良好的浸出性，WO_3 回收率为 98.4%。

C 镁盐焙烧—碱浸法

周康根等人[11] 提出了一种氯化镁焙烧—氢氧化钠浸出工艺，即将钨精矿与氯化镁焙烧，使钨矿中的 $FeWO_4$、$MnWO_4$ 及 $CaWO_4$ 转化成 $MgWO_4$，焙烧物即转料钨酸镁用氢氧化钠浸出。通过分析焙烧温度、$MgCl_2$ 与 WO_3 的摩尔比、保温时间对焙烧转化率的影响发现，不论是黑钨矿、白钨矿或是混合矿，经添加氯化镁焙烧后，都有钨酸镁生成。氯化镁焙烧黑白钨矿在焙烧温度 300~600℃、摩尔比 $MgCl_2:WO_3=2:4$、保温时间 30min 条件下，钨精矿中的 $FeWO_4$、$MnWO_4$ 及 $CaWO_4$ 都能发生向 $MgWO_4$ 的完全转化，钨浸出率达 99.3%。与现有处理钨矿的工艺相比，氯化镁焙烧—碱浸处理钨矿所需碱量更低，对黑钨矿、白钨矿及黑白钨混合矿均适用。

焙烧过程中的主要反应如下：

$$FeWO_4(s) + MgCl_2(s) == MgWO_4(s) + FeCl_2(s) \quad (9-17)$$

$$MnWO_4(s) + MgCl_2(s) \Longrightarrow MgWO_4(s) + MnCl_2(s) \qquad (9\text{-}18)$$

$$CaWO_4(s) + MgCl_2(s) \Longrightarrow MgWO_4(s) + CaCl_2(s) \qquad (9\text{-}19)$$

9.1.2 纯钨化合物制取

钨冶金的原料主要为各种钨的矿物,最重要的矿物有黑钨矿和白钨矿。磷、砷、硅、钼、锡、氟、铜等杂质分别以硅酸盐、磷灰石($Ca_5(PO_4)$)、毒砂($FeAsOS_2$)、臭葱石($FeAsO_4$)、钼酸钙矿($CaMoO_4$)等矿物形式与钨矿混合。这些伴生元素在碱分解或酸分解时都有部分进入粗钨酸钠溶液或粗钨酸中,杂质在钨矿中和其分解产物中的存在形态见表9-1。

表 9-1 杂质元素在钨矿和其分解产物中的存在形态

杂质元素	矿物名称	碱分解后形态	酸分解后形态
磷	钙质磷矿	Na_3PO_4、Na_2HPO_4	H_3PO_4
	$Ca_5(PO_4)_3F$		
砷	硫砷铁矿 FeA_3S	Na_3AsO_4、Na_2HAsO_4	$AsCl_3$ 或 $AsCl_5$
	臭葱矿 $FeAsO_4$		
钼	辉钼矿 MoS_2	Na_2MoO_4、$NaMoS_4$	H_2MoO_4
	钼酸钙矿 $CaMoO_4$		
铁	黄铁矿 FeS_2	$Fe(OH)_2$	$FeCl_2$、$FeCl_3$
	黑钨矿 $FeWO_4$		
铋	辉铋矿 Bi_2O_3	不反应	不反应
氟	萤石 CaF_2	NaF	HF
锡	锡石 SnO_2	不反应	不反应
锑	黝锡石 Cu_2FeSnS_4	$NaSnO_4$ 或 Na_2SnS_3	$SbCl_3$、$SbCl_5$
	辉锑矿 Sb_2S_3	不反应	
硅与铝	石英和硅酸盐	Na_2SiO_3、$NaAl(OH)_4$	H_2SiO_3、H_2AlO_3
铜	黄铜矿 $CuFeS_2$	$CuCO_3$	不反应
	黝铜矿 $4Cu_2S \cdot Sb_2S_3$		

若用粗钨酸钠溶液/粗钨酸直接制备钨的化合物,则其中的杂质必然影响最终产品。由钨酸铵溶液结晶生产 APT 过程中,杂质对 APT 的粒度有影响。溶液中的杂质如果被吸附在其晶核表面上,会使晶体变细。溶液中的杂质对晶体的每个晶面生长的影响也不同,会使 APT 晶体形状改变,而且 APT 产品中的杂质含量也不能满足国家标准,因此必须对粗钨酸钠溶液进行净化处理。APT 是制备高纯钨的基本原料,其杂质含量对后续钨产品的性能和质量影响很大。目前工业上主要采取三种方法净化粗钨酸钠溶液生产纯钨化合物 APT 或 WO_3,这三种方法

分别为化学沉淀法、溶液萃取法和离子交换法[13-14]。

9.1.2.1 化学沉淀法

这里主要介绍镁盐法，镁盐法分为磷砷酸铵镁法和磷砷酸镁盐法两种。

A 磷砷酸铵镁法

磷砷酸铵镁法分为除硅和除磷、砷、氟两个步骤。

（1）除硅。首先用酸或氯气将溶液中和到 pH 值为 8~9，使硅以硅胶形态沉淀除去，再加入氯化镁或硫酸镁使磷、砷以 $MgNH_4PO_4$ 和 $MgNH_4AsO_4$ 形态沉淀除去。如果控制恰当，则溶液中的 Si/WO_3 值不难降到 0.02% 以下。净化后的溶液 As/WO_3 值可以降到 0.015% 以下。但在除硅的过程中，形成液态胶会使溶液黏稠难以过滤，所以除硅作业应在煮沸的条件下进行，也可以通过加入絮凝剂的方式进行改善。

（2）除磷、砷、氟。当溶液中含有一定 NH_4^+ 时，加入 $MgCl_2$ 并控制 pH 值为 8~9，则按如下反应生成磷砷酸铵镁沉淀：

$$Na_2HPO_4 + MgCl_2 + NH_4OH = MgNH_4PO_4 + 2NaCl + H_2O \qquad (9-20)$$

$$Na_2HAsO_4 + MgCl_2 + NH_4OH = MgNH_4AsO_4 + 2NaCl + H_2O \qquad (9-21)$$

B 磷砷酸镁盐法

将溶液中和后加入 $MgCl_2$ 发生如下反应：

$$2Na_2HPO_4 + 3MgCl_2 = Mg_3(PO_4)_2 + 4NaCl + 2HCl \qquad (9-22)$$

$$MgCl_2 + 2NaOH = Mg(OH)_2 + 2NaCl \qquad (9-23)$$

该方法可同时进行除磷、砷、硅。首先将加热沸腾的溶液在不断搅拌下中和至游离 NaOH 为 (1±0.2) g/L。中和剂可用稀盐酸（盐酸：水 = 1:3）、稀硫酸或氯气。使用氯气作中和剂的优点是 Cl_2 与 H_2O 作用产生 HClO，再分解得到 HCl 中和溶液，属均相反应，故不易造成局部酸度过高，同时能将 AsO_3^{3-} 氧化生成 AsO_4^{3-}，有利于净化过程。当用盐酸或硫酸作中和剂时，往往还要加氧化剂使 AsO_3^{3-} 氧化。当碱度达 (1±0.2) g/L 时，有 50% 左右的硅酸盐水解沉淀，煮沸 20~30min 加入密度为 1.16~1.18 的 $MgCl_2$ 溶液，其加入量视溶液中砷含量而定，可按下经验式计算：

$$Q_{MgCl_2} = (100 \sim 150) c_{As} \qquad (9-24)$$

式中，Q_{MgCl_2} 为 Na_2WO_4 溶液中加入 $MgCl_2$ 的溶液量，L；c_{As} 为粗 Na_2WO_4 溶液中砷含量，g/L。

由于 $MgCl_2$ 溶液为弱酸性（pH = 5~6），同时 HPO_4^{2-} 形成 $Mg_3(PO_4)_2$ 沉淀过程中产生 H^+，故加 $MgCl_2$ 时溶液的游离碱逐步降低。加完 $MgCl_2$ 后，控制游离碱为 0.2~0.4g/L，煮沸 30min，澄清过滤。杂质含量可达到要求：$SiO_2 \leqslant 0.02g/L$、

As≤0.015g/L、P≤0.025g/L。产出的硅砷渣经 NaOH 洗去吸附的 WO₃ 后，进一步处理回收 WO₃[15-16]。

9.1.2.2 溶液萃取法

溶液萃取是物质由一个液相转移到另一个液相的过程。利用有机溶剂从与其不相混溶的液相中把需要的物质提取出来的方法。目前工业上应用成熟的是碱分解—除杂调酸—溶剂萃取—蒸发结晶技术。

萃取法生产高纯仲钨酸铵流程如图 9-2 所示。

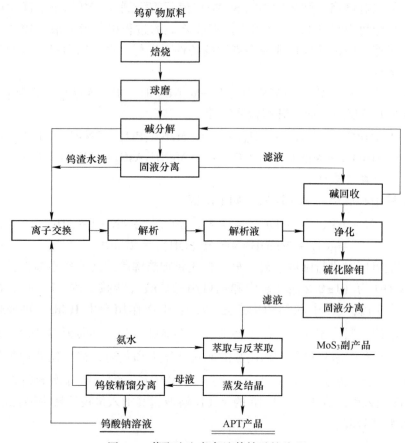

图 9-2 萃取法生产高纯仲钨酸铵流程

采用酸性溶剂萃取法提取钨并转型得到钨酸铵溶液一直是国外生产 APT 的主流工艺中的关键环节。与传统离子交换 APT 生产工艺相比，酸性溶剂萃取法具有废水排放量小、操作简单的优点。过程中不使用氯化铵、硫酸铜等辅料，避免了 Cl 和 Cu 等杂质从辅料中带入钨酸铵溶液中。萃取前的钨酸钠浸出液首先经沉淀除 P、As、Si 和 Mo 等杂质，除杂后的溶液再经溶剂萃取—氨水反萃获得钨酸铵溶液。萃取转型后的钨酸铵溶液蒸发结晶后得到 APT 的化学纯度较高，其中 70% 以上达到超高纯 APT 的质量标准（杂质总量小于 0.006%）[17]。

在酸性介质中以有机胺作为萃取剂，再通过氨水反萃获得 APT 是工业生产常用的方法。该工艺萃取级数少、萃取率高，但无法除杂且试剂消耗量大、余液排放较多；在碱性溶液中采用季铵盐作为萃取剂，碳酸氢铵等作为反萃剂是近年来发展的另一条工艺路线，具有化学消耗小、成本低、污水排放低等优势。

溶剂萃取法可取代传统流程中的白钨沉淀、酸分解和氨溶，一般分为萃取、洗涤、反萃三个阶段。通过多次重复上述工艺步骤，将母液并入料液中循环反萃，能有效降低原料和试剂消耗量。常用的有机相为 D2EHPA、TOPO 和 TBP 等，其中 D2EHPA 是公认的万能金属离子萃取剂，控制合适的 pH 值和介质条件，D2EHPA 几乎能萃取所有的金属离子[18]。Ito 等人[19]采用 D2EHPA 的煤油溶液，溶剂（D2EHPA）的浓度为 1mol/L 进行萃取。pH 值与杂质萃取率之间的关系表明，pH 值对钨和不同杂质的萃取率影响不同，控制 pH 值在合适范围可有效萃取镍、铁、钴等。由于铀和钍蒸气压与钨接近，难以去除，后续工艺要求原料中铀、钍含量不能太高，必须在溶剂萃取工艺中除去，可分别用 $(NH_4)_2CO_3$ 和 H_2SO_4 溶液脱除萃取到有机相中的铀和钍。溶剂萃取工艺是以粗钨酸钠为初始原料，经高压浸出并过滤后的粗钨酸钠溶液通常含有 WO_3 和 Mo，其 pH 值为 10.5~11.0，在萃取前应进行净化除 Mo[20]。

9.1.2.3　离子交换法

离子交换法是目前工业上制取纯钨酸铵溶液最主要的方法。目前国内除钻石钨采用萃取法外其他规模以上企业均采用离子交换法。离子交换法提取钨的研究主要围绕钨湿法冶金工艺中离子交换树脂对粗钨酸钠溶液的净化除杂。除杂的主要原理是根据钨酸钠溶液中各离子对离子交换树脂的亲和力小于钨，进而实现杂质与钨的分离。离子交换提钨过程中所采用的树脂类型主要是强酸性阳离子交换树脂、弱碱性阴离子树脂和强碱性阴离子树脂[21]。

钨湿法冶炼的离子交换工艺最早是由我国科研工作者研发提出的，工艺简单、产品质量好。其工艺过程采用强碱性阴离子交换树脂与碱性粗 Na_2WO_4 溶液发生交换反应吸附钨，然后用 NH_4Cl 和 NH_4OH 的混合溶液解吸出纯 $(NH_4)_2WO_4$ 溶液，而绝大部分杂质如磷、砷、硅留在交换后的液体中排掉。钨离子交换工艺分为吸附、负载洗柱、解吸、空载洗柱 4 个过程。阴离子交换树脂的交换次序是：$WO_4^{2-} > MoO_4^{2-} > AsO_4^{2-} > PO_4^{2-} > SiO_3^{2-}$。

先用离子交换树脂吸附钨酸钠溶液中的钨，除去大部分的阴离子杂质和全部阳离子。吸附结束后用去离子水洗涤，然后用 NH_4Cl 和 NH_4OH 把钨从树脂上解吸下来；通过吸附与解吸，制得的钨酸铵溶液的化学成分能满足蒸发结晶工序的要求，对 WO_3 的吸附率达99%以上，磷、砷、硅的去除效率达95%以上。

离子交换法净化粗钨酸钠溶液的原则流程如图9-3所示。

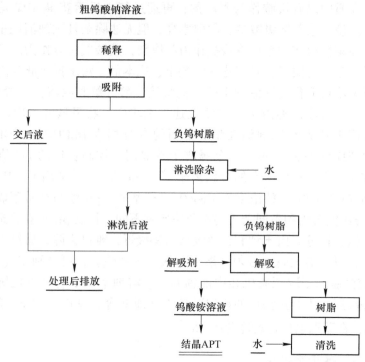

图9-3　离子交换法净化粗钨酸钠溶液的原则流程

9.1.2.4　热离解—氨溶法

国内也有用偏钨酸铵制备高纯仲钨酸铵结晶的方法。其原理是基于 APT 在水中的溶解度较小，使得酸分解制取钨酸的反应为固-液反应。将 APT 热离解为偏钨酸铵改善了原料的水溶性，使反应成为近似液-液反应，提高反应均匀性和酸分解速率，同时避免因钨酸结胶"包封"未分解的钨酸盐晶粒而造成过滤问题。

APT 在氨水中的溶解度极小，难以在常压下高效溶解而获得钨酸铵溶液。在高温条件下 APT 可分解得到易溶于氨水的含水氧化钨化合物，然后再溶解于氨水中，获得钨酸铵溶液。具体操作为：将工业 APT 产品置于空气等非还原性气氛中，于250~350℃下加热，或者在真空中以50~150℃加热（通常不超过1h），使 APT 晶体离解出氨逸出，生成具有高度活性无确定形状的灰棕色含水氧化钨化合物，这种物质易溶于氨水中。氨溶时 APT 中的大部分杂质不溶于氨水，滤去不溶物即得到纯净的钨酸铵溶液，用此溶液蒸发结晶可得到高纯 APT。APT 经热离解后再进行氨溶与 APT 直接氨溶的对比结果表明：APT 在（280±5）℃热离解 50min 后，加入 200mL 质量比为 1:3 的氨水溶液在 95℃溶解 6h，钨的溶出率为 85.1%，远比直接氨溶的结果好[22-23]。APT 热离解后氨溶法的流程如图 9-4 所示。热离解—氨溶法制备高纯 APT 的工艺具有流程短和操作方便等优点，适用于生产小批量的高纯 APT 或 WO$_3$，并可再通过还原制取高纯钨粉。此方法也适用于回收处理不合格的 APT 产品，这类产品中的杂质绝大部分富集在氨残渣中。

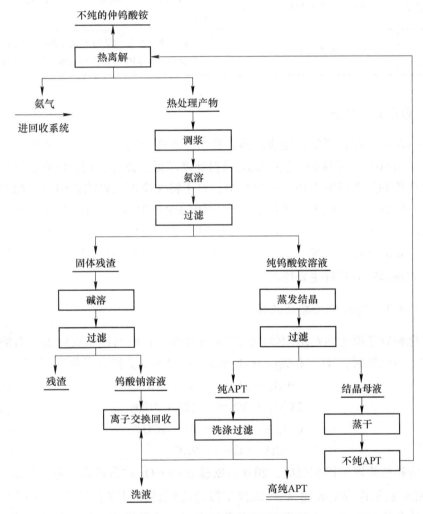

图 9-4 APT 热离解后氨溶法流程

李玲[13]通过在酸分解前添加热离解、制浆两步骤，将原料转化为偏钨酸铵。工艺优化后，制备的钨酸纯度可达 99.99% 以上。

表 9-2 为纯钨化合物提纯方法对比。

表 9-2 纯钨化合物提纯方法对比

方 法	特 点	待 改 进
化学沉淀法	流程长、操作复杂、过程较难控制	沉淀过程除 P、As、Si 和 Mo 的效果不佳
溶液萃取法	废水量少、有利于洗净 Na 杂质且引入 Cl$^-$ 和铜盐	产出氨氮废水需治理，萃取过程除 P、As、Si 和 Mo 的效果不佳
离子交换法	纯度较高、产品质量易于控制	树脂孔洞夹杂 Na 等杂质不利于清洗，废水排放量大
热离解—氨溶法	流程短、操作简单	能耗高，仅靠结晶的方式使得除杂效率不高，要获得高纯 APT 需多次热离解—氨溶—结晶

9.1.3 金属钨的制备

钨的制取主要包括氢还原法和碳还原法。碳还原法主要原料为氧化钨，还原温度高于 1050℃。用这种方法得到的钨粉纯度较低。此外，用金属铝、钙、锌等还原氧化钨的工艺研究工作也在进行中。对于特殊应用而要求高纯度、超细粒度的钨粉，则发展了氯化钨氢还原法，得到的钨粉粒度可小于 0.05μm。氧化钨粉还原法的还原剂主要有四种：C、CO 或 CO_2、NH_3 和 H_2。钨氧化物比较稳定的有三种：WO_3(黄色)、$WO_{2.92}$(蓝色)、$WO_{2.72}$(紫色)，这也是工业上氧化物氢气还原制备钨粉的三种主要原料[24]。

9.1.3.1 钨氧化物碳还原法

氧化钨碳还原法包括用固体碳或碳氢化合作为还原剂还原氧化钨。当采用固体碳作为还原剂时，WO_3 和碳的混合物在一定温度下会发生下列反应[25]：

$$WO_3 + 3C \Longrightarrow W + 3CO \tag{9-25}$$
$$2WO_3 + 3C \Longrightarrow 2W + 3CO_2 \tag{9-26}$$
$$WO_3 + 3CO \Longrightarrow W + 3CO_2 \tag{9-27}$$
$$CO_2 + C \Longrightarrow 2CO \tag{9-28}$$

反应初始阶段为固相反应，相互紧密接触的 WO_3 被碳还原，生成少量 CO 或 CO_2，此时还原进程受碳向 WO_3 表面扩散速度制约。研究表明[26-29]采用有机物或碳氢化合物裂解碳源能够提高反应组元之间的接触程度，从而加快扩散速度，降低还原温度。当温度高于 1000℃时，碳氧化合物只能以 CO 的形式存在，因此生产硬质合金原料不宜用于制备其他钨合金。由于碳还原过程中不会生成水蒸气，避免了因挥发—沉积而导致的钨粉颗粒快速长大，因此在氧化钨直接制备 WC，特别是在制备超细和纳米 WC 粉方面得到越来越多的应用。

9.1.3.2 钨氧化物氢还原法

氢还原法制取钨粉的工艺过程一般分为两个阶段[30]：第一阶段在 500~700℃温度下，三氧化钨还原成二氧化钨；第二阶段在 700~900℃温度下，二氧化钨还原成钨粉。还原反应常在管式电炉或回转式炉中进行。此法只适用于小规模的工业生产。

$$WO_3 + 3H_2 \xlongequal{\quad} W + 3H_2O \tag{9-29}$$

超细钨粉是生产硬质合金的重要原料，低成本、大规模地生产出均匀的超细钨粉一直以来都是研究热点。目前工业上主要是通过氧化钨氢还原法来制备超细钨粉。蓝钨是一种合适原料，通过控制好还原温度、氢气流量等工艺参数，可生产出均匀的超细钨粉。翟玉春等人[30]以 WO_3 为原料，用封闭循环氢还原法，在 600℃下还原得到了粒径在 20~60nm、纯度为 99.76% 的钨粉，其中 WO_3 粉体在氢气气氛下的还原顺序为：

$$WO_3 \rightarrow WO_{2.90} \rightarrow WO_{2.72} \rightarrow WO_2 \rightarrow W$$

廖春发等人[31-32]进行了钨氧化物氢还原实验，对蓝钨氢还原工艺进行研究发现氧化钨氢还原法制备超细钨粉工艺简单、流程简短，适合大规模工业生产。

9.1.3.3 钨卤化物氢还原法

采用卤化钨氢气还原法制备钨粉的原料主要有 WCl_6 和 WF_6[33]。该法以钨或钨废料为原料，将原料直接氯化或氟化后用氢气还原，可以制得纯度大于 99.9%、粒度小于 $0.1\mu m$ 的超细钨粉。赵秦生等人用六氯化钨与氢气进行气相反应的方法，得到了超细黑色钨粉，其主要反应为：

$$WCl_6 + 3H_2 \xlongequal{\quad} W(g) + 6HCl(g) \tag{9-30}$$

相较氧化钨氢气还原法，该法氢气消耗更少、成本更低，制取的钨粉纯度高、颗粒细而均匀、热稳定性能好。但制备过程中会产生大量的有害气体（HCl 或 HF）既腐蚀生产设备，又污染环境，实际生产中很少采用。

9.1.3.4 钨酸盐还原法

APT 制备钨粉是工业上最常用的方法。先将 APT 在弱还原气氛下煅烧为钨氧化物（黄钨或蓝钨），然后再用氢气将其还原为钨粉。王亚雄等人研究了一种以仲钨酸铵为原料一步法制备钨粉的新工艺，该工艺流程第一阶段是 APT 还原制备蓝钨中间体，称取一定量的 APT 在氢还原炉中通氮气 20min，同时通入一定比例的氢、氮混合气体，使炉内气氛始终处于弱还原状态。当温度升到设定数值后保温，以脱除水分和氨气。然后继续以一定的升温速率升高温度到既定的氢还原温度。通氢气进行第二阶段的氢还原制得钨粉，与传统的二步法还原钨粉相比，以 APT 为原料一步法还原制备得到的钨粉晶粒基本相同，晶粒大小也可控，产品可达到现有市场产品的质量要求。其工艺技术特点是将原料粉末的煅烧和氧化钨的氢气还原合为一体，减少了中间流程，提高了生产效率。

正常情况下，三氧化钨的氢还原反应为：

$$WO_3(s) + 3H_2(g) \rightleftharpoons W(s) + 3H_2O(g) \tag{9-31}$$

当温度大于 610℃时，分为 4 个阶段还原（$WO_3 \rightarrow WO_{2.9} \rightarrow WO_{2.72} \rightarrow WO_2 \rightarrow W$）；当温度低于 610℃时，分为 3 个阶段还原（$WO_3 \rightarrow WO_{2.9} \rightarrow WO_2 \rightarrow W$）。

由于氢还原为吸热反应，升高温度有利于还原反应的进行。在高温、有水蒸气的作用下，WO_x、W 会生成具有更高蒸气压的 $WO_2(OH)_2$：

$$WO_x + (4 - x)H_2O \rightleftharpoons WO_2(OH)_2(g) + (3 - x)H_2(g) \tag{9-32}$$

$$W(s) + 4H_2O(g) \rightleftharpoons WO_2(OH)_2(g) + 3H_2(g) \tag{9-33}$$

自还原性钨酸盐（ART）的分子结构中含有诸如 $N_2H_5^+$、$NH_2CH_2CH_2NH_3^+$、$CH_3NH_3^+$ 等胺基，热分解时生成大量还原性气体，放出大量热，可以得到粒度细且粒度分布窄的还原分解产物蓝钨（简写为 TBO，分子式为 $WO_{2.90}$），再用氢气还原蓝钨制备出钨粉。唐新和等人利用氢还原 ART 热分解得到的蓝色氧化钨，制得了团聚粒度小于 0.5μm、单颗粒约为 20nm 的球形钨粉。该法在钨粉粒度细化上有显著作用，并且能得到球形钨粉，但存在着生产成本较高、工序较多、金属实收率较低和废液需要处理等问题，限制了该法在工业上的应用。

9.1.3.5　自蔓延高温还原法

钨冶炼工厂通过降低黄色或蓝色氧化钨的料层厚度，增大氢气流量生产细粒级的钨粉，这导致了钨粉生产能力的降低和能耗的增加。自蔓延高温合成以其独有的特点（合成时间短、能耗低、产品纯度高等）成为合成与制备高熔点材料极具优势的一种方法。王延玲等人以 $CaWO_4$、Mg 为原料研究了钨粉的制备，为白钨矿（主要成分 $CaWO_4$）自蔓延高温还原法（SHS）制取钨粉提供了理论依据。在 SHS 工艺中，以氧化物为原料，采用活泼金属作还原剂[34]。为降低钨酸盐燃烧合成钨反应温度，需在反应产物中添加钨粉作为稀释剂，其主要步骤包括：

（1）将钨酸盐、镁粉按照钨酸盐∶镁 = (1 ~ 6)∶(3 ~ 25) 的比例混合，然后压实装入碳毡制的直立环状筒或盘状容器中，再装入高压容器中进行自蔓延高温合成，合成后自然冷却。

（2）取出合成产物进行物料破碎，在 1 ~ 10mol/L 的盐酸溶液中浸泡 1 ~ 5h，使产物中的 MgO 杂质完全溶解于盐酸中。抽滤、洗涤并重复多次，直到用 $AgNO_3$ 检测滤液中无 Cl^- 为止，最后在 100 ~ 110℃下干燥 1 ~ 5h 得到钨粉。

9.1.3.6 熔盐电解法

工业上常用熔盐电解法冶炼的金属是 Na、Mg、Al，分别电解氯化钠、氯化镁和氧化铝得到。熔盐电解法用于一些无法在水溶液中生产的金属，如 Ti、Zr、W、Mo、Ta、V、Nb 等[35]。

较早的研究采用磷酸钠-硼酸钠、氟化物-氯化物混合熔盐为电解质电解氧化钨。磷酸钠-硼酸钠体系电解所得到的金属钨粉杂质高且颗粒粗大（平均粒径 $20\sim200\mu m$），仅可用于制取粗合金或经过进一步电解精炼才能使用。氟化物-氯化物体系电解是以 $KAlF_4$-NaF-NaCl 为电解质、温度 1100℃、石墨为电极材料、WO_3 质量保持在 30%，所得钨粉杂质含量高于 10%，钨粉末颗粒平均粒径达到 $20\mu m$。冯乃祥等人[36] 在 NaCl-KCl-Na_2WO_4-WO_3 熔体中，以非碳质阴极和碳质阳极进行熔盐电解 WO_3 制取细钨粉和超细钨粉。在电解温度为 720℃、阴极电流密度为 $250mA/cm^3$ 的条件下，制备得到平均粒度为 $1\mu m$ 的金属钨粉。此方法较以往的体系的突出特点是得到的钨粉平均粒径低于 $5\mu m$、纯度达到 95% 以上。采用 KCl-NaCl 为电解质有效地减少了阳极的损耗，但仍需提高产物的纯度和降低阳极的损耗。王旭等人[37] 以 $CaCl_2$-NaCl-Na_2WO_4 为电解质、石墨为电极材料，在 800℃、槽电压 2.5V 下，经 5h 电解制备了单质钨粉。其平均粒度可达 $0.51\mu m$、钨粉纯度在 95% 以上。

熔盐电解制备钨粉的反应式如下：

阴极反应： $$WO_3 + 6e = W + 3O^{2-} \tag{9-34}$$

阳极反应： $$(3+x)C + 3O^{2-} + 6e = (3-x)CO_2 + 2xCO \tag{9-35}$$

总反应： $$WO_3 + (3+x)C = (3-x)CO_2 + 2xCO \tag{9-36}$$

当阴极电流密度过大时，阴极反应会分两步：

$$Na^+ + e = Na \tag{9-37}$$

$$6Na + W^{6+} = W + 6Na^+ \tag{9-38}$$

与传统钨粉冶炼工艺相比，熔盐电解法有许多优点。熔盐电解法成本低、设备投资更少、操作简便、安全。其次，有研究表明采用熔盐电解法直接电解白钨矿和黑钨矿能够制备出钨粉，这极大地减少了传统制钨工艺的流程。最后，熔盐电解法还是一种比较好的提纯技术，通过预电解可除去电活性比钨小的杂质，电活性比钨大的杂质可继续留在熔盐中，从而通过熔盐电解的方式实现钨的纯化。

从发展和技术角度讲，熔盐电解法制备金属钨的研究工作多集中在实验室阶段，还面临以下许多问题。实验大多处于探索、定性研究阶段，电解槽容量小，还未涉及经济指标的衡量。从大多实验产物的表征结果来看，其中的杂质性质及状态还不稳定，没有深入系统地检验处理杂质和净化的实验研究，实验结果还不十分稳定；尚缺乏对电解机制的研究，技术工艺参数还没有进行优化，产物的性能还没有进一步深入分析。

9.2 钨钼分离

在整个钨冶炼过程中，钨钼的深度分离一直是钨冶炼行业亟待解决的问题。在元素周期表中，钨属于第六周期元素，钼属于第五周期元素，但钨和钼同属于第Ⅵ副族元素。一般情况下，处于同一族的不同元素，随着原子序数的增大，半径也随之增大。但由于与钨处于同一周期的镧系元素的"镧系收缩"效应的存在，导致离子半径本应该小于钨离子半径的钼，其离子半径却与钨的离子半径极其接近。由于离子半径相近，导致钨、钼的络合能力等化学性质也十分相似，从而造成了钨、钼两种元素的分离困难。钨钼共生现象在钨、钼矿物资源较为常见。特别是含钙高的氧化矿中，钨和钼类质同象，能以较大比例共生。为了实现钨钼的有效分离，研究者做了大量工作[38-44]。

9.2.1 硫代钼酸根离子与钨酸根离子性质差异法

9.2.1.1 仲钨酸-B 胍盐沉淀法

根据钼酸根和钨酸根在不同 pH 值下形成同多酸这一性质，可根据形成同多酸的先后顺序不同分离钨和钼。仲钨酸钠的一种同多酸盐仲钨酸-B 的生成酸度为 8.1，化学组成为 $Na_6(H_2W_{12}O_{42})$，由于其结构的空穴内与氧原子联系的两个氢原子规则排列，因此该药剂的选择性最高。

徐志昌等人[45]采用硝酸胍作为含钼仲钨酸 B 钠盐的沉淀剂，对沉淀剂硝酸胍的用量、沉淀 pH 值及仲钨酸 B 浓度等参数进行了实验研究，沉淀剂、硝酸胍用量为理论量的 1.063~1.068 倍；在沉淀 pH 值为 7.70~7.79、仲钨酸 B 浓度为 0.500~0.600mol/L、温度为 20~30℃、沉淀时间为 0.75h、陈化时间为 2h 的沉淀条件下选择性沉淀，金属钨-钼间的分离系数达到 459.23~460.31。借助含钼的仲钨酸-B 与硝酸胍溶液的沉淀过程，金属钨钼可以完全分离。但是由于仲钨酸盐结晶、钨钼聚合离子的生成特点等问题，限制了这种方法的使用。

9.2.1.2 钨酸沉淀法

钨酸沉淀法是利用钨酸（H_2WO_4）和钼酸（H_2MoO_4）在一些介质中溶解度不一样并且随着温度的升高它们的溶解度发生变化来实现钨与钼的分离。利用钨酸和钼酸在盐酸介质中的溶解度差异可以从钨酸中除去部分钼，但除钼不彻底，达不到深度除钼的要求，目前也没有发现利用此原理的工业报道。另外该方法的主要缺点还有盐酸耗量太大，每吨精矿需 35% 的盐酸 4.3t，给环境带来不利影响。

9.2.1.3　选择性沉淀法

选择性沉淀法是根据钨钼化合物的性质差异，从分子的构效关系及空间诱导效应出发，设计并合成一种高效除杂试剂，使钨进入渣中，而钼则不与其作用，仍留在溶液中，从而实现钨与钼高效分离的一种方法。

李洪桂等人[15]根据不同机理及不同条件合成了 M115-a、M115-b、M115-c及 M116-d 4 种沉淀剂进行除钼工艺试验，结果表明，这 4 种沉淀剂均可在不同程度上选择性除钼。尤以 M115-a 效果最佳，对含 WO_3 140～200g/L 中 WO_3/Mo高达 5556～9333，整个除钼过程中的钨损失少，而其他 3 种沉淀剂的除钼效率不佳。

9.2.1.4　离子树脂交换法

离子树脂交换法在分离领域得到大量应用，钨与钼的分离在该领域也取得了很大进步。其分离原理是首先对溶液中钼酸根离子进行硫代化反应，在交换过程中，硫代钼酸根离子对树脂的吸附性强于钨酸根，而解吸时，钨酸根离子先进行解吸，从而实现钨与钼的分离。

由于季铵型强碱性阴离子交换树脂对 WO_4^{2-} 的吸附远远小于硫代钼酸根，因此料液流过树脂时，硫代钼酸根离子会被吸附在树脂上，WO_4^{2-} 会留在交后液中，成为纯钨溶液。

肖连生等人[46]采用 Cl^- 型特种树脂对含钼 5.0～6.0g/L、WO_3 120～160g/L为原液的反萃液，经硫化后进行吸附除钼。研究结果表明，Cl^- 型树脂的钨钼分离效果比 CO_3 型树脂好，最佳除钼反应时间为 2.5h，除钼反应后增加洗脱步骤可以显著提高 WO_3 效率，在最佳条件下，特种树脂的除钼率可达 96%～97%，WO_3 回收率为 96%～98%，除钼后溶液中的 Mo/WO_3 低于 0.2%，分离因数稳定在 30 左右。可以看出，钨钼分离效果良好。

密实移动床-流化床离子交换法已发展成为第三代离子交换分离钨钼技术。第一代是凝胶型强碱性树脂固定床吸附，其钨损大，需要氧化解吸，加上树脂寿命短而被淘汰；第二代是大孔强碱性树脂-密实移动床吸附-流化床解吸，其钨损失小，但仍需要氧化解吸，且树脂寿命短，所以没被推广；现在的第三代是特种树脂密实移动床吸附-流化床解吸，其钨损失小，氢氧化钠解吸，树脂寿命长，现已在多家企业实现产业化应用。

9.2.1.5　有机溶剂萃取法

在酸性介质中（pH 值小于 3），钼同多酸根离子及钨钼杂多酸根离子发生部分解聚。

$$Mo_7O_{24}^{6-} + 20H^+ \rightleftharpoons 7MoO_2^{2-} + 10H_2O \tag{9-39}$$

而钨基本上保持为聚合阴离子。因此采用阳离子交换萃取剂进行萃取可将已有的 MoO_2^{2+} 选择性地萃取到有机相，从而使溶液中解聚反应继续进行，继续产生 MoO_2^{2+}，进而被萃取到有机相，直到完全解聚。为加快其解聚过程，可加入 EDTA 作解聚剂。以 40%TBP-10%仲辛醇–50%煤油为萃取体系，EDTA 与钼摩尔比为 2:1，经多级逆流萃取，钼的萃取率达 96%~98%，而钨的萃取率小于 1%。

磷酸三丁酯（TBP）是应用最多的萃取剂。关文娟[18] 提出用双氧水配合 TRPO-TPB 萃取剂从高钼含钨溶液中分离钨和钼的新思路，采用蒸发脱氨配合法和双极膜电渗析配合法，制备了用于双氧水配合萃取分离钨和钼的萃取料液，制备过程减少了无机酸的使用量，新工艺弥补了传统工艺的不足，具有回收率高、成本低和分离彻底等优点，是一种绿色环保的新工艺。

曹飞等人[47] 采用功能性离子液体三辛基甲基氯化铵二（2,4,4-三甲基戊基）膦酸盐（[A336][Cyanex272]）对高钼钨溶液中的钨钼进行了详细的萃取分离实验，并且取得了良好的效果。在水相初始 pH 值为 6.0、[A336][Cyanex272] 浓度为 0.10mol/L、O/A 比为 2.5:1 的条件下，钨的萃取率超过 80%，而钼的萃取率小于 10%，分离系数高达 43.34，并且通过洗涤负载有机相可进一步实现钨的富集，反萃性能较好。虽然 [A336][Cyanex272] 分离效果略低于 [A336] Cl，但 [A336][Cyanex272] 萃取体系具有无杂质离子引入、再生容易且稳定性好等优点，[A336][Cyanex272] 在整体性能上优于 [A336] Cl，可作为 [A336] Cl 的替代萃取剂。

9.2.2 钼阳离子与钨阴离子性质差异法

9.2.2.1 钼硫化剂沉淀法

在弱碱性介质中，钼对硫离子的亲和力较钨大，因此在含钼的钨酸盐溶液中加入一定量的 S^{2-}，通过控制一定的条件，可使钼酸根被硫化成硫代钼酸根 MoS_4^{2-}，而钨仍以钨酸根 WO_4^{2-} 的形态存在，进而利用硫代钼酸根与钨酸根的性质差异分离钨和钼。

其反应原理为：

$$MoO_4^{2-} + xH^+ + xHS^- \longrightarrow MoO^{4-} + xS^{2-} + xH_2O \tag{9-40}$$

从热力学上讲，反应的趋势是很大的，如反应：

$$MoO_4^{2-} + H^+ + HS^- \longrightarrow MoO_3S^{2-} + H_2O \tag{9-41}$$

由于硫代钼酸根离子与 WO_4^{2-} 在性质上有很大的差异，可以实现两者的分离。

典型的硫化剂有 Na_2S、$NaHS$、H_2S、$(NH_4)_2S$、FeS、NiS、CuS 等，其中以

（NH₄）₂S 在钨冶炼企业中普遍被应用，但它有一股极其难闻的气味而造成环境污染，加上是液体形式给存储及运输带来不便，而且价格昂贵。如今优质钨资源几乎耗竭，复杂矿尤其是高钼钨资源成为主流，亟须开发清洁、高效、低成本的新型硫化剂。对此，赵中伟团队开发出了一种新型经济高效的硫化剂五硫化二磷（P₂S₅）。P₂S₅ 作为一种全新的硫化剂，为新型硫化剂的开发提供了新思路。

9.2.2.2 三硫化钼沉淀法

三硫化钼沉淀法是在弱碱性介质中，控制合适条件使混合物中钼酸盐转化成硫代钼酸盐，再在酸性条件下加热使硫代钼酸盐分解成三硫化钼。此方法是国内外钨冶炼过程中最早采用的除钼方法之一，至今仍有许多工厂采用这一方法。该法的优点是简单易行，能除去大部分钼，净化后钨酸钠溶液中钼含量（Mo/WO₃）可降至 0.1% 以下。

该法的实质是在钨酸钠溶液中使 Mo 完全硫化，全部转换为 Na_2MoO_4，加酸调节后生成 H_2MoS_4。利用其不稳定易分解为 MoS_3 和 H_2S，当 pH 值为 2.5～3 时，钨会变为偏钨酸根（$H_2W_{12}O_{40}^{6-}$）留在溶液中，从而与钼分离。

$$Na_2MoO_4 + 4Na_2S + 4H_2O = Na_2MoS_4 + 8NaOH \qquad (9-42)$$

$$Na_2MoS_4 + H_2SO_4 = MoS_3(g) + Na_2SO_4 + H_2 \qquad (9-43)$$

9.2.3 钨钼络合物性质差异法

9.2.3.1 过氧络合物

在酸性条件下，+6 价钼能与钨形成钨钼共聚物，使钨钼难以分离。但使用双氧水作为络合剂，使钨钼的杂多酸根离子生成钨、钼过氧阴离子，利用钨和钼的过氧阴离子的稳定性分离钨和钼。钨的过氧阴离子不稳定易分解成钨酸，而钼的过氧阴离子则较稳定，因而可以实现两者的分离。

反应机理见式（9-44）：

$$H_4W_4O_{12}(O_2)_2 + 8H_2O = 4WO_3 \cdot 8H_2O + 2H_2O_2 \qquad (9-44)$$

王志宏等人[49]用双氧水作为配合剂，在酸性条件下通过钨酸的分解得到钨酸沉淀，双氧水能够防止钨钼形成杂多酸络合物，在沉淀过程中可以除去部分钼。

赵中伟等人[48]报道了高磷含钨钼混合溶液中分离钨和钼的方法。提到通过向高磷含钨钼混合溶液中加入 H_2O_2，调节控制酸度，使磷钨酸和磷钼酸转化成过氧磷钨酸和过氧磷钼酸，然后用磷酸三丁酯（TBP）或磷酸三丁酯（TBP）和甲基磷酸二甲庚酯（P350）混合物作为萃取剂，将过氧磷钼酸萃入有机相，而过氧磷钨酸留在水相中。王志宏[49]报道采用双氧水作络合剂使 +6 价的钨和钼形成过钨酸和过钼酸，然后通入二氧化硫，过钨酸不稳定形成钨酸沉淀，而过钼酸仍为过钼酸，从而实现钨钼的分离。

9.2.3.2 季铵盐络合物

季铵盐是一种较强的络合剂，与钨、钼的结合能力不同，利用此性质差异，可实现钨和钼的分离。徐志昌等人[50]以氧化硅为催化剂，将钨酸根离子转变为仲钨酸根 B，采用季铵盐 N263 在搅拌萃取柱中萃取分离钨和钼，负载有机相经"错流洗涤—氯化铵和氨水结晶反萃取—蒸发结晶"后，所得仲钨酸铵产品符合国家一级标准。

9.2.4 其他方法

钨钼分离的方法还有活性炭吸附法、液膜萃取法、铁盐沉淀法等。

9.2.4.1 活性炭吸附法

活性炭吸附法之所以能实现钨钼分离，在于在活性炭上，硫代钼酸根离子比钨酸根离子的作用力大，这种作用力主要源自离子在活性炭表面的吸附。根据活性炭的"亲硫"作用，当溶液与活性炭充分接触时，硫代钼酸盐被吸附从而实现钨钼分离。将 Na_2WO_4 料液进行硫化处理后，用活性炭优先吸附硫代钼酸根离子，而 WO_4^{2-} 基本不被吸附。钼的比吸附量可达 3~6mg/g，钼的吸附率为 65%~95%。经 5 级错流吸附后，钼的比吸附量累积达 19.7mg/g。该方法对含钼较低的料液有较好的应用前景。

9.2.4.2 液膜萃取法

液膜萃取法是钨钼分离的新方法。根据其分离体系的酸碱度不同可分为酸性体系液膜萃取法分离钨钼、弱碱性体系液膜萃取法分离钨钼。酸性体系液膜萃取法分离钨钼适用于对高钨低钼的酸性溶液进行钨钼分离。在酸性溶液中钨（钼）和不同浓度的 H_2O_2 反应可生成过氧基对钨（钼），比例为 2∶1、1∶1 及比例不定的过氧化合物，而且中性有机磷萃取剂能优先萃取钼的过氧化合物。

9.2.4.3 铁盐沉淀法

赵中伟等人[51]用 $FeSO_4$ 作为沉淀剂替代 $MnSO_4$ 来对钨钼进行分离，结果表明，在温度为 10℃时，Fe^{2+} 的除钨率达到 95%，影响因数为 90，而 Mn^{2+} 在相同条件下的除钨率虽有 90%，但影响因数仅为 60；当 Fe/W 摩尔比为 1∶1 时，Fe^{2+} 的除钨率为 96%、除钼率为 20%；在使用 $FeSO_4$ 时，大部分 W 是由于 Fe^{2+} 的作用而被分离出去，但也有少许的 W 是由 Fe^{2+} 氧化成 Fe^{3+} 而形成的 $Fe(OH)_3$

吸附去除的。试验结果证明 Fe^{2+} 的分离效果较 Mn^{2+} 好。该法成本低，可有效处理含有一定杂质的工业溶液，在工业上分离钨和钼这一方面有很大的潜力。

9.3 金属钨的提纯

以高纯度钨粉为原料制备的电接触材料是半导体的关键材料之一。电子技术的发展，对钨粉纯度的要求越来越高。钨粉的纯度、粒度和形貌对其性能有很大的影响。纯化金属钨方法包括物理纯化法和化学纯化法。

9.3.1 电子束熔炼法

电子束熔炼法被认为是制备高纯钨的关键工序之一。电子束熔炼法是一种通过重熔提纯物质的方法，是在真空条件下进行熔炼获得高纯物质。电子束熔炼对铸造难熔性及活性金属十分有效。经过真空法提纯后的钨棒，间隙杂质脱除非常明显，可以达到理想的高纯度。电子束熔炼中，先将阴极加热，当温度足够高时，阴极会射出大量热电子并在阴极与阳极电位差下加速，然后经磁透镜聚焦，形成能量密度很高的电子束，以很大的速度轰击在钨棒上，电子动能转化为热能，从而使材料熔化。

电子束熔炼法可制备 99.999%钽、99.9999%硅等，尤其在太阳能级硅的制备方面，相关的工艺及机理研究已很成熟。对于熔炼较大尺寸的钨棒，钨与硅存在很大的差异。由于钨具有极高的熔点（熔点高达3420℃），采用池熔方式极易造成坩埚受热熔化，因此只能采用滴熔方式，使熔化的钨液滴入水冷铜坩埚中。电子束作用在坩埚中形成部分熔池去除各种杂质，在整个熔炼过程中，熔池是处于动态的。钨的电子束熔炼对设备要求较高，如高真空度、大功率等，才能在熔炼的过程中使钨棒完全熔透。此外，设备不能连续直接熔炼，为进一步熔炼带来不便。在电子束熔炼过程中，熔体的温度是一个非常重要的物理量，它将直接影响到铸锭的纯度和结晶组织。

9.3.2 真空法

真空除杂是在高真空状态下将钨粉加热到一定温度，钨粉中杂质具有不同的熔点和饱和蒸气压，随着温度的上升，钨金属中的杂质先后分解、挥发，从而达到提纯的方法。真空脱气是指在真空条件下脱除金属中气体杂质的过程，广泛用于高熔点金属钨、钼、钒、铌、钽、铼等的纯化。真空蒸馏法是在真空条件下，利用主金属和杂质于相同温度时蒸气压和蒸发速度的不同，通过温度变化，选择性地挥发和冷凝以达到提纯金属的目的。真空蒸馏法已被广泛应用于硒、镍、铟和碲的提纯，同时越来越广泛地用于稀有金属和熔点较高金属如钨、钒、钴、铁等的提纯。

在高真空 ($2.5×10^{-6}$ μPa) 条件下进行钨粉的真空热处理时，其中的水分于 $100\sim200$℃急剧挥发，氢化物于 $600\sim700$℃分解逸出，碱金属及其化合物于 $1100\sim1600$℃挥发，大部分铁、镍、铬等以低熔点氧化物形态挥发，氮于 2300℃挥发逸出；而对金属亲和势大的氧，则采用加碳以低价氧化物的方式除去[52]。

9.3.3 区域熔炼法

经真空法提纯后的钨棒，其间隙杂质的脱除已较为彻底，再通过区域熔炼即可获得高纯度。区域熔炼法是一种深度提纯金属、金属化合物或改变杂质在金属锭内分布的方法。其原理是通过局部加热狭长料锭形成一个狭窄的熔融区，并移动加热器使此狭窄熔融区按一定方向沿料锭缓慢移动。利用杂质在固相与液相间平衡浓度的差异，在反复熔化和凝固过程中杂质便偏析到固相或液相中而得以除去或重新分布。熔区可采用电阻加热、感应加热或电子束加热。一次区域提纯通常不能达到所要求的纯度，提纯过程需要重复多次或用一系列加热器，在一狭长的料锭上产生多个熔区，让这些熔区在一次操作中先后通过料锭。

区域熔炼时物质分离过程的重要参数是分配系数 K_0，即杂质在固相和液相中的浓度比。当 $K_0<1$ 时，区域熔炼过程杂质移动方向与熔区移动方向一致；当 $K_0>1$ 时，杂质向熔区移动的反方向移动。经多次区域熔炼，最终可达到精炼提纯的效果。钨棒中杂质元素碳的 K_0 值接近 1，难以扩散除去，只能通过与氧、氢反应生成气态产物而挥发除去，因此必须对原始坯料进行预脱碳处理。

区域熔炼对提纯次数也有一定的要求，对于含杂质约 $1×10^{-3}$ 的钨金属原料，经区域熔炼提纯 6 次后，高纯钨中部分杂质的浓度可降至 $1×10^{-8}$。电子束悬浮区域熔炼技术可用来制取近乎完美的高纯钨单晶，随后采用应力退火技术提高单晶性能。目前电子束悬浮区域熔炼已用来制备 99.999% 级高纯 Co、99.99999%（7N）级高纯 Zn 和 99.999999%（8N）级高纯 Si。然而，电子束悬浮区域熔炼技术因受到设备的限制，且其对工艺参数要求严格，故还未得到大规模应用[54]。

9.3.4 化学气相沉积法

化学气相沉积钨的反应气体来源主要有 WCl_6、WF_6 和 $W(CO)_6$，通过氢还原气相反应及热分解反应，获得钨沉积层。WF_6 作为化学气相沉积法制备高纯钨的原料，只有美国和日本可以生产纯度为 99.9999%（6N）的超高纯 WF_6 原料。这种原料的生产制约着我国高纯钨的发展[55]。

主要反应原理为：

$$WCl_6 + 3H_2 \mathrm{=\!=\!=} W + 6HCl \tag{9-45}$$

$$WF_6 + 3H_2 \mathrm{=\!=\!=} W + 6HF \tag{9-46}$$

$$W(CO)_6 \mathrm{=\!=\!=} W + 6CO \tag{9-47}$$

化学气相沉积法的步骤为：首先将钨氟化物经恒温加热气化，在气体混合器中与氢气充分混合后通入化学气相沉积反应室，通过向沉积基体通入电流使其加热升温至沉积工艺温度，参与化学反应的混合气体在被加热基体表面吸附、发生化学反应，生成难熔金属原子；还原生成的难熔金属原子通过在沉积基体表面的聚集形核及晶核的长大，形成难熔金属钨沉积层。反应生成气体及未发生反应的剩余气体被排出反应室被气体吸收处理装置吸收，整个工艺过程在常压下进行[56]。图9-5为热丝开管气流化学气相沉积实验设备简图。

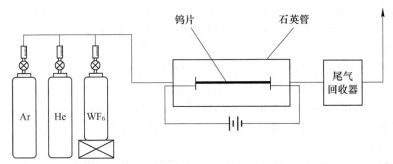

图9-5　热丝开管气流化学气相沉积实验设备简图

氟化物化学气相沉积工艺过程为：

$$WF_6 \rightarrow WF_5 \rightarrow WF_4 \rightarrow WF_2 \rightarrow W$$

化学气相沉积法大大缩短流程，无须经过还原制粉、压制成坯、烧结致密化和加工成材等一系列过程，钨的纯度可以达到99.99%。研究证明，这种方法很容易得到纯度为99.99%~99.999%的致密金属钨[56]。

参 考 文 献

[1] 廖利波. 白钨矿酸法处理新工艺研究 [D]. 长沙：中南大学，2002.

[2] 刘振楠. 钨湿法冶金离子交换新工艺的研究 [D]. 长沙：中南大学，2008.

[3] 柯兆华. 从钨矿苛性钠浸出液中萃取钨制取纯钨酸铵的研究 [D]. 长沙：中南大学，2012.

[4] 郭超. 苏打热解白钨精矿制取钨酸钠的实验研究 [D]. 长沙：中南大学，2012.

[5] 方奇. 苛性钠压煮法分解白钨矿 [J]. 中国钨业，2001(21)：81-82.

[6] 郑昌琼，李自强，张正元. 盐酸分解白钨精矿动力学初步研究 [J]. 稀有金属，1980(6)：11-17.

[7] 何利华，赵中伟，杨金洪. 新一代绿色钨冶金工艺——白钨硫磷混酸协同分解技术 [J]. 中国钨业，2017，32(3)：49-53.

[8] 万林生，邓登飞，赵立夫，等. 钨绿色冶炼工艺研究方向和技术进展 [J]. 有色金属科学与工程，2013，4(5)：15-18.

[9] Ding Z，Zhao Z. The thermomechanical analysis of leaching scheelite in fluoride salt solution[J].

Rare Metals and Cemented Carbides，204，32(1)：8-11.

［10］Li X，Xu X，Zhou Q，et al. Ca$_3$WO$_6$ prepared by roasting tungsten-containing materials and its leaching performance［J］. International Journal of Refractory Metals and Hard Materials，2015，52：151-158.

［11］龚丹丹，周康根，陈伟，等. 氯化镁焙烧–碱浸工艺处理钨矿研究［J］. 稀有金属，2020，44(1)：72-78.

［12］何德文，李俊杰，周康根，等. 白钨矿焙烧转料的氢氧化钠浸出动力学研究［J］. 稀有金属，2022，7：926-934.

［13］李玲. 高纯粉状钨酸制备工艺的研究［J］. 硬质合金，2000，17(4)：208-213.

［14］方奇. 以钨的低品位高杂矿为原料制取高纯 APT 工程化技术［D］. 长沙：中南大学，2010.

［15］李运姣，李洪桂，孙培梅. 选择性沉淀法从钨酸盐溶液中除钼、砷、锑、锡等杂质的工业试验［J］. 稀有金属与硬质合金，1999，27(3)：1-4.

［16］李洪桂. 稀有金属冶金学［M］. 北京：冶金工业出版社，1990.

［17］易贤荣，徐双. 高纯仲钨酸铵萃取法清洁生产工艺应用研究［J］. 中国钨业，2016，31(6)：54-59.

［18］关文娟. 双氧水配合 TRPO.TBP 混合萃取剂萃取分离钨钼的研究［D］. 长沙：中南大学，2013.

［19］Ito K，王中奎. 钨中的金属杂质在化学法和熔炼法精炼过程中的行为［J］. 中国钨业，1989(4)：25-29

［20］但宁宁，李江涛. 高纯仲钨酸铵产品制备工艺现状及发展前景［J］. 粉末冶金材料科学与工程，2020，25(5)：363-368.

［21］廖春华. 离子交换法分离钨钼的新工艺研究［D］. 长沙：中南大学，2012.

［22］黄成通. 热离解法制取高纯仲钨酸铵［J］. 稀有金属与硬质合金，1989，3：18-23.

［23］章小兵，万林生，邹爱忠. 氨溶高纯仲钨酸铵的生产工艺参数研究［J］. 有色冶金设计与研究，2012，5：20-22.

［24］马运柱，刘业，刘文胜，等. 高纯钨制备工艺的原理及其研究现状［J］. 稀有金属与硬质合金，2013，41(4)：5-9.

［25］Venables D，Brown M. Reduction of tungsten oxides with carbon. Part 1：Thermal analyses［J］. Thermochimica Acta，1996，95：251-264.

［26］Löfberga A，Frenneta A，Leclercq G，et al. Mechanism of WO$_3$ reduction and carburization in CH$_4$/H$_2$ mixtures leading to bulk tungsten carbide powder catalysts［J］. Journal of Catalysis，2000，189(1)：170-183.

［27］Cetinkaya S，Eroglu S. Thermodynamic analysis and reduction of tungsten trioxide using methane［J］. Intemational Journal of Refractory Metals & Hard Materials，2015，51：137-140.

［28］Swift G，Koc R. Tungsten powder from carbon coated WO$_3$ precursors［J］. Joumal of Materials Science，2001，36(4)：803-806.

［29］叶楠. 碳氢协同还原制备纳米 W 粉的机理及其在制备纳米 WC 粉和超细晶 WC-Co 硬质合金中的应用［D］. 南昌：南昌大学，2016.

[30] 李在元，宫泮伟，翟玉春，等．封闭循环氢还原法制备纳米钨粉 [J]．硬质合金，2004，
    1：18-20.

[31] 吴晓东，柴永新，傅小明，等．蓝钨制取超细钨粉的研究 [J]．稀有金属，2005，4：
    570-573.

[32] 喻相标，肖杰，郭少毓，等．蓝钨氢还原制备钨粉工艺研究 [J]．有色金属科学与工
    程，2021，12(3)：35-41.

[33] 赵秦生，饶翡珍，颜长舒．六氯化钨氢还原法制取超细钨粉 [J]．中南矿冶学院学报，
    1977，2：48-51.

[34] 王延玲，张廷安，杨欢，等．自蔓延高温还原法制备钨粉的研究 [J]．稀有金属材料与
    工程，2001，4：310-313.

[35] 陈延禧．电解工程 [M]．天津：天津科学技术出版社，1993.

[36] 冯乃祥，刘希诚，孙阳．熔盐电解法制备超细钨粉 [J]．材料研究学报，2001，4：
    459-462.

[37] 王旭，廖春发，汪浩．$NaCl-CaCl_2-Na_2WO_4$ 体系电解制备钨粉过程表征 [J]．北京工业大
    学学报，2012，38(6)：938-941，954.

[38] 孙志敏，王星磊．钨钼分离技术的研究进展综述 [J]．四川冶金，2019，41(6)：5-7.

[39] 文颖频，熊洁羽．钨钼分离的研究与进展 [J]．湖南冶金，2005，33(6)：8-11.

[40] 王文强，赵中伟．钨提取冶金中钨钼分离研究进展——从"削足适履"到"量体裁衣"
    [J]．中国钨业，2015，30(1)：49-55.

[41] 肖清清，杨天林，陈虎兵．仲钨酸铵生产工艺中钼的分离 [J]．无机盐工业，2009，41
    (10)：53-55.

[42] 赵文迪，章晓林，王其宏，等．钨钼分离工艺及机理研究进展 [J]．有色金属工程，
    2019，9(4)：41-48.

[43] 马泽龙，张凌晨，李江涛，等．高磷高钼复杂白钨矿的脱磷–除钼处理工艺 [J]．有色
    金属科学与工程，2020，11(5)：25-31.

[44] 赵中伟，李永立．一种在高磷含钨钼混合溶液中提取并分离钨钼的方法：CN104711422A
    [P]．2015-10-12.

[45] 徐志昌，张萍．仲钨酸 B-胍盐沉淀法分离钨钼的过程研究 [J]．中国钼业，2016，40
    (6)：28-32.

[46] 杨晓，肖连生．特种树脂吸附沉淀法从钨酸铵溶液中分离钼的研究 [J]．有色金属（冶
    炼部分），2010，4：37-40.

[47] 曹飞，王威，魏德洲．功能性离子液体萃取分离宏量钨钼实验研究 [J]．矿产综合利
    用，2021(3)：76-81.

[48] 赵中伟，李永立，李江涛，等．一种从高磷含钨钼混合溶液中选择性萃取分离钼的方
    法：CN104762476A[P]．2015-07-08.

[49] 王志宏．络合均相法生产钨酸工艺的除钼研究 [J]．稀有金属与硬质合金，1991，19
    (4)：3-4.

[50] 徐志昌，张萍．仲钨酸 B-N-263 萃取法分离钨–钼的过程研究 [J]．中国钼业，2016，40
    (4)：28-35.

[51] Zhao Z, Cao C, Chen X. Separation of macro amounts of tungsten and molybdenum by precipitation with ferrous salt[J]. Transactions of Nonferrous Metals Society of China, 2011, 21 (12): 2758-2763.

[52] 申璐, 邓启煌. 电子行业用高纯钨制备技术 [J]. 中国科技信息, 2019(14): 53-54.

[53] 肖连生. 中国钨提取冶金技术的进步与展望 [J]. 有色金属科学与工程, 2013, 4(5): 6-10

[54] 王红, 张军, 崔春娟, 等. 难熔金属单晶的电子束悬浮区熔定向凝固 [J]. 材料工程, 2008, 2: 71-75.

[55] 王芦燕. 化学气相沉积钨锭方法及热轧性能研究 [D]. 北京: 北京工业大学, 2007.

[56] 李汉广, 彭志辉. 氟化物 CVD 法直接制取特纯高致密异型钨制品 [J]. 稀有金属材料与工程, 1994, 6: 74-77.

10　金属铼的提取与提纯

10.1　金属铼的提取

铼的提取方法需要根据含铼原料及铼产品的要求确定。提取铼时先从含铼原料中制取含铼溶液，溶液经分离、净化、提取纯铼化合物，然后用氢还原法、水溶液电解法、卤化物热离解法制取铼粉，再用粉末冶金的方法加工成材。铼的提取冶金过程主要包括含铼原料制取、铼钼分离、铼中间化合物制取、粗铼粉制取和铼的精炼致密化等步骤，具体流程如图10-1所示。

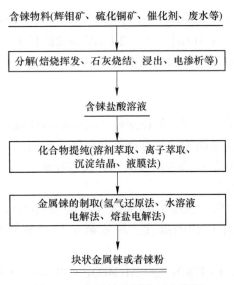

图 10-1　金属铼的制取工艺流程

10.1.1　矿物的分解

铼是一种稀散元素，在自然界中几乎不以单质形式存在，多伴生于钼和铜的矿物中。当前矿物分解主要有两种工艺：一种是全湿法工艺，即钼精矿经过湿法浸出，钼和铼由固相进入液相，然后再从溶液中分别提取钼和铼。另一种铼分解工艺是火法和湿法结合工艺，即将钼精矿在高温下焙烧，然后从烟尘、淋洗液或者焙砂中回收铼。

10.1.1.1　全湿法工艺

全湿法工艺是向溶液中添加某种特定药剂使矿物中的含铼硫化物氧化成 ReO_4^- 溶解到液相中，并且抑制其他杂质的溶解。主要分为电氧化法和浸出法。

A　电氧化法

电氧化法的本质是将氯化钠溶液与辉钼矿混合调制成浆，在电解氧化槽中进行通电和搅拌处理，电解氧化产生 NaClO。生成的 NaClO 将对辉钼矿进行氧化，使铼从固相中进入液相，再对铼进行回收。电化学反应分两步进行：

（1）电解氯化钠获得 NaClO：

阳极反应：

$$2Cl^- === Cl_2 + 2e \tag{10-1}$$

阴极反应：

$$2H_2O + 2e === 2OH^- + H_2 \tag{10-2}$$

$$2OH^- + Cl_2 === OCl^- + Cl^- + H_2O \tag{10-3}$$

（2）NaClO 氧化矿中的 MoS_2 及 Re_2S_7 等：

$$MoS_2 + 10ClO^- + 4OH^- === MoO_4^{2-} + 10Cl^- + 2SO_4^{2-} + 2H_2O \tag{10-4}$$

$$Re_2S_7 + 28ClO^- + 16OH^- === 2ReO_4^- + 28Cl^- + 7SO_4^{2-} + 8H_2O \tag{10-5}$$

该方法的特点是可通过控制电流密度、电极电位等电化学因素来控制反应的方向、速率及限度。

B　浸出法

浸出法是用一定的浸出剂、氧化剂使矿石中的硫化铼氧化并以铼酸盐的形式转移到溶液中，进而通过相关技术分离与富集铼，得到铼产品。主要方法有硝酸介质氧化法、酸（碱）氧压蒸煮法及其他介质氧化法。

a　硝酸介质氧化法

采用硝酸（浓度 25%~50%）在加热（温度为 80℃以上）的条件下，能有效地将辉钼精矿氧化生成钼酸沉淀，辉钼精矿与硝酸相互反应的方程式见式（10-6）。

$$MoS_2 + 6HNO_3 === H_2MoO_4 + 2H_2SO_4 + 6NO \tag{10-6}$$

随着硝酸浓度和溶液温度的增加，辉钼精矿的氧化速度加快。如果分解过程在封闭的系统中进行，从析出的氮氧化物中回收硝酸，可显著地降低硝酸用量。

$$NO + 1/2O_2 === NO_2 \tag{10-7}$$

$$3NO_2 + H_2O === 2HNO_3 + NO \tag{10-8}$$

反应完成后，约 80% 的钼进入固相形成钼酸沉淀，约 20% 的钼留在母液中，钼精矿中的全部铼都能转移到溶液中。精矿分解生成的钼酸沉淀经洗涤和过滤后用氨液浸出，然后再处理成纯钼酸铵溶液，经结晶析出仲钼酸铵产品。在硝酸氧化分解过程中，重金属硫化物均被氧化成硝酸盐进入溶液，铼几乎全部进入溶液。因而固相中的钼纯度明显提高。分解液经除铁净化后，可用阳离子交换萃取剂（二乙基己基磷酸）从弱酸性溶液中萃取钼，然后用三烷基胺萃取铼。

b 酸（碱）氧压蒸煮法

酸（碱）氧压蒸煮法是在酸或碱性溶液介质中将辉钼精矿与水溶液混合均匀，加入特制高压釜中，在通入氧气的情况下加温加压，使钼精矿氧化而直接沉淀析出钼酸或氧化转化为钼酸盐。

在氧压蒸煮过程中，可加入少量硝酸、硝酸铵、硝酸钠或苛性碱等催化剂，以使反应进行得更快、更充分。在反应过程中，精矿中的铼、铜、铁等全部溶解而进入溶液，而80%~90%的钼则以钼酸的形式存在于固相中，少量钼残留在溶液中。

在硝酸溶液介质中氧压煮辉钼精矿的主要反应见式（10-9）：

$$MoS_2 + 4.5O_2 + 6H_2O = H_2MoO_4 + 2H_2SO_4 \tag{10-9}$$

碱性介质中氧压煮法的主要反应如下：

$$MoS_2 + 4.5O_2 + 12OH^- = 2MoO_4^{2-} + 4SO_4^{2-} + 3H_2O \tag{10-10}$$

氧压煮法的主要优点是原、辅材料消耗低，金属回收率比经典工艺高约9%，生产成本低约7%，一级品率高；MoS_2中的硫转变成硫酸水溶液，从而可防止SO_2气体污染环境；能回收钼精矿中的铼元素，适合处理各种品位的含钼矿石，对矿物的适应范围大。缺点在于要求高温高压，且腐蚀性大对设备要求严格。

李天锁[1]系统论述了株洲硬质合金厂采用钼精矿氧压煮法提取钼铼产品的设备性能和操作工艺，对氧压煮法的核心设备高压釜的材料选择、结构改进和技术性能进行了分析。经过钼精矿氧压煮—除硅净化—钼铼萃取分离—浓缩结晶工艺，最终制得合格产品钼酸铵、高铼酸及铼酸铵。

10.1.1.2 火法焙烧—湿法浸出工艺

从回收铼的角度分类，辉钼矿焙烧有两种方法：一种是钼精矿配熟石灰固硫工艺；另一种是直接氧化焙烧，从烟尘或者淋洗液中回收铼，主要有氧化焙烧—离子交换法、氧化焙烧—溶剂萃取法和氧化焙烧—化学沉淀法。

A 氧化焙烧—浸出法

物料经制粒后进行氧化沸腾焙烧，辉钼矿中铼的硫化物发生氧化，生成Re_2O_7而挥发（挥发率可达95%）：

$$4ReS_2 + 15O_2 = 2Re_2O_7 + 8SO_2 \tag{10-11}$$

浸出可以分为中性浸出、酸性浸出和碱性浸出。这里主要对中性浸出作简单的原理介绍。钼精矿中铼的主要存在形式为ReS_2，在焙烧过程中，ReS_2被氧化为易挥发的Re_2O_7。随着温度的降低，部分Re_2O_7在SO_2气氛中还原成铼的低价氧化物。其中，低价铼的氧化物难溶于水。加氧化剂使低价氧化物转化为高价的Re_2O_7，根据其易溶于水的化学性质，用水直接浸出烟灰。

Re_2O_7 的烟气经淋洗塔和湿式电除尘器收尘，烟气中的 Re_2O_7 溶于水而生成高铼酸：

$$Re_2O_7 + H_2O = 2HReO_4 \qquad (10-12)$$

牛春林等人[2]对氧化焙烧过程铼的挥发性及烟尘中铼的回收进行了研究。结果表明，钼精矿在 450~550℃ 条件下焙烧 9h，铼的挥发效率达到 95% 以上。焙烧烟尘按照双氧水：水：烟尘 = 0.4L：4L：1kg 的比例，在 60℃ 条件下浸出 2h，铼的浸出率为 73% 左右；在浸出液中加氯化钾，结晶制备高铼酸钾，铼回收率约为 69%。

B　石灰烧结法

石灰烧结法利用含铼辉钼矿和石灰烧结时形成相应的 $Ca(ReO_4)_2$ 和 $CaMoO_4$，通过水溶液浸出使铼进入溶液，而 $CaMoO_4$ 则不溶解，从而达到铼、钼分离的目的。可配合沉淀法分离出粗铼酸钾等物质。

在烧结过程中发生如下的化学反应：

$$Re_2O_7 + CaO = Ca(ReO_4)_2 \qquad (10-13)$$

$$MoO_3 + CaO = CaMoO_4 \qquad (10-14)$$

将烧结料用水浸出，使烧结料中的铼进入溶液，而烧结料中的 $CaMoO_4$ 难溶于水而留在渣中，铼的总回收率为 80%~92%。

$$Ca(ReO_4)_2 + 2H_2O = 2HReO_4 + Ca(OH)_2 \qquad (10-15)$$

美国专利报道浸出石灰烧结法：先用水浸出烧结料中的铼，然后用酸浸出钼。铼与钼的浸出率分别达到 86.9% 与 96.9%。通过离子交换法或溶剂萃取法提取铼。

徐彪等人[3]采用钼精矿熟石灰固化焙烧—稀酸浸铼—阴离子交换树脂吸附—硫氰酸铵淋洗浓缩结晶制取高铼酸钾，铼的总回收率达到 91.23%，钼回收率为 89.43%。该工艺流程简单、环境污染小。

10.1.2　纯铼化合物的制备

10.1.2.1　化学沉淀法

化学沉淀法是利用各种化合物溶解度的不同而使铼与钼及其他杂质分离。如用 Ca^{2+} 离子沉淀法在弱碱性条件下（pH≥8~9）使钼沉淀而铼留在溶液中：

$$MoO_4^{2-} + Ca^{2+} = CaMoO_4(s) \qquad (10-16)$$

利用 $KReO_4$ 沉淀从溶液中析出铼，并与其他杂质分离：

$$K^+ + ReO_4^- = KReO_4(s) \qquad (10-17)$$

化学沉淀法还包括硫代硫酸盐沉淀法和碱浸沉淀法等，其原理本质上是相同的。铼最初的分离方法即为化学沉淀法，就富集和提纯效果而言，该方法不如离子交换法和溶剂萃取法。但近几年随着新型复合沉淀剂的出现，因其操作简便、成本较低且选择性较好，使化学沉淀法又重新引起研究者和企业的重视。

Joo 等人[4]研究了用两种合成碱浸出液选择性从辉钼矿焙烧烟尘中分离回收钼和铼的可行性。发现，在 NaOH 浸出液中，调整浸出条件使 NH_4OH 和 NaOH 的当量比为 1.5 时，钼的析出率达到 85% 以上，铼几乎未析出；对于 NH_4OH 浸出液，调整浸出条件，钼的析出率不小于 99%，铼的析出量非常小。

10.1.2.2 离子交换法

铼在母液中主要以 ReO_4^- 的形式存在，所以一般采用阴离子交换树脂提取铼。离子交换法制取纯铼中间化合物的流程如图 10-2 所示。

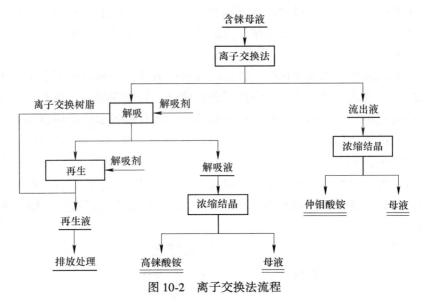

图 10-2 离子交换法流程

离子交换法是利用离子交换树脂中的活性基团与溶液中的 ReO_4^- 进行离子交换，在树脂上形成离子缔合物而使 ReO_4^- 选择性地吸附在树脂柱上。再使用洗脱剂，使洗脱剂中的阴离子解吸提取 ReO_4^-，从而实现铼与其他离子的分离。离子交换法具有操作简便、无需有机溶剂、不产生有机废液、回收率高并且树脂可以再生等优点。但交换树脂的有效吸附容量有限且再生次数只能达到 7~8 次。

依据离子交换树脂的结构和活性基团解离程度的不同，阴离子交换树脂可分为强碱性阴离子交换树脂、弱碱性阴离子交换树脂和螯合型阴离子交换树脂。

方健等人[5]对不同类型的阴离子交换树脂在相同试验条件下对铼的吸附性能进行了研究。发现，ZS70 作为国产新型大孔弱碱性阴离子交换树脂，其官能团为复杂的胺基团，骨架结构为苯乙烯–二乙烯基苯共聚物。经 ZS70 树脂吸附后的溶液中铼浓度最低，表明 ZS70 树脂吸附了更多的铼，吸附性能甚至优于常用的强碱性交换树脂 201X7 及大孔强碱性交换树脂 D201，同时 ZS70 还具有良好的解吸和循环使用性能。Nebeker[6]用 Tulsion® CR-75 和 Purolite® A170 两种大孔型弱碱性阴离子交换树脂从铜浸出液中回收铼。结果表明，从含铼小于 1mg/L 的溶液中可以提取出约 90% 的铼，用 1mol/L 氢氧化钠溶液即可有效解吸。在该体系下，铼的富集比约为 2400：1，得到的富铼溶液中铼含量约为 1400mg/L，在 1.5~4.5BVs 之间，铼解吸率约为 90%，再经浓缩结晶等步骤可制得高纯度的高铼酸铵结晶。

10.1.2.3　溶剂萃取法

溶剂萃取法提取铼是通过加入萃取剂使溶液中的高铼酸根与萃取剂中的阳离子或者其他分子反应络合生成易被萃取的萃合物，是工业生产中应用最广泛的分离富集铼的方法之一。

溶剂萃取法是分离富集铼的一种比较成熟的方法，也是目前工业生产中分离提取铼的主要方法。该方法最早应用于分析化学，目前在稀有金属和贵金属提取中得到广泛应用。它的基本过程是在萃取器中向含有待提取的金属液体中加入萃取溶剂，经搅拌、振动等措施，使待提取的金属进入与另一液相不互溶的过程。溶于水的 ReO_4^- 通过不溶于水的有机溶剂的作用，使 ReO_4^- 与有机溶剂发生离子交换反应而进入有机相，然后采用无机反萃取剂，使 ReO_4^- 再从有机相中再转入无机相的过程，具体流程图如图 10-3 所示。常用萃取剂包括胺类、膦类和酮类萃取剂。

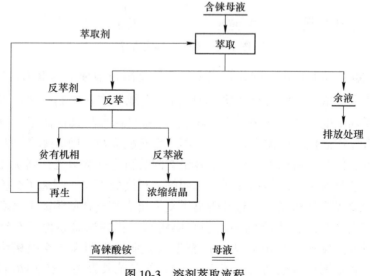

图 10-3　溶剂萃取流程

A　胺类萃取剂

胺类萃取剂分为伯、仲、叔胺和季铵盐类。由于伯、仲、叔胺中的 N 原子有孤对电子，能够与质子结合形成带正电的离子，产生的 OH⁻ 与溶液中的阴离子发生离子交换，实现离子的分离。伯、仲、叔胺属于中等强度的萃取剂，必须先与质子结合形成铵阳离子才能起到萃取作用；而季铵盐类萃取剂本身具有铵阳离子。因此，在一般的溶液条件下均能实现离子的分离，其中应用较多的萃取剂是叔胺萃取剂。

B　膦类萃取剂

膦类萃取剂，如磷酸三丁酯（TBP），具有选择性高、萃取酸度低和易反萃等优点。但膦类萃取剂的萃取容量和分离系数较低。研究人员发现将膦类萃取剂用于协同萃取体系比单一萃取体系具有更好的选择性，能够改善萃取过程的热力学和动力学性能，提高萃取饱和容量。

C　酮类萃取剂

酮类萃取剂不需要后序反萃工艺，与碱熔法配合使用在分离铼等方面具有显著优势，但其萃取能力相对较低。牟婉君等人[7]发现碱性浓度较低时，甲乙酮对铼有较好的萃取效果，对钼几乎不萃取，可有效地分离钼和铼。Mushtaq 等人[8]研究了甲乙酮对医药用 ^{188}Re 的溶剂萃取：随着有机相体积的增加，^{188}Re 的萃取率逐步提高；当 A：O 为 1：2 时，大约 80% 的 ^{188}Re 被萃取进入有机相中。

10.1.2.4　液膜法

液膜分离技术是多门学科相互交叉的产物。最初利用动物膜（膀胱）研究渗透现象，发现动植物体的细胞是一种理想的半透膜，由此发明了液膜分离富集技术。该技术是一种高效、简单、快速、节能和有选择性的分离技术，为提纯高纯铼提供了新的途径。

液膜是由液体组成的膜，具有选择透过性。用一定试剂组成的液膜可以选择性地让 ReO_4^- 通过，而其他与 ReO_4^- 共存的阴、阳离子均不能透过，从而达到分离提纯的效果。组成液膜的溶剂称为膜溶剂，其中磺化煤油是迁移富集 ReO_4^- 的最优溶剂，当然还包括一些表面活性剂和其他添加剂。

李玉萍等人[9]提出用 TBP、异戊醇为流动载体的液膜体系，提取（富集）辉钼矿、铜钼矿和有色金属烟尘等中的铼效果很好。以 L113B 为表面活性剂、液体石蜡为膜增强剂、磺化煤油为膜溶剂和 NH_4NO_3 水溶液为内相试剂的液膜体系，外相料液的酸度为 2mol/L H_2SO_4。实验表明，ReO_4^- 的提取（富集）率在99.4% 以上，提取出的 ReO_4^- 经处理后得到金属铼。通过放大实验已提取出 63g金属铼，经中国科学院地质研究所鉴定结果，金属铼的纯度在 99.9% 以上。

表 10-1 为金属铼提纯方法比较。

表 10-1 金属铼提纯方法比较

方 法	优 点	缺 点
化学沉淀法	操作简便、成本较低且选择性较好	富集和提纯效果不如离子交换法和溶剂萃取法
离子交换法	环境污染较小、工艺简单、成本低且分离效果显著	处理能力较低，且大多数树脂循环利用性能较差
溶剂萃取法	价格低廉、工艺成熟、操作方便、选择性灵活和萃取容量大	萃取剂环境不友好、萃取生成的第三相不利于后续分离且萃取剂损失严重
液膜法	较高的选择性和较低的成本	尚未规模化应用

10.1.3 从二次资源中回收铼

除了从矿产资源中提取铼外，还可以从固体废料和液体废料等二次资源中提取金属铼。

10.1.3.1 固体废料提取铼

A 氧化升华法

Re_2O_7 的沸点是 360℃，极易挥发。金属铼在氧气氛中、400℃即燃烧生成 Re_2O_7 白烟而挥发。NH_4ReO_4 加热到 365℃即离解，生成 Re_2O_7 和黑色残渣 ReO_2。在生产高纯铼时，通常利用铼的高价氧化物易挥发这一特性进行升华提纯。此外，Re_2O_7 极易与水作用生成 $HReO_4$，这一重要性质常被用于回收铼。

杨海军等人提出利用铼的高价氧化物易挥发这一特性从钨铼合金中回收提纯铼。结合铼酸铵重结晶的方法制取高纯铼并发明了一整套的高纯铼回收装置。钨铼合金在氧气流中经高温加热（800~1000℃），铼以氧化物的形式被挥发出来，并夹杂一些易挥发的杂质。气体流经低温（250~400℃）加热区时，易挥发性杂质及一小部分铼氧化物沉积下来；接下来气体流经冷却区，在该区得到纯度较高的铼氧化物；最后气体经过储气缓冲罐进入喷淋系统，喷淋液经循环收集后得到高浓度的铼酸溶液，再用氨水沉出铼酸铵晶体。铼酸铵及冷却区收集的铼氧化物经氢还原得到纯度为 99.99% 的金属铼粉，铼的回收率为 70%~80%。

B 氧化酸浸法

范兴祥等人采用 $HCl-FeCl_3-2O_2$ 体系氧化分离废旧高温合金硫酸浸出镍、钴后的浸出渣，$FeCl_3$ 可提高钼在盐酸体系中的浸出率。随后逐滴加入 H_2O_2 使钼、钨、铼分别转化成 H_2MoO_4、H_2WO_5、$HReO_4$ 留在浸出液中。H_2MoO_6、H_2MoO_5 在加热的情况下分别转化成 H_2MoO_4 和 H_2WO_4。调节浸出液 pH 值至 8~9，用 D296 阴离子交换树脂活化吸附 ReO_4^-，经过解吸、浓缩、添加 KCl、降温等步骤

可得到较纯的 $KReO_4$。王靖坤等人采用 30% H_2O_2 为氧化剂,在 85℃ 下,将 6mol/L 的 HCl 与经雾化制备的合金废料粉末反应 3h,铼浸出率达 99% 以上。

C 碱熔法

孟晗琪等人研究用碱熔—水浸法从高温合金废料中回收铼的过程及工艺参数。采用真空水雾化制粉工艺制备合金粉料,将其与 NaOH 和钠盐以 $w(NaOH):w(Na_2CO_3):w(Na_2SO_4)=6:1:3$ 混合并在 900℃ 下熔融 1h。降温冷却后采用加热水浸的方法将铼浸出,铼的浸出率可达 93.78%。在熔融状态下,金属铼通过与 NaOH 反应生成可溶性的 $NaReO_4$,经过加热水浸处理后溶液中铼则以 ReO_4^- 的形式存在。溶液中还含有 WO_4^{2-}、MoO_4^{2-} 等,将浸出液通过离子交换法等工艺进一步分离提纯可得到纯度较高的铼。碱熔法对铼的回收率高,所得到的浸出液杂质含量少,便于后期处理,但同时存在能耗大、对设备要求高的缺点。

D 氧化焙烧—置换法

杨志平等人通过综合干法和湿法联合流程、一次性全溶同时回收 Pt、Re 流程和分段溶解回收 Pt、Re 流程三种工艺的优势,制定了从废催化剂中综合回收 Pt、Re 工艺流程。废催化剂经过氧化焙烧,再用 NaOH 浸出铼,可使铼浸出率达到 99.6%。含铼浸出液经酸度调节,用铁粉置换法置换溶液中的铼,富集物经 600~650℃ 氧化焙烧;然后用稀 Na_2CO_3 溶液浸出得到含铼浓度较高的溶液;加入 KCl 得到 $KReO_4$ 沉淀,经重结晶得到纯度为 99.55% 的 $KReO_4$ 晶体。

固体废料中分离提纯铼的各种方法优缺点见表 10-2。

表 10-2 固体废料中提取铼的方法比较

回收方法	优 点	缺 点
氧化升华法	设备操作简单	低回收率和高能耗
氧化酸浸法	技术成熟、工艺简单、回收率高、成本低	产生大量废酸和有毒气体
碱熔法	分解能力强、收率高、技术成熟、设备要求低	能耗高、成本高、废液多
氧化焙烧—置换法	高回收率和高效率	能耗高、成本高,产生废酸碱

10.1.3.2 液体废料提取铼

A 离子交换法

铼在溶液中主要是以 ReO_4^- 形式存在,故离子交换法主要是利用 ReO_4^- 与树脂柱上的阴离子发生交换反应。在树脂上形成离子缔合物使 ReO_4^- 选择地吸附在树脂柱上,然后用其他阴离子解吸取代 ReO_4^-,实现铼与其他离子的分离。

采用离子交换法具有吸附性能好、工艺简单、易操作、对环境无污染及成本低等优点,应用前景十分广阔。但树脂对铼的吸附量有限,设备占用面积大,用过的树脂再生处理后吸附率不高。如何提高树脂吸附容量及提高树脂的再生功能是今后需要重点研究的内容。林春生等人[11]研究了201×7树脂离子交换法回收淋洗液中铼的最佳工艺条件。确定了调节淋洗液pH值为8.5~9.0，铼的上柱率达85%以上；用9%的硫氰酸铵溶液在60~70℃下解吸铼效果最好，可以达到95%左右。陈昆昆等人以高温合金氧化酸浸液为原料，采用D296大孔强碱性阴离子交换树脂吸附溶液中的铼，铼的吸附率可达97.91%。

B 溶剂萃取法

王海东等人[12]采用N235萃取剂分离含铼钼精矿焙烧烟气淋洗液中的铼，实现了铼的有效分离。在最佳萃取条件下使得单级萃取和三级逆流萃取时铼的萃取率分别为90.60%和99.41%。研究表明，溶液中H^+和酸根离子种类是影响Mo、Re萃取率的重要因素，与Cl^-和NO_3^-相比，添加SO_4^{2-}提升Mo、Re分离系数的效果更加显著，增加硫酸的量可抑制钼离子萃取，从而实现Mo、Re有效分离。同时，有机相的组成也会对铼的选择性萃取造成影响。N235萃取剂对ReO_4^-有很强的亲和力，较高浓度的仲辛醇可有效抑制钼的萃取，从而在达到优先萃取铼的目的同时抑制钼的萃取，实现Mo、Re的有效分离。最后经$NH_3 \cdot H_2O$反萃、浓缩结晶等步骤得到的NH_4ReO_4纯度在99%以上。该工艺流程使淋洗液中铼的综合回收率超过96.04%。

溶剂萃取法实现了对铼的高效回收，其工艺成熟、工艺流程短、操作简单、成本低，是目前工业上应用最广泛的方法之一。但大多数萃取剂都含有毒性，在萃取过程中会对人体造成伤害，产生的废液对环境也有一定的污染。

C 活性炭吸附法

活性炭是一种多孔性的含碳物质，具有高度发达的孔隙结构，比表面积大，能充分与被吸附物质接触，结构疏松、吸附能力强，可作为稀有金属提取的吸附剂。Seo等人[13]采用活性炭吸附焙烧烟气洗涤液中的Mo、Re。研究表明，活性炭吸附过程遵循Freundich等温线，溶液温度和pH值对吸附过程有显著影响。吸附完成后用1mol/L NH_4OH洗脱负载有Re、Mo的活性炭，得到浓度为2.8~3.2g/L的铼浓缩和0.6~0.8g/L的钼浓缩液。同样负载的活性炭在100g/L浓度下洗脱得到1.2g/L铼和300mg/L钼。铼的洗脱率为91.5%、钼的洗脱率为80%。在95℃下NH_4OH对铼的洗脱效果优于NaOH。活性炭虽然对稀有金属有一定的吸附能力，但吸附受温度、酸度及自身粒度的影响，应用范围受到限制，其对铼的回收率远没有离子交换法和萃取法高。

D 化学沉淀法

陈昆昆[14]采用D296树脂吸附—$KReO_4$晶体析出—C160树脂除杂工艺从高温合金酸性废液中回收高纯铼酸铵。采用钾盐沉淀法时，当氯化钾用量为10倍的理论用量，铼结晶率达到95.14%。李静[15]用工业级硫代硫酸钠作沉淀剂分步沉淀某铜冶炼废酸中铜和铼，处理后的富铼渣中铼质量分数为0.8%，可利用其他工艺进行铼的回收。

10.1.4 金属铼的提取

10.1.4.1 氢还原法

氢还原法是用高纯氢气作为还原剂，对高铼酸铵或高铼酸钾进行还原，得到金属铼。为防止还原炉内灰尘或其他杂质金属在反应过程中进入高纯铼粉，一般使用钼舟或钼镍合金舟，并将温度控制在一定范围内，不能过高。氢还原的主要反应为：

$$2NH_4ReO_4(s) + 7H_2(g) \Longrightarrow 2Re(s) + 8H_2O(g) + 2NH_3(g) \quad (10\text{-}18)$$

$$2KReO_4(s) + 7H_2(g) \Longrightarrow 2Re(s) + 2KOH(g) + 6H_2O(g) \quad (10\text{-}19)$$

申友元等人[16]将铼含量为 68g/mL 的高铼酸铵溶液加热浓缩到过饱和状态，然后在不断搅拌下冷却到室温，再放入 100℃ 烘箱内 4h，得到高纯高铼酸铵粉。将粉末装入料舟，置于还原炉中，通入高纯氢气还原 8h，得到高纯铼粉。还原温度控制在 400~600℃，并通过控制升温速率控制铼粉粒度。此方法避免了研磨和筛分过程混入杂质，且还原温度较低，铼粉的纯度在 99.9953% 以上。刘红江等人[17]采用两步还原法制备金属铼粉。首先将高纯高铼酸铵溶液离心雾化，干燥后得到高铼酸铵粉末。将粉末放入高纯刚玉舟内，装舟量为 0.8kg，将舟推入还原炉，推舟时间为 30min、氢气流量为 5m³/h、还原温度为 350℃，得到 ReO_2 粉末；再将 ReO_2 粉末研磨后装入料舟进行氢还原，推舟时间 30min、氢气流量 7m³/h、还原温度 79℃，得到铼粉纯度高达 99.995%。范兴祥等人[18]以含铼高砷铜硫化物为原料制取高纯铼粉。首先用硝酸浸出，得到低铼含量的滤液。在滤液中加入 TulsionCR.75 树脂进行离子交换，然后再加入氯化钾，经过冷冻、过滤、洗涤，得到高纯度的高铼酸钾。将高铼酸钾送入管式炉，在 800℃ 下氢气还原 6h，然后用去离子水洗涤以去除钾离子，烘干得到纯度大于 99.99% 的铼粉。

10.1.4.2 水溶液电解法

水溶液电解法是以高铼酸盐为铼源实施水溶液电解制得金属铼粉或铼镀层的方法。电解所发生的主要反应见式（10-20）：

$$ReO_4^- + 8H^+ + 7e \Longrightarrow Re + 4H_2O \quad (E = 0.363V) \quad (10\text{-}20)$$

高铼酸铵或高铼酸钾溶液电解时，以铂片作为阳极，钽片作为阴极，电流密度一般为 1.0A/cm²、电解温度为 70℃，电解过程中保持电解液循环且浓度恒定。定期从阴极片上剥取铼粉，也可采用筒形旋转阴极，以防止铼粉结晶。电解铼粉用酒精洗涤、干燥，然后在 800℃ 下通入氢气还原，得到纯度为 99.9% 的金属铼粉。采用电解法得到的铼粉纯度相对较高，颗粒呈树叶状或针状，因而粉末的压制性能和烧结性能良好，但粒度较粗大（大于 4μm 的占 80% 以上），无法满足制备高致密构件的要求。电解法还存在生产效率较低、耗电量高等缺陷。

10.1.4.3 熔盐电解法

熔盐电解法以卤化物熔融盐为电解质，用石墨作阴极，铼或惰性碳材料作阳极，通过直接添加铼盐或铼阳极溶解/氯化法将铼离子引入熔盐电解质。当铼离子浓度达到所需范围后，在电极两端施加一定电压，熔盐中的铼离子通过对流、扩散和电迁移到达阴极附近，在阴极表面接受电子发生还原，沉积出铼涂层。

难熔金属离子在卤化物熔盐中价态较为复杂，中间态离子稳定性差，且对气氛条件非常敏感，常常发生复杂的歧化反应，对电沉积过程造成不利影响。表10-3 为 Kuznetsov[19] 总结的难熔金属在不同熔盐体系中的存在价态，可见随着熔盐体系的改变，难熔金属在熔盐中的价态也会相应地发生改变。从氯化物体系到氧-氯化物体系、氯-氟化物体系到氧-氟化物体系，难熔金属离子在熔盐中被稳定到了更高的价态。熔盐成分的改变不仅可以改变难熔金属离子在熔盐中的存在价态，还会对难熔金属离子的电化学还原过程产生较大影响。

表 10-3 不同熔盐体系中难熔金属离子价态

难熔金属	氯化物	氯-氧化物	氯-氟化物	氟-氧化物
Re	+3、+7	+5、+6、+7	+3、+4	+6、+7
Ti	+2、+3、+4	+3、+4	+3、+4	+4
Zr	+2、+3	+3、+5、+6	+2、+3	+4
Nb	+4、+5	+5	+4、+5	+5
Hf	+2、+4	+4	+4	+4
Ta	+4、+5	+5	+5	+5

Kuznetsov[19] 通过大量电化学研究总结出难熔金属离子在不同熔盐体系中的电化学还原机理，发现通过改变熔盐成分可以显著改变电化学还原反应的步骤和反应可逆性。铼在氯化物熔盐中经历：$Re^{4+}+e \rightarrow Re^{3+}$、$Re^{3+}+3e \rightarrow Re$ 步骤；在氯氟化物熔盐中经历 $Re^{4+}+e \rightarrow Re^{3+}$、$Re^{3+}+3e \rightarrow Re$ 步骤；在氟氧化物熔盐中仅需经过 $Re^{7+}+7e \rightarrow Re$。

利用熔盐电解法对铼涂层的纯度、显微硬度、表面发射率、结合强度和热稳定性进行了测试分析，结果表明，氧是铼涂层中最主要的杂质元素，且随着沉积温度的升高，铼涂层显微硬度和氧含量下降趋势一致。

10.1.4.4 气相沉积法

气相沉积法主要分为化学气相沉积法和物理气相沉积法，是将金属铼或铼的化合物气化，和其他反应气体一同进入反应室，最后送入沉积室，在基体表面沉积生成高纯金属铼。气相沉积法最初用于制作膜类元件，但在后续研究中发现高温气相下生成的粉体具有优异的性能，于是气相沉积法也被用于研究粉体的制备。

A 物理气相沉积法

制备金属铼镀层一般采用电子束-物理气相沉积法（EB-PVD）。EB-PVD 技术是在真空环境下，利用高能量密度的电子束加热放入水冷坩埚中的待蒸发材料，使其达到熔融气化状态，并在偏转磁场作用下蒸发至基板上凝结成涂层的技术。该法可拆分为三个主要步骤：（1）在真空条件下，用高能离子束打在原料上使其熔融气化；（2）通过稀薄气氛将蒸气从靶材源输送到基体上；（3）涂料蒸气在基体表面冷凝、沉积。该方法的特点是可通过改变电子束功率、沉积时间、炉内压强等工艺参数控制镀层厚度和镀层成分。Singh 等人[20]采用电子束物理气相沉积法制备铼片、铼管，以及对石墨碳球镀铼层。

B 化学气相沉积法

化学气相沉积（CVD）是一种化工技术，利用含有薄膜元素的一种或几种气相化合物或单质，在衬底表面上进行化学反应生成固态沉积物，并赋予基体材料各项特性的技术。采用该方法可在基体表面获得厚度高达数毫米的高纯金属铼薄膜，纯度达到 99.99%以上，相对密度达到 99.5%以上。

王海哲[21]应用 CVD 工艺，将氯气与铼反应生成氯化铼，氯化铼再分解沉积在基体材料表面，得到金属铼薄膜。其对其制备工艺、产物结构、组织成分及性能进行了分析。

10.1.4.5 等离子体法

利用等离子的高温射流进行粉体合成的方法称为等离子法。等离子体是物质存在的一种状态，可由电离气体形成。等离子体是由大量带正负电的粒子和中性粒子组成，包括电子、正离子、负离子、激发态的原子或分子、基态的原子或分子，以及光子共 6 种典型粒子。这些粒子的集体行为表现出一种准中性气体的特性。电离等离子体的技术很多，如直流电弧产生等离子技术、射频产生等粒子技术、微波产生等离子体技术、混合产生等离子技术等。

以高铼酸盐为原料，利用等离子体法制备超细铼粉的基本过程是在载气的作用下将高铼酸铵喷入等离子反应器，同时以含氢的混合气为等离子气体与高铼酸铵进行还原反应，铼粉经冷却后，通过收粉装置收集获得。在反应器中进行的总反应见式（10-21）：

$$2NH_4ReO_4(s) + 4H_2(g) \Longrightarrow 2Re(g) + N_2(g) + 8H_2O(g) \qquad (10\text{-}21)$$

Jurewicz 等人[22]用 10%氢气+90%氩气（体积分数）混合气体作为等离子体，将高铼酸铵沿等离子焰柱中央喷入，送料速度为 7.5~14.3g/min，以氩气作为冷却气体，等离子体电极功率控制在 60 ~ 65kW，得到的铼粉粒度为 30 ~ 260nm。

10.2　金属铼的提纯

10.2.1　铼的氯化物升华提纯法

用纯度较低的铼粉或铼加工的碎屑为原料，先用氢气还原以去除其表面的氧化物，然后用氯气进行氯化：

$$2Re + 5Cl_2 =\!=\!= 2ReCl_5 \tag{10-22}$$

$ReCl_5$ 沸点为 330 ~ 360℃、熔点为 220 ~ 260℃，挥发的 $ReCl_5$ 经冷凝收集，再将其水解：

$$3ReCl_5 + (8 + x)H_2O =\!=\!= 2ReO_2 \cdot xH_2O + HReO_4 + 15HCl \tag{10-23}$$

将水解物过滤分离并真空干燥制得 ReO_2，将 ReO_2 置于钼舟中用氢气还原，制得高纯度的铼粉。

10.2.2　电子束熔炼和区域精炼法

对于铼粉的进一步提纯可以利用电子束熔炼和区域精炼法。用电子束熔炼炉将铼粉熔炼成锭，电子束熔炼的高温及高真空使铼粉含的气体和金属杂质挥发而使铼获得提纯。对铼锭再进行区域精炼，用电子束加热，15 个行程可制得高纯铼。所用的原料及产品的成分见表 10-4，最终产品纯度达到了 99.99% 以上。

表 10-4　精炼前后杂质含量变化

杂质	K	Al	Fe	C	Si	O_2	N_2	H_2
原料	0.001	0.0003	0.002	0.1	0.002	0.1	0.04	0.005
熔炼后	0.0004	—	0.0003	0.01 ~ 0.1	0.002	0.015	0.005	0.004
精炼后	0.0001	0.000005	0.0007	0.001	0.0002	0.0001	0.0001	0.0001

参 考 文 献

[1] 李天锁. 氧压煮钼精矿工艺的应用研究 [J]. 中国钼业, 2018, 42(3)：38-43.

[2] 牛春林, 周煜, 谭艳山. 含铼钼精矿的焙烧及烟灰中铼的回收工艺研究 [J]. 云南冶金, 2013(4)：22-25.

[3] 徐彪, 王鹏程, 谢建宏. 从钼精矿中综合回收铼的新工艺研究 [J]. 矿冶工程, 2012, 32(1)：92-94.

[4] Joo H, Kim U, Kang G. Recovery of molybdenum and rhenium using selective precipitation method from molybdenite roasting dust in alkali leaching solution [J]. Materials Transactions, 2012, 53(11)：2038-2042.

［5］ 方健，吴丹丹，文书明，等．稀散金属铼资源综合回收利用研究进展［J］．矿产保护与利用，2020，40(5)：62-69.

［6］ Nebeker N，Hiskey B. Recovery of rhenium from copper leach so-lution by ion exchange. Hydrometallurgy，2012，125：64-68.

［7］ 牟婉君，宋宏涛，王静．铼的萃取分离和测定［J］．中国钼业，2008，32(4)：34-36.

［8］ Mushtaq A，Bukhari T，Khan I. Extraction of medically interesting 188Re-perrhenate in methyl ethyl ketone for concentration purposes［J］．Radiochimica Acta，2007，95(9)：535-537.

［9］ 李玉萍，李莉芬，王献科．液膜法提取高纯铼［J］．中国钼业，2001，6：23-26.

［10］ 杨春伟，孙元，唐俊杰，等．工业废料中铼元素的回收与再利用研究进展［J］．材料导报，2020，34(8)：15145-15152.

［11］ 林春生，高青松．用 201×7 树脂离子交换法回收淋洗液中铼的研究［J］．中国钼业，2009，33(3)：30-31.

［12］ 王海东，王送荣，甘敏．N235 选择性萃取烟气淋洗液中的铼［J］．中国有色金属学报，2017，27(6)：1302-1309.

［13］ Seo Y，Choi S，Yang J，et al. Recovery of rhenium and molybdenum from a roaster fume scrubbing liquor by adsorption using activated carbon［J］．Hydrometallurgy，2012，129/130：145-150.

［14］ 陈昆昆，操齐高，张卜升，等．高温合金酸浸液回收高纯铼酸铵实验研究［J］．有色金属（冶炼部分），2019(9)：45-48.

［15］ 李静．化学沉淀法分离铜冶炼废酸中的铜和铼［J］．湿法冶金．2016，35(5)：330-443.

［16］ 申友元，易晓明，廖彬彬．一种高纯铼粉的制备方法：中国，ZL02114247.5［P］．2002-07-08.

［17］ 刘红江，李瑞迪，周霞．一种高纯铼粉的制备方法：中国，ZL201710234499.6［P］．2017-10-23.

［18］ 范兴祥，余宇楠，张风霞．一种从含铼高砷铜硫化物中制备高纯铼粉的方法：中国，ZL105983707A［P］．2015-01-27.

［19］ Kuznetsov A. Electrochemistry of refractory metals in molten salts：Application for the creation of new and functional materials［J］．Pure and Applied Chemistry，2009，81(8)：1423-1439.

［20］ Singh J，Wolfe D，Douglas E. Net-shape rhenium fabrication by EB-PVD［J］．Advanced Materials & Processes，2002，160(4)：39-42.

［21］ 王海哲．CVD 铼的工艺及性能研究［D］．长沙：国防科技大学，2005.

［22］ Jurewicz W，Guo J. Process for plasma synthesis of rhenium nano and micro powders，and for coatings and near net shape deposits thereof and apparatus therefor：US. 2005/0211018AI［P］．